河道生态堤防工程设计研究

廖颖娟　占安安　主　编

云南出版集团公司
云南科技出版社
·昆明·

图书在版编目（C I P）数据

河道生态堤防工程设计研究 / 廖颖娟，占安安主编
. -- 昆明 : 云南科技出版社，2017.12
ISBN 978-7-5587-0988-3

Ⅰ. ①河… Ⅱ. ①廖… ②占… Ⅲ. ①河道－堤防－防洪工程－设计－研究 Ⅳ. ①TV871

中国版本图书馆CIP数据核字(2017)第322558号

河道生态堤防工程设计研究

廖颖娟　占安安　主编

责任编辑：王建明　蒋朋美
责任校对：张舒园
责任印制：蒋丽芬
封面设计：张明亮

书　号：978-7-5587-0988-3
印　刷：长春市墨尊文化传媒有限公司
开　本：787mm×1092mm　1 / 16
印　张：17.25
字　数：270千字
版　次：2020年8月第1版　2020年8月第1次印刷
定　价：73.00元

出版发行：云南出版集团公司云南科技出版社
地址：昆明市环城西路609号
网址：http://www.ynkjph.com/
电话：0871-64190889

前 言

传统意义上，堤防工程是为了抵御洪水潮水对人类的正常活动和生存环境带来的人类无法抗拒的自然灾害而修筑的水利防护工程。河道堤防的主体是人们众所周知的各种挡水堤、墙等。当前，随着社会经济的不断发展，我国堤防建设也在迅速发展，大量的工程建设在造福人类的同时，也对生态环境带来了很大的负面影响。如工程施工时的工前清场、搭建临时的设施设备、货物运输以及完工清场等等，都有可能产生水、空气噪声污染以及损坏植物等等各种环境影响。这些负面影响涉及广泛，具有长期性和不可逆性，所以在进行河道堤防建设的时候，必须对这些潜在影响采取相应的保护措施，这样才能使堤防建设真真正正的利国利民。

随着经济社会的发展和人们认识水平的提高，河道堤防质量普遍较低这种状况与和谐社会的建设要求已不相适应。河道堤防已不再仅仅具有防洪、防冲功能，它还与人们的物质、文化生活息息相关，是人们生活环境的重要组成部分，是重要的基础设施。河道生态环境与社会经济发展密切相关，生态堤防建设是提高水环境承载能力，改善生态环境的基本措施。探索生态堤防设计，是最大限度地发挥生态环境综合效益，促进人与自然共同可持续发展的必然选择。

一般来说，生态河道堤防的建设需要遵守以下几个原则：安全性原则，一般来说，河道堤防的建设最重要的作用就是防洪度汛，因而，生态堤防的防洪安全是其设计时最先考虑的原则，只有安全的堤防才能考虑到生态的堤防；整体性原则，河道堤防设计着眼于整体，对上下游、左右岸及河底至堤岸多层次统筹考虑，尽显回归自然，将河道堤防与周围环境有机地融为一体，营造人水和谐的生态空间；自然性原则，在河道堤防设计过程中，应尽量维持河道原有的天然岸线与河道走势，在满足防洪要求下保留河滩和弯道，尽可能保持河道的天然形态，避免人为对河道的生态的破坏；生态性原则，河道堤防设计应满足生物的生存需要，适宜生物生息、繁衍，重视河岸植被建设，发展水生动物，使其既具有景观效应，又提高生物多样性保护等生态功能。

基于以上原则，本书对生态河道堤防以及河道治理的主要技术和方法进行了全面研究，如生态水利设计与应急技术、利用植物进行河道治理的技术、堤坝建设中生态修复技术等等。此外，本书还以长江为例，分析了河流河道治理中的生态问题及解决对策。从一定程度上讲，本书对河道堤防建设的生态性分析具有较强的创新性。

本书论述全面、语言严谨、逻辑清晰。在本书的写作过程中，作者查阅了大量的相关资料，也就一些比较有争议的问题请教了相关的专家，以期本书能对中国的生态河道堤防建设事业贡献自己的力量。但是，由于作者能力有限，本书可能还存在很多不足之处，还望读者指教。最后，作者对给予本书巨大帮助的亲朋好友致以最诚挚的感谢。

目 录

Contents

第一章　生态系统的基本概念

生态系统生态学（ecosystem ecology）是研究生态系统的组成要素、结构与功能、发展与演替，以及人为影响与调控机制的生态科学。它是以生态系统为对象，对系统内植物、动物、微生物等生物要素和大气、水分、C、N等非生物要素及其作用进行不同层次的全方位研究。总目标是指导人们应用生态系统原理，改善和保护各类生态系统可持续发展。

生态系统是人类生存、发展的基础。人类赖以生存的地球生态系统包含着大大小小各类生态系统。生态系统是自然界独立的功能单元，社会科学和自然科学各学科都可以它为舞台。生态系统生态学与农学、环境科学、资源学、地学和气象学等学科关系密切。生态系统生态学以其应用范围宽、研究面广、基础性强为特点，是现代生态学发展的前沿，在促进各类生态系统可持续发展中能发挥极为重要的作用。

第一节　生态系统的组成要素及功能

一、生态系统的组成要素

生态系统的成分，不论是陆地还是水域，或大或小，都可概括为非生物和生物两大部分。

（一）非生物成分

非生物组分既是生态系统中生物赖以生存的物质和能量的源泉，也是生物活动的场所。根据它对生物组分的作用，又可分为：

1. 基质：如土壤、岩石、水体等，是构成植物生长和动物活动的空间场所。

2. 生物代谢原料：如太阳光、氧、二氧化碳、水、无机盐类，以及非生命的有机物质（碳氢化合物、蛋白质、氨基酸和腐殖质等）。

3. 生物体代谢的媒介：如水、空气、土壤等。

上述各种非生物组分通过其物理状况（如辐射强度、温度、湿度、风速等）和化学状况（如土壤酸碱度、阳离子和阴离子成分与数量等）对生物的生命活动产生综合影响。

（二）生物成分

尽管生态系统中的生物种类繁多，但是根据它们取得营养物质和能量的方式以及在能量流动和物质循环中所起的作用，可以分为三大类群：

1. 生产者

生产者是指能进行光合作用的自养型生物（包括所有的高等绿色植物、藻类）和化能合成细菌等。其中，绿色植物具有叶绿素，利用太阳光能，通过光合作用把吸收来的水、二氧化碳和无机盐类制造成初级产品，即碳水化合物，并把太阳能转化成化学能贮存在碳水化合物中。化能合成细菌则利用某些物质在化学变化过程中产生的能量，把无机物合成有机物。因此生产者在生态系统中的作用是进行初级生产，生产者又称初级生产者。生产者是生态系统中最基本和最关键的生物组分，太阳光能只有通过生产者，才能源源不断地输入生态系统。成为消费者和还原者唯一的能量来源。

2. 消费者

消费者是不能用无机物质制造有机物质的生物。他们直接或间接地依赖于生产者所制造的有机物质，这些是异养生物。

根据食性的不同可分为以下几类：

草食动物以植物为营养的动物，又称植食动物，是初级消费者如昆虫、啮齿类、马、牛、羊等；肉食动物是以草食动物或其他动物为食的动物。又可分为：

一级肉食动物，又称二级消费者，以草食动物为食的捕食性动物。

二级肉食动物，又称三级消费者以一级肉食动物为食的动物。

将生物按营养阶层或营养级进行划分，生产者属于第一营养阶层，草食动物居第二营养阶层，以草食动物为食的动物是第三营养阶层，以此类推，还有第四营养阶层、第五营养阶层等。还有许多消费者是杂食动物如狐狸，既食浆果，又捕食鼠类，还食尸体等。它们占有好几个营养级。

消费者在生态系统中起着重要的作用。不仅对初级生产物起着加工、再生产的作用，而且对其他生物的生存、繁衍起着积极作用。H.Remment 指出，植食性甲虫实际上并不造成落叶林生产的下降，相反，对落叶林的生长发育还有一定的裨益。甲虫的分泌物及其尸体常含有氮、磷等多种营养物质，落入土壤为土壤微生物繁殖提供了宝贵的营养物质，从而加速了落叶层的分解。如果没有这些甲虫，落叶层的分解迟缓，常会造成营养元素积压和生物地理化学循环的阻滞。

蚜虫与甲虫不同，蚜虫从寄主植物上吸取了大量具有糖分的液体，除了合成自身代谢的部分外，还有蜜露排出体外，饲喂了许多蚂蚁。蜜露进入土壤后能刺激固氮细菌大大提高其固氮效率。这表明：寄主植物—蚜虫—固氮细菌是一个业已优化了的协同进化系统。

由动物进行授粉已有大约2.25亿年的协同进化史。显花植物中约有85%为虫媒植物，苹果有70%以上是靠蜜蜂授粉的。

还有一个常见的例子，较大的摄食压力使双子叶植物群落为禾本科植物群落所代替，禾本科植物生长速度快，短期内形成高密度种群，有效地巩固着沙性土壤向有利于植物生长的土壤类型方向转化，这正是植食性动物的摄食促进了植物群落类型的变化。

许多土壤动物主要以细菌为食。它们控制着土壤微生物种群的大小。如果没有它们的吞食，微生物种群高速繁殖后，维持高密度水平，往往处于增长速率很低的状态下，这时微生物种群的分解作用就会大大降低。土壤动物的不断取食可促使微生物种群保持着指数增长，保持微生物种群具有强大的活动功能。

消费者和分解者的生产都依赖于初级生产，在生态系统中的作用是进行次级生产，所以，消费者和分解者又称次级生产者。

非生物成分、生产者、消费者和分解者四个营养单元，在物质循环和能量流动中各以独特的功能相互依存、相互影响和相互作用，并通过复杂的营养关系紧密结合，构成一个完整的生态系统。

对于一个生态系统来说，前面四种成分，根据它们在生态系统中所处的地位和所起的作用，又可划分为基本成分和非基本成分。基本成分是指任何一个生态系统不可少的成分，包括非生物成分、生产者和分解者。假如没有非生物成分，生物就无立足之地，生产者也会由于没有“能源”和“原料”而无从生产，生态系统就无法维持下去。另一方面，如果没有生产者，消费者就失去赖以生存的食物来源；如果没有分解者，物质循环便会中止，其后果同样不堪设想。非基本成分是指一切消费者，它们不会影响到生态系统的根本性质。但消费者的存在对生态系统的演化，能量和物质的充分利用，以及营养物质的迁移等方面都具有十分重要的意义。

二、生态系统的功能

（一）生态系统的物种流动

自然界中众多生物是在不同生境中生存和发展起来的。通过物种流动扩大和加强了不同生态系统间的交流和联系，产生复杂而深远的影响。

1. 生态系统的物种流动的基本概念

物种流（species flow）是指物种的种群在生态系统内或系统之间时空变化的状态。物种流是生态系统一个重要过程，它扩大和加强了不同生态系统间的交流和联系，提高了生态系统服务的功能。

物种流主要有三层含意：①生物有机体与环境之间相互作用所产生的时间、空间变化过程；②物种种群在生态系统内或系统之间格局和数量的动态，反映了物种关系的状态。如寄生、捕食、共生等；③生物群落中物种组成、配置，营养结构变化，外来种（exotic species）和本地种（native species）的相互作用，生态系统对物种增加和空缺的反应等。

自然界中众多的物种在不同生境中发展，通过流动汇集成一个个生物群落，赋予生态系统以新的面貌。每个生态系统都有各自的生物区系。物种既是遗传的单元，又是适应变异的单元。同一物种个体可自由交配，共享共有的基因库，一个物种具有一个独特的基因库。所以，物种流亦就意味着是基因流。

流动、扩散是生物的适应现象。通过流动，扩展了生物的分布区域，扩大了新资源的利用；改变了营养结构；促进了种群间基因物质的交流，形成异质种群，又称复合种群或超种群；经过扩散和选择把最适合的那些个体保留下来。一个多样化的基因库更有利于物种发展。尽管如此，种群在流动扩散中并不能保证每个个体都有好处，即使当环境极度恶化，代价很大，但通过扩散仍然增大了保留后代的概率。物种流的一些特点：

(1) 迁移和入侵。

物种的空间变动可概括为①无规律的生物入侵（biological invasion）和②有规律的迁移（migration）两大类。有规律迁移多指动物靠主动和自身行为进行扩散和移动，一般都是固有的习性和行为的表现，有一定的途径和路线，跨越不同的生态系统。而生物入侵是指生物由原发地侵入到另一个新的生态系统的过程，入侵成功与否决定于多方面的因素。

(2) 有序性。

物种种群的个体移动有季节的先后；有年幼、成熟个体的先后等。

(3) 连续性。

个体在生态系统内运动常是连续不断地，有时加速、有时减速。

(4) 连锁性。

物种向外扩散常是成批的。东亚飞蝗先是少数个体起飞，然后带动大量蝗虫起飞。据报道，非洲沙漠蝗在1889年一次飞越红海的蝗群面积约有2000 km^2，数量约有2500亿只。

2. 物种流动对生态系统的影响

(1) 物种的增加和去除对生态系统的影响。

Brown和Heshe通过12年的实验研究证实，把生态条件相似的三种更格卢鼠去除后，其生态系统从沙漠灌丛变成了干旱草原，多年生草本植物Firagrostris Lehmannian增加了20多倍，一年生植物Aristida adscensions增加了大约3倍。另外两种矮小一年生草本植物也有增加。采食种子的鸟类有所减少；6种典型干旱草原啮齿类的数量增加。罗亚尔岛是北美的一个小岛，岛上以北方植物为主。驼鹿是喜食落叶灌木和嫩枝芽。每头成年驼鹿一年中取食量为3000 ~ 5000 kg的干物质。有人预言，一旦驼鹿引入便会产生巨大影响。该岛于1948年建立了实验场地和围栏。实验表明，驼鹿的存在引起了生态系统一系列变化。驼鹿喜食先长出枝芽的三种植物：白杨、小香油树和白桦树而不食云杉和香油松，这样的取食造成了森林的树种减少而下层灌木和草本植物发达。经过一段时间，这种取食方式造成物种组成的迅速变化，从硬木林变成了云杉林，出现森林中云杉占优势的局面。云杉生长慢，林地的落叶的质和量都降低，叶分解慢，营养物质少。结果，驼鹿啃食的地方矿质营养物的有效性和微生物的活动均有所减弱。

太平洋上关岛鸟类大量地死亡。据统计，18种本地鸟中有17种处于濒危和绝灭的境地，引起了人们的关注。Savige证实，是由于该岛引进了一种天敌，黑尾林蛇。它不仅捕食了岛上鸟类，造成大量鸟类绝灭，而且，这种蛇对关岛上另一种动物——夜行蜥蜴亦产生了同样的结果。

(2) 入侵物种通过资源利用改变了生态过程。

晶态冰树入侵了美国加利福尼亚一些群岛，带来土壤盐分的变化。这种树在利用土壤盐分方面是不同于群落中的其他物种，它能使土壤表面的盐分加重和沉积。由于晶态冰树沉积盐分，改变了土壤的营养输送过程，沉积的盐又抑制了其他植物的萌发和生长。这些岛屿就成为单一晶态冰树的生长区。伴随这样的巨变，消除了那些不能以冰树为食的动物，从而改变了群岛生态系统的营养结构。

有的入侵物种改变资源的利用或资源更新，从而改变了资源的利用率。大西洋加那利群岛上生长的一种固氮植物称为火树侵入了夏威夷，占据了岛上大部分湿地和干树林，面积约34803.7 km^2。这些树每年给土壤所固定的氮是本地植物所固定氮的4倍，早在1800年夏威夷火山周围的灰质壤，缺乏氮肥，这里的植物群落就没有固氮植物。火树入侵后，土壤含氮量大增，提高了生产力，促进了矿质营养的循环，为新的入侵物种提供了沃土。

(3) 物种丧失、空缺所造成分解作用及其速率的影响。

印度洋马里恩岛岛上缺乏食草性哺乳动物，生态系统中食碎屑动物就占有重要位置，有象鼻虫、蛞蝓、蜗牛和蚯蚓等无脊椎动物。特有本地种是马里恩无翅蛾（Prinqleophaqa marioni）成为处理有机物的主要物种，平均生物量为9.3 kg/（hm^2・年）。Crafford估算，无翅蛾每年分解处理的落叶为1500 kg/hm^2，占该岛最大初级生产量的50%。这种蛾类幼虫活动的过程大大加强了微生物的活动和重要营养物质的释放。Smith 和 Steenkamp 做了个实验，把幼虫放入有落叶的微环境中，氮和磷的矿化作用得到加强，氮提高到 10 倍，而磷提高到 3 倍，得出结论：P.marioni 是岛上营养物质矿化作用中最主要的角色。

1818 年猎海豹的海轮把小家鼠偶然带到了岛上。小家鼠以多种食碎屑的无脊椎动物为食，每年取食 P.marioni 占食物总量的 50%～75%，造成至少 1000 kg/（hm^2·年）落叶不能分解。如果没有小家鼠，蛾类幼虫处理落叶应是 2500 kg/（hm^2·年）。显然小家鼠的进入，使得 P.marioni 等幼虫和其他无脊椎动物空缺，强烈地改变了马里恩岛生态系统物质循环过程。

太平洋圣诞岛上陆地红蟹对海岛生态系统产生强烈的影响。它是雨林底层的主要消费者。食性杂，取食种子、苗木、果实和落叶，又是一种重要树苗和藤本幼苗的食草动物。在几天内把 18 种植物幼苗吃掉 29%～35%，把大量森林底层的果实和种子搬到巢穴中。

(4) 对生态系统间接的影响。

外来种侵入后改变原有生态系统的干扰机制，从而改变了生态过程。热带一些岛屿普遍受到火的干扰。例如，在大洋洲岛屿上引入外来草种，通过增加落叶层积累燃料，增加了火的发生频率，而原先本地种几乎没有同火相接触的机会。因此，区域内火燃烧后本地种的种类和数量都会急剧下降。外来的草入侵了夏威夷季节性干旱的林地，使火灾发生更加频繁，面积不断扩大。本地植物物种的多度和盖度沿着外来种分布成带状而下降，而使本地的优势树种和林下优势灌木消失。

不仅使本地种数量的明显下降，又使地面上氮流失加大并改变了系统内氮库的分布状况。

总之，一个外来物种一旦入侵成功对生态系统的影响是多方面的。①改变原有系统内的成员和数量；②改变了系统内营养结构；③改变了干扰、胁迫的机制；④获取和利用资源上不同于本地物种。只要具备其中一条，许多入侵的外来种就能够直接或间接地改变生态系统过程。

(二) 生态系统的能量流动

太阳能通过绿色植物的光合作用转变为初级生产量，成为进入生态系统中可利用的基本能源。这些能量遵循热力学定律，在生态系统各成分间不停地流动，从而保证生态系统的各种功能得以正常进行。

1. 生态系统的能量分配和损耗

生态系统的能量流动，从总初级生产量在植物体内分配和消耗开始的。生产者的总初级生产量，首先用于自身生命活动，这部分消耗一般占总初级生产量的50%以上。其余的能量用于建造自身和繁殖后代。

净初级生产量向三个方向转移：一部分被食草动物采食，能量进入食草动物体内；一部分以凋落物的形式，暂时贮存在枯枝落叶层中，成为穴居动物、土壤动物和微生物的食物；其余部分则以生活物质的形式贮存在植物体内，以增长自身的重量。

被食草动物采食的那一部分的净初级生产量，其中未被消化和吸收的剩余残渣部分，以粪便的形式排出体外，成为微生物的食物。而消化后的同化量，大部分用来维持生命活动。经过呼吸作用，一部分的能量又以热的形式散失到环境中；剩余的一小部分则贮存于食草动物体内，以增长身体和繁殖后代，成为次级生产量。一般来说，食草动物采食的初级生产者，用于净次级生产量中的能量，只占10%~20%左右。

食肉动物捕食食草动物，能量就从食草动物转移到食肉动物，一般也只占10%~20%左右。由于食肉动物的活动能力很强，消耗在呼吸作用中的能量最高，但同化率更低。而且只有一小部分能量分配给分解者进行分解。

综上所述，能量由非生物环境开始，流经生物有机体，再到外界环境所进行的一系列转换过程，可以把生态系统的能量流动，归纳为以下三条途径：

(1) 转化过程。

能量是沿着生产者和各级消费者的顺序流动，而且逐级减少，最终能量全部散失，归还于非生物环境。每一营养级将上一营养级转换来的能量，分为固定（构成各级生物有机体组织）、损耗（代谢过程中呼吸作用所消耗的能量）和还原（各营养级的生物残体或其排泄物等。由分解者进行分解、还原所释放的能量）三大部分。

(2) 腐化过程。

死亡的生物有机体、排泄物和遗弃不能利用的部分等，在分解者的作用下逐级分解，最后将有机物还原为二氧化碳、水和无机物，所含有的能量也以热能形式散失于非生物环境。

(3) 贮存过程。

生态系统中保留在木材、植物纤维等产品中的能量，可作短期或长期的贮存。但它们最终还是要腐化、还原，完成生态系统的能量流通过程，只不过能量流通所经历的时间比腐化过程更长。

此外，由于动物的活动性很强，同一动物可能跨越不同的生态系统采食；也由于风、雨和径流等搬运一些有机物质。因此，生态系统之间也存在一定的能量交换。

2. 生态系统的能流特点

在生态系统中，食物在生产者、消费者和分解者之间的消耗、转移和分配过程，称为能量的流通过程。它具有如下特点：

(1) 能量流动过程是一个不可逆的过程，只能按箭头的方向进行。例如，绿色植物从太阳辐射所获得的能量，绝不可能再返回给太阳。同样，食草动物通过采食所获得的能量也不能返回给绿色植物。

(2) 能量从输入逐级流通直到输出，表现为单程流；而且能量顺次流动而逐级显著下降，直到以热的形式散失为止。能量来自太阳，经过生态系统暂时固定、流动，最后返回空间。因此，生态系统是一个能量开放系统，要维持生态系统的功能正常运行，就得不断地向系统中输入能量。

(3) 能量流动服从于热力学第一定律和第二定律。即在生态系统内，不论能量的流动分配通过何种途径，但总的能量不变。也就是说，系统内的能量既不能产生，也不能消灭，只能从一种形式转变为另一种形式。另一方面，由于能量流动过程所发生的变化和能量的利用均以热的形式出现，这种热能不能直接被生态系统所利用，导致熵值增加和能量利用的最大消耗，最终使系统不断衰退。因此，必须从外界不断地向系统输入能量，以维持系统的活力。

3. 生态系统的能量流动分析

能量流动可以在单个种群、特定食物链和生态系统整体三个水平上进行分析。

(1) 单个种群水平的能流分析。

分析单个种群能量收支中的各种量，如同化量、呼吸量、生产量等等，并了解其分配比例，在生产实践中具有重要意义。如对粮食作物来说，不仅涉及总初级生产量分配，净初级生产量和维持消耗的比例问题，还涉及净初级生产量分配给谷粒和秸秆的比例问题。人们培育高产品种，不仅要使净初级生产量大，更重要的是使分配到谷粒中的能量多。

(2) 食物链水平的能流分析。

主要是通过测定食物链每个环节上的能量值，了解能量在食物链各营养级的分配情况。最典型的例子是高利在美国密执安州草原撩荒地，对兰草—田鼠—黄鼠狼食物链能量分配的研究，这一例子将在草原生态系统中详细说明。对食物链能量分配的分析，具有重要的实践意义。在生产实践中，如草原放牧，人们关心的是草场初级生产者对人类饲养的牲畜能提供多大的生产量，而放牧对草场初级生产者能造成多大的生态压力等等，这些问题的解决必须以食物链能量流的分析为基础。

(3) 生态系统水平的能流分析。

首先把一个生态系统中的每个物种，分到各自的营养级，然后测定每个营养级能量的输入值和输出值。目前研究比较详细的是一些水生生态系统。因为：第一，水生生态系统的温度比陆生生态系统变化小，容易测定有机体的呼吸作用率，同时可以取样测定一年的总呼吸作用率；第二，气体溶解在水中，能测定其浓度的变化；第三，具有自然的边界线。由于上述这些特点，就能较深入地研究水生生态系统的能量流动。以林德曼对明尼苏达州银湖的能量流动分析为例，说明这一问题。

(三) 生态系统的信息流动

1. 信息的概念

当今的时代是信息的时代。人们对信息并不陌生。一般常把信息理解为消息。西方世界也常把 information（信息）和 message（消息）相互换用。在日语中，information 被译为“情报”，而没有信息这个汉字。在计算机得到发展以后，人们又把信息与数据联系在一起，认为信息就是数据。近年来社会科学又常把信息与知识等同，说信息就是知识。总之，信息是什么，目前还很难下一个被人们全能接受的定义。

“信息”一词来源于拉丁文“informatio”，原意是指解释、陈述。狭义是指通信系统中消息、情报、指令、数据和信号等的传送，用来消除对客观事物认识的不确定性。广义上可理解为事物存在的方式或运动状态以及各种方式、状态的表达。

信息是现实世界物质客体间相互联系的形式。所以，信息以相互联系为前提，没有联系也就不存在什么信息。对于生态系统而言，信息就是自然、社会间的普遍联系。

C. E. Shannon 在《通讯的数学理论》的名著中指出：“信息是不肯定程度减小的量”，即信息这个概念具有信源对信宿（信息接受者）的不确定性的含意。不确定程度越大，则信息一旦被接受后，信宿从中获得的信息量就越大。可以看出，他的基本出发点是把信息看为消除不确定性的东西。信息传输可沟通接受信息者与发送信息者之间的联系。它将不确定性转化为确定性。

N. Wiener 是控制论的创始人。他在理论上给信息下了另外一个定义：“信息就是信息，不是物质也不是能量。不承认这一点的唯物论，在今天就不能存在下去。”他又在《人有人的用处》一文中指出：“信息是系统状态的组织程度或有序程度的标志”。他又从控制论的角度，给信息下了这样的定义：“信息是我们适应外部世界，并且使这种适应……同外部世界进行交换的内容的名称。”他认为信息的实质是负熵。

现在人们对信息的定义各种各样。如有人把信息与物质状态的变异度相联系，定义为差异度；有的把它与物质的能量不均匀性相联系，定义为物质和能量在时空中分布的不均匀程度的标志；有的简单定义为：“信息是系统的复杂性”，“信息就是力”，“信息是能作用于人类感官的东西”等等。

其实，关于信息的定义远不止上面这些。迄今为止，有据可考的定义已不下百种。对于信息的概念居然存在这么多的不同理解。有这么多人给信息下定义，说明信息的重要意义；这么多的定义仍然无法澄清信息的真正含义，说明信息概念的复杂。

对信息我们有如下的共识：信息是客观存在，信息来源于物质，与能量也有密切关系。但信息既不是物质本身，也不是能量。人类信息具有知识的秉性，能给人们提供关于事物存在的方式或运动状态的表述。所以，信息是重要资源，可以采（收）集、生（加工）成、压缩、更新和共享。人类离不开对信息的感知和利用，而且这种感知和利用水平越高，人类社会发展程度可能越高。

2. 信息的一般特征

信息具有一些不同的性质和特征。正因为这点，使信息显得特别重要，特别有用。信息存在于自然界，存在于人类社会，横贯物质与精神“两个世界”。这正是信息普遍性之所在。信息的主要特征有：

（1）传扩性。

信息通过传输可沟通发送者和接受者双方间的联系。经过传输将不确定性消息转化为确定性信息。现在信息的传扩可通过多种途径和方式，从一个地方传播到另一个地方，正因为信息是事物运动的状态以及状态变化的方式而不是事物本身，它可以离开该事物母体，而载荷于别的事物介质而得以散布。信息作为一种资源，随着对它的利用而不断扩充。

（2）永续性。

信息作为一种资源，是取之不尽用之不竭的。信息普遍存在于生态系统之中。生态系统中的有机物和无机物可通过信息来表达它们的存在。考古学常使用同位素碳 14（14C）测定距今 48 亿至 1 万年间的生物遗体或生物活动所遗留下的遗迹。考察表明，北京周口店在 69 万年以前就是人生存的地区。而且从发现的 19 科 62 种鸟类的化石来看，该处还曾是鸟类繁衍的场所。信息可在时间上无限延续，也可在空间上无限扩散。

（3）时效性。

信息可以提高人们的认识，可以给观察者提供关于事物运动状态的知识，但不一定能了解事物未来的状态。因此，信息具有时效性，不能因为有了某些信息而一劳永逸，而是应当经常实践，不断捕捉新的信息。

（4）分享性。

信息与实物不同，信息可以通过双方交换，相互补充。由于信息可以被传播，通常在传播中不但不会失去原有的信息，而且还会增加新的信息，被更多的人所共享。

(5) 转化性。

信息是一种不可缺少的资源，有效地利用信息可以节约材料、时间、人力和财力，这就等于把信息转化成了人力和财力。信息在采集、生成中可以压缩、加工和更新。

(6) 层次性。

根据不同条件区分不同层次的信息概念。最普遍的、无条件约束的是称为“本体论”层次信息。这是适用范围最广义的信息。即使根本不存在人、生物等主体，信息仍然存在。例如，地球上出现人类以前，信息就已经存在了，只是没有人去感知和利用罢了。

3. 生态系统的信息特点

生态系统信息具有的主要特点是：

(1) 生态系统信息量与日俱增。

现在处于信息科学急速发展的时代，随着各种生物，包括人、植物、动物和微生物的基因组计划和各种类型生态系统研究计划的进行，与之相关的生态系统各种结构与功能的信息将逐步搞清，人类基因组所蕴含的10万基因，已基本被确定。目前已有上百种生物学、生态学数据库（database），各国正纷纷投入巨资进行研究和开发。

(2) 生态系统信息的多样性。

生态系统中生物的种类成千上万，它们所包含的信息量非常庞杂。信息来自植物、动物、微生物和人等不同类群的生物。鸟儿歌声婉转动人，蝈蝈是出类拔萃的歌手，犬吠、狼嗥、猿啼都是动物发出的种种信息。此外，亦有非生物信息。有包含了物理的、化学和生物的不同性质的信息；有液相、气相和固相三种不同状态的信息；动物的信息常可分为若干“信息群”。在同类中传递重要信息，如哪里会有食物；遇到危险发出紧急警报；寻求配偶发出信息；鸟类在林中长歌短唱，往往包括许多不同信息。

(3) 信息通讯的复杂性。

生态系统中生物以不同方式进行信息通讯。有的从外形相貌上显示其引诱或驱避作用；有的内部生理、生化方面蕴含着抑制、毒杀作用；有的从行为方面进行通讯联系等。信息通讯距离有远有近；有的近在咫尺，有的远至数百公里、数万公里以上。信道除空气、水域、土壤等自然因素外，还有人工的联系通道等等。

(4) 信息种类多，物种信息储存量大。

生态系统信息种类多，有生命物质信息和非生命物质信息；有宏观的亦有微观的。当前，对基因和蛋白质结构和功能方面存有大量的信息数据。

物种的信息储存量很大。人们发现，每种微生物、动物和植物遗传密码中都有大约100万到100亿比特的信息，都是在几千年或几百万年进化过程中而存留下来的。

(5) 大量信息有待开发。

生态系统信息研究尚处于积累阶段，生态系统信息化的研究尚处于初级阶段。信息资料分散，相互独立，缺乏联系，并且研究方法陈旧。面对堆积如山的信息，研究力度和速度与之相差甚远。这种工作尚形不成规模，很难找出规律。

积极普及、提高计算机技术，特别是网络技术，要把许多分散的系统内的生物信息逐步地收集起来。把各个生态系统定位研究站、实验室和研究机构组织起来，形成一个整体，不断地获取信息，丰富生态系统的信息数据库、图像数据库（image database）。

当前，保护生物多样性已成为全人类面临的一项紧迫任务。但对于某个物种的绝灭究竟会给生态系统、给人类造成多大影响和损害就知道得不具体、不完整。所以，就要尽快充实生态系统中有关物种多样性的信息和数据。

最近，人们怀着极大的兴趣探讨关键种和冗余种问题。对物种多样性基础信息和知识的深化，关键种的确立，无疑将导致对生态系统功能过程更全面的理解。加强研究不同物种对生态系统功能影响的生态学基础数据，将有助于人类更好地保护生物多样性。

生物信息学是1993年出现的新概念。而信息生态学则出现得更早。这些新学科都强调了计算机等高新技术在生态信息获取、储存、传递、处理、分析、模拟、再生、检验等方面的应用。生态系统信息的多样性、复杂性等特点也必须在现代高新技术手段条件下才能得到充分的开发与显示。信息科学技术的数字化、图像化、网络化、模式化和优化等大大地增进了对生态系统的预见性、可控性和规律性的了解。

4. 生态系统信息流动的过程环节

生态系统信息流动是一个复杂过程：一方面信息流动过程总是包含着生产者、消费者和分解者亚系统，每个亚系统又包含着更多的系统；另一方面，信息在流动的过程中不断地发生着复杂的信息转换。归纳起来，信息流动可有以下一些基本的过程环节。

(1) 信息的产生。

系统中信息的产生过程是一种自然的过程。只要有事物存在，就会有运动，就具有运动的状态和方式的变化，这就是生态系统中的信息，属本体论的信息。

(2) 信息的获取。

指信息的感知和信息的识别。信息的感知是指对事物运动状态及变化方式的知觉力。当然，仅有知觉还是不够的，还要有识别能力，对信息加以分辨，它必须同时考虑到事物运动状态的形式、含义和效用三个方面因素。这就是信息科学中的"全信息"。仅计其中的形式因素的信息部分称为"语法信息"(syntax)，把其中含义因素的信息部分称为"语义信息"(semantic)，而把其中效用因素的信息部分称为"语用信息"(pragmatic)。换句话说，到主体人利用信息的层次就把语法信息、语义信息和语用信息都包含在内了。对比较高级的信息的获取常采用机械工具，机器学习从环境中自动提取。为了获取更丰富的有用信息，不仅要获取和利用语法信息因素，同时还需要语义信息和语用信息。理想的机器学习能力应当能够使人工系统自动地从环境中获取那些有利于达到它目的的信息。希望机器能从环境中获取全信息。系统利用全信息的能力越强，它获取有用信息的能力亦就越强。

(3) 信息的传递。

信息的传递(information transfer)包括信息的发送处理、传输处理和接收处理等过程环节。发送信息不仅包括信息在空中的传递，也包括信息在时间上的传递。前者称为通信(communication)，后者称为存储(storage)。通讯就是要使接收者获得与发送端尽可能相同的消息内容和特征。生态系统信息传递实质性过程都可描述为这样的模型。该模型可以分为信源、发送器官、信道、接收器官和信宿等5个主要部分。

①信源。

常称为信息源（source），它产生要传输的信号。

②发送器官（或机械）。

发送器官（sender）要把传递的消息变换成适合于信道上传输的信号。一般由编码器按照信道类型进行编码。

③信道。

这是连接发送端与接收端的信息媒介。传递的信号通过此媒介从一个有机体到另一个有机体；从这一种群到另一种群；从一个群落进入另一个群落。空气、水域、导线和光纤维等都是一些典型的信道（channel）。一个信息的传递有时仅通过一种信道，而有时要经过多种信道。

④接收器官。

接收器官（receiver）执行与发送器官（或机械）相反的功能，把通过信道后的信号接收，或再加以变换成能被接收者所理解的消息或信号。

⑤信宿（收信者）。

信宿（sink）即为收到信息者，是信息传递的目的地。

信息传递的目的就是要使接收端获得一个与发送端相同的复现消息，包括全部内容和特征。然而，在实际中不可避免地会产生噪声的干扰。所以，接收信息和发送信息之间总会有差别，信息传递的过程会失真，如无线电接收中的静电干扰、雨雪对电视信号的干扰、发射机的热干扰等。在环境中有距离不同、方向不同、自身或周围反射的干扰等，统称为噪声（noise）。噪声是生态系统中所有信息传递中的限制性因素。

研究表明，信息存储的规律和原理完全可以通过通信的规律和原理来说明。为了安全可靠地传递信息，要充分利用全信息的因素。

(4) 信息处理系统。

信息处理系统（information processing system）是指为了不同目的而实施的对信息进行的加工和变换。针对不同的目的和背景而进行的，如提高抗干扰性而进行纠错编码处理；为了提高效率而进行的信息压缩和信息加密处理等。一般分为浅层信息处理和深层的信息处理。前者基本上是对信息的形式化所做的处理，如匹配、压缩、纠错和加密等；而后者不仅仅利用语法信息的因素，而且要考虑全信息的因素，特别要与优化、决策等联系的信息因素等。凡是信息处理的层次越深，越是要充分利用全信息的因素。

(5) 信息再生。

信息再生（regeneration）是利用已有的信息来产生信息的过程，它在整个信息过程中起着十分重要的作用。信息再生表明它是一个由客观信息转变为主观信息的过程，是主体思考升华转变的过程。决策（decision making）是根据具体的环境和任务决定行动的策略，它是一个典型的信息再生过程。

(6) 信息施效。

使信息发挥作用是研究整个信息过程的目的。人们通过获取信息、传递信息、处理信息、再生信息、利用信息等，让信息发挥效益。其中包括控制、优化的增广智能。最终把信息和规律运用于实践中，造福人类。

第二节　生态系统的结构

结构是生态系统内各要素相互联系、作用的方式，是系统的基础。由于要素的差异，构建成不同的系统。

结构保持了系统稳定性。依靠稳定性，在外界干扰作用下，继续保持系统的有序性和恒定性。

生态系统的结构概括起来说，有三个必要的部分：①有两个以上的要素，是生态系统的组成部分；②各成分与其环境相结合，系统的外界事物是系统的环境，系统与环境不可分割；③各成分之间相互联系、相互作用、相互制约的结构（structure），形成一个整体。

一、生态系统的整体性

整体性是生态系统最重要的一个特征。整体性是指系统的有机整体，其存在的方式、目标、功能都表现出统一的整体性。

任何一个生态系统都是多个成分结合而成的统一体。这个系统不再是结合前各自分散的状态，而是发生了根本的变化，集中表现在整体性。整体性是生态系统要素与结构的体现，主要有三个论点：①整体大于它的各部分之和。当要素按照一定规律组织起来所具有综合性功能，各要素相互联系、相互制约、相互作用下发生了不同的性质、功能和运动规律，尤其是出现了新质（emergent property），这是各要素独立存在时所没有的。所以，一个生态系统由若干成分结合而成时，就意味着出现了一个崭新的整体。正如Odum所指出的“在系统的水平，其主要特性和过程，并非起因于生物群落和非生物环境的总和，而是起因于他们之间的综合和协调进化。”②一旦形成了系统，各要素不能分解成独立的要素而孤立存在。如果硬性分开，那么，分解出去的要素就不再具有系统整体性的特点和功能。③各个要素的性质和行为对系统的整体性是起作用的，这种作用是在各要素的相互作用过程中表现出来的。各要素是整体性的基础。系统整体如果失去其中一些关键性要素，那么，也难以成为完整的形态而发挥作用。

生态系统的整体性越强，就越像一个无结构的整体。在一定条件下，可以以一个要素的身份参加到更大的系统运动的过程之中。这种整体性正是生态系统的实质和核心。

二、生态系统的空间结构

群落中各种生物各自占有一定的生存空间，构成了生态系统的空间结构。地球上的各类生态系统都具有明显的空间结构。特别是陆地生态系统，由于地形复杂，水热条件分异明显，甚至在一个较小的空间范围内，生态条件也存在很大的差别。因而，各类生态系统在空间上形成明显的垂直分化和水平分化，具有三维空间结构。

（一）垂直结构（vertical structure）

生态系统的垂直结构是指生物在空间的垂直分布上所发生的变化，即生物的成层性分布现象。由于在生物群落不同高度，光照、温度、湿度等生态条件各不相同，不同生态特性的植物各自占据一定的空间，并以它们的同化器官（枝、叶）排列在空气中的不同高度，形成不同的层次。同样，在水生环境中，由于光、温度、二氧化碳和氧气的垂直分异，不同生态特性的植物也在不同深度的水层占据着各自的位置，出现植物按深度垂直配置的成层现象。动物具有空间活动能力，但是它们的生活直接或间接依赖子植物，其寻食和做巢在不同程度上受植物群落垂直成层性的制约。虽然有些活动性很强的动物可以出现在几个层次上，但大多数动物只限于在1~2个层次上活动，出现垂直的成层性结构，从而构成生态系统地上部分的成层现象。

生态系统的地下部分和地上部分一样，也具有垂直结构。植物根系在土壤中不同深度的配置，与之相配合的动物和微生物分布在根系周围，从而构成生态系统地下部分的成层现象。

总之，在某一高度（深度）范围内具有特定的小环境，总是相应地生活着一定的植物种类和动物种类，形成一个层次，从而导致生态系统垂直结构的形成。各层次虽有其一定的独立性，但又服从生态系统的整体性。生态系统有如一个网络结构，相互之间纵横交错，既联系又制约，达到相互协调，以维持生态系统的总体功能。

生态系统的垂直结构分化具有重要的生态学意义，它保证了生物更充分地利用空间和环境资源。因此，自然生态系统的这种成层性已被人类模仿于人工生态系统的建设中，并取得了显著的生态效益和经济效益。例如在海南热带植物园咖啡和可可地里，上层以爪哇木棉为遮阴层，保证了下层的咖啡和可可良好的生长环境，同时在咖啡行间，又种益智、砂仁等，形成三层结构的生态系统，能充分利用空间和环境资源，大大增加了单位面积的收获量。在农业生产中，禾本科牧草和豆科牧草的混播常比种植单一牧草的产量高。因为混播中，两类牧草的地上部分彼此配合，能充分利用空间和阳光，地下部分也能相互配合，合理地利用土壤水分和养分。因此生态系统垂直结构的研究，在生产上具有广泛的前景。

（二）水平结构（horizontal Structure）

生态系统水平结构是指生物种群在空间的水平分化，它具有一定的二维水平结构，即各个生物种的个体分布状况和多度，水平结构可分为三种水平格局。

1. 均匀分布（uniform distribution）

均匀分布是指生物种群在二维空间上各自占有一定的面积，其各个体之间保持一定的均匀距离。当有机体能够占有的空间比其所需要的大，则其在分布上所受到的阻碍较小，种群中的个体常呈均匀分布。例如，我国西北地区的荒漠生态系统中，由于红砂对土壤水分的需求，各自占有一定的吸收面积，形成近似于均匀分布的状态。

然而在自然情况下，均匀分布最为罕见。但由于受虫害、种内竞争或某一环境因素的均匀分布等因素的影响，也会引起生物种群的均匀分布。人工群落的群种一般也是均匀分布。

2. 团块分布（aggregated distribution）

团块分布是指生物种群内个体分布不均匀，形成许多密集的团块状。在自然情况下，由于生境因素的不均匀分布，种群繁殖的特性和种子传播方式等因素的影响，大多数生物种群呈团块分布。在同一群落中出现这种分布，往往形成群落镶嵌现象。人工点播方式也形成种群的团块状分布。

3. 随机分布（random distribution）

随机分布是指生物种群在空间分布上彼此独立，个体间有一定的距离，但分布不规则。或者说，个体的分布是偶然性的，完全和几率相符合。例如，在潮汐带生态系统中，有机体通常呈现出一种随机型的分布。

在自然界，随机分布比较少见。只有在生境因素对很多个体的作用差不多时，或者某一主导因素呈随机分布时，才会引起生物种群的随机分布。在条件比较均一的环境，也常出现种群的随机分布。

应该指出，在自然界生物分布格局是很复杂的。因为同一生物种群在不同环境中或与不同种群配置时，会表现出不同分布格局；而同一生物种群在同一群落中，也可形成多种分布格局。例如，某一植物种群刚入侵群落时，依靠种子自然撒播而呈随机分布，随后由于无性繁殖而呈团块状分布。最后又因竞争或其他原因出现随机分布或均匀分布。

三、生态系统的营养结构

生态系统的营养结构是以营养关系为纽带把生物成分和非生物成分相互紧密地，错综复杂地联系在一起，构成以生产者、消费者和还原者为中心的三大功能类群。每一个生态系统都有其特殊的、复杂的营养结构关系，能量流动和物质循环都必须在营养结构的基础上进行。

(一) 食物链 (food chain)

生态系统中的各类生物，包括生产者、消费者和分解者，它们之间存在着一系列食与被食的关系。如绿色植物的茎叶被食草动物采食，食草动物又成为食肉动物的猎获物，小型食肉动物被大型食肉动物所食。这种以食物营养为中心的生物之间食与被食的链索关系，称为食物链。食物链是生态系统营养结构的基本单元，是物质、能量和信息流通的主要渠道。

食物链作为一个科学概念，是由美国生态学家 R · L · 林德曼于 1942 年在研究 Cedar Bog 的营养动力方面时提出的。我国的古谚语“大鱼吃小鱼，小鱼吃虾米，虾米吃泥巴”，也非常形象地说明了食物链的概念。

1. 食物链的基本类型

生态系统中的食物链，按其起点的有机体种类以及生存方式等特征，可以分为以下四种类型：

(1) 捕食性食物链。

捕食性食物链又称活食食物链或草牧食物链，是由植物到食草动物，再到食肉动物，以直接消费活有机体或其组织为特点的食物链。如在水域生态系统中，藻类为主的浮游植物制造有机物，为浮游动物所食，某些鱼、虾类吃浮游动物，小鱼虾又被凶猛鱼类捕食，构成了水域生物之间的捕食性食物链，即浮游植物—浮游动物—小鱼虾类—凶猛鱼类等。

这类食物链的一般特点是：生物有机体具有数量减少、个体增大、捕食性增强的趋势，而且动物一般都以活食为主要食物来源。

这类食物链在自然界中最容易看到，但是，在陆地生态系统中，它不是主要的能量渠道。相反，在水生生态系统中，特别是在海洋、湖泊、水库等生态系统中。它发挥着重要的作用，因为大部分能量是沿着这条食物链流动的。

(2) 碎屑性食物链。

在生态系统中未被捕食性食物链所利用的植物部分，以枯枝落叶等形式被其他生物所利用，分解成碎屑被各种动物所食，组成碎屑性食物链。如碎屑有机物→真菌、细菌→原生生物→线虫、蚯蚓→食肉动物组成的食物链。

这类食物链在陆地生态系统和浅水生态系统中都占有主要地位，因为在能量流通中具有重要作用。例如，在潮间带的盐沼生态系统中，活植物被动物吃掉的大约占10%，其他90%是在死后被动物所利用而进入碎屑食物链。又如在草原生态系统中，被家畜吃掉的牧草不到1/4，其余部分也是在枯死后被分解者所分解。

(3) 寄生性食物链。

寄生性食物链是指小型寄生生物通过吸取活的寄主生物体获得营养而形成的食物链。这类食物链的生物成员有自大到小的趋势，如马→马蛔虫→原生动物构成的寄生食物链。

(4) 腐生性食物链。

腐生性食物链是指以死的有机体为营养源，进行腐烂、分解、还原成无机物的食物链。这类食物链是以生产者或消费者已经腐烂的残体为起始点的。而且采食者都属于分解者有机体。如枯枝落叶→蘑菇（真菌）→细菌构成的食物链，或动植物残体→霉菌→跳虫→食肉性壁蚤→腐败菌组成的食物链。

2. 食物链的基本特点

①一个食物链是由食性和其他生活习性极不相同的多种生物通过食与被食关系组成的，如植物、动物和微生物，它们可以分级利用自然界所提供的各类物质，获取食物，提供产品，从而使植物光合产物得到最充分的利用。

②在同一个生态系统中，可能有多条食物链，它们的长短不同。但它们之间相互促进，相互制约，协同起作用。如果捕食性食物链每个链节的残余物和排泄物都能充分加以利用，使其他类型的食物链得到繁荣，不仅增加了产品的产量，而且加强了物质循环和能量流动，从而保证了生态系统的协调发展。

③在不同的生态系统中，各类食物链的比重不同。在一般情况下，以捕食性食物链和碎屑性食物链在实现生态系统中物质循环和能量流动的作用比较大。

(二) 营养级 (trophic level)

在生态系统中，食物链是一环扣一环的，各种生物都分别位于食物链的不同环节上。食物链的每一个环节，称为营养级。由于自然界物种繁多，而且几乎没有一个种是仅仅依靠另一个种为生，也没有一个种只供给另一个种为食。因此，可以把一些具有相同食性的物种归纳在食物链的同一个环节上。就是说，以物种的食性划分营养级，可以把所有的物种归属在确定的营养级上，这样就能更加明确表达各类生物之间的营养关系。

绿色植物是生态系统的生产者，位于食物链的起点。构成第一营养级。食草动物直接以植物为食，属于第一级消费者，构成了第二营养级，即食草动物营养级。以食草动物为食的食肉动物属于第二级消费者，构成了第三营养级。以食肉动物为食的食肉动物属于第三级消费者，构成了第四营养级。分解者属于第四级消费者，构成了第五营养级，依此类推，组成了生态系统的营养结构。

总之，食物链有几个环节就有几个营养级。不同的生态系统，食物链的长短有所不同，其营养级的数目也不相同。一般来说，海洋生态系统的食物链较陆地生态系统长，营养级数目可达6~7级。陆地生态系统的食物链较短，其营养数目最多不超过4~5级。这是因为营养级越高，生物的种类和数量就减少，当少到一定程度，就不会再有别的动物以它们为食。在人类干预或管理下的生态系统，如农田生态系统，其营养级数目更少，只有2~3级。

但是，自然界中的很多种动物，由于复杂多样的食性或随季节变化而变化的食性，常常难以把它们划在某一个确定的营养级上。例如螳螂既捕食蝗虫和蝉（属于第三营养级），又捕食蜻蜓和其他食肉性昆虫（属第四营养级）。麻雀在秋冬季节主要啄食谷物和野生植物的种子（属第二营养级），在夏季特别是育雏期间，主要捕食昆虫和其他小动物（属第三营养级）。在这种情况，常常根据动物的主要食性决定它们属于哪一个营养级。

生态系统中的各个营养级由食物链衔接，能量沿着食物链流动，由一个营养级转移到另一个营养级，从而保证生态系统基本功能的正常进行。

(三) 食物网 (food wet)

如上所述，生物之间的食性关系复杂多样。既有专门吃植物的植食性动物，也有专门吃动物的食肉性动物，还有既吃植物又吃动物的兼食性动物。而且，动物的食性又因环境、年龄、季节的变化而有所不同。因此，生态系统的各种生物之间通过取食关系存在着错综复杂的联系，使得多条食物链相互紧密地联结在一起，形成复杂的多方面的网络，称为食物网。生态系统越稳定，生物种类越丰富，食物网也越复杂。例如，森林生态系统为多层结构，生物种类比较丰富，生物之间的营养关系较复杂，表示其食物网也较复杂，而草原生态系统的食物网相对地简单一些。

食物网的形成加强了营养物质的流通和转化，同时对生态系统的稳定状态起着直接的作用。在食物网中，当处于某个链条的某种生物在数量上发生变化时，不仅链条上下要相应改变，而且还会影响网络中其他的食物链。如草原生态系统中，鼠类的数量突然增加，会引起牧草产量最大幅度下降，使得食草性牧畜的数量也减少，而捕食鼠类的沙狐种群因有丰富的食物而迅速增加。另一方面，食物网是环环相扣、经络相通的综合体。当食物网中某一环节或某一条食物链的机能发生障碍时，可以通过其他食物链环节进行调节和补偿。如草原生态系统中，野鼠因发生鼠疫而大量死亡，但以鼠为食的猫头鹰却没有发生食物危机。因为鼠类的减少使牧草得以大量繁殖，给野兔的生长和繁殖提供了良好的环境，这时猫头鹰可以捕食野兔，维持其正常生活，保证种群数量的发展。

食物网在本质上是生态系统中有机体之间吃与被吃的相互关系，它不仅维持着生态系统的平衡，而且推动着生物的进化。

食物链（网）理论在生产实践中的运用具有十分广阔的前景，即在食物链（网）理论的指导下，充分了解生物体之间的营养关系和营养级之间的能量关系，努力调整系统中的食物链结构，以维持生态系统的平衡，并朝着有利于人类的方向发展。澳大利亚为了利用丰富的草原资源，从1925年起从印度和马来西亚引进牛、羊等家畜，大力发展畜牧业。但是在牛粪上产卵并繁殖后代的牛蝇也随之带进了澳洲，并迅速蔓延起来。这些牛蝇贪婪地吸吮牛的体液，严重危害牛的健康，导致畜产品质量下降。与此同时，牛群排出的大量牛粪堆积如山，受干旱气候的影响，这些牛粪不能迅速分解，致使被遮盖的牧草黄化枯死，严重影响畜牧业的发展。为了解决上述问题，澳大利亚科学家们研究了牛→蝇的食物链的复杂关系，从国外成功地引进了一种以牛粪为食的屎壳郎，它有切粪滚球、搬运撒开和埋入地下的习惯，在加速牛粪分解和草场施肥上起了很大作用。结果，通过放养屎壳郎，既处理了牛粪，使牛蝇无法在牛粪上产卵并繁殖后代，间接地消灭了牛蝇；又改善了土壤结构，增加了土壤肥力，十分有利于牧草的生长和繁殖，从而促进了畜牧业的发展。澳大利亚在开发利用草场资源的过程中，充分利用了这一生态系统学理论，取得了显著的生态效益和经济效益，被誉为70年代草原生态管理上的一个重大突破。

第三节 生态系统的发展和生态平衡

生态系统是不断地发展和变化，属于动态系统。它的形成和发展与地球的历史发展息息相关。生态系统的变化和发展，其实质是一个生态系统在时间上的运动问题，可以分别从两个时间尺度上来考察：以地质年代计，属于演化；以近期动态论，则属演替。生态系统按照一定的规律运动和变化，当发展到一个成熟的稳定阶段时，系统内物质和能量的输入和输出之间达到一个平衡状态，这种状态就是生态平衡。

一、生态系统的演化

生态系统的演化是指系统自身的发生发展过程，即生态系统的发展史。生物圈是一个行星水平的巨大生态系统，是地球几十亿年历史发展过程的产物。它是伴随着岩石圈、大气圈、水圈和土圈形成之后，逐渐分化而出现在地球上。随着生物圈的演变，各种生态系统以及它们的各种功能得以完善和发展。

地球发展至今已有46亿年的历史。早期的地球仅是一层坚硬的岩石圈，而没有像现在具有水圈和大气圈，更没有土壤圈和生物圈。但在内外力的共同作用下，原来蕴藏在地球内部的各种气体元素，随着火山、温泉等喷发出来，形成地球的原始大气圈。从喷发出来的气体成分中没有游离氧这一事实，推测地球的原始大气主要由甲烷、氨、二氧化碳、二氧化硫、氮和水蒸气所组成，与现在的大气圈有本质的区别。原始大气中的水气凝结后，降落到地面，形成地表径流，汇集在低凹部位，形成海洋和湖泊等，从而出现地球的原始水圈。

在原始大气中没有氧气，也没有臭氧层，从太阳辐射出来的强烈紫外线可以毫无阻碍到达地面。经过各种高能辐射、闪电和火山爆发等作用，使得大气圈和水圈中的某些物质发生强烈的化学变化，形成简单的有机小分子。这些简单的有机小分子在海水中积累，经过漫长的岁月，进行了一系列复杂的进化，逐渐发展形成细菌形的原始生命。这些由蛋白质和核酸构成的原始生物，不能忍受强烈的致命的紫外线，只能生活在大约12米以下的水体中。因为缺氧，它们通过酵解作用，分解有机物获取能量。由于海洋中有机物数量少，限制了这类异养型原始生命的发展，在漫长的选择过程中，诞生了自养型的原核细胞生物。

大约距今34亿年前，地球上出现原始的菌藻类。其中，光合细菌以大气中的硫化氢等为原料，利用其中的氢还原二氧化碳，形成新的有机物。由于大气中的硫化氢逐渐消耗，出现了原料危机，促使另一类含有叶绿素的蓝藻类得以发展。这类原核生物以地球上极其丰富的二氧化碳和水为原料，通过光合作用制造有机化合物，并释放游离氧。因此，大约在27亿年前，形成了由蓝藻和细菌共同组成的地球上原始的生态系统。

绿色植物的出现，是地球发展史上划时代的事件。因为，绿色植物进行光合作用，释放出的氧气进入大气，使原始大气圈的成分发生了本质的变化。

大约在12亿年前出现真核细胞。细胞结构的复杂化，生理功能的专一化，特别是遗传信息的传递和控制更加完善，使生物界产生巨大变化。随着动植物的分化，在生态系统中也分化为生产者、消费者和分解者“三极”鼎立的动植菌生态系统。

与此同时，氧在大气中的含量达到目前含量的1%，臭氧数量也增加，并吸收一定数量的紫外线。大约距今6亿年前的寒武纪，多细胞异养的后生动物如海绵、珊瑚和软体动物等大量出现。这些动物通过呼吸作用，从碳水化合物中获得的能量高于酵解作用的19倍。地表只要具有30厘米厚的水层，可以阻滞致命的紫外线，所以在浅水地区也有生物繁衍，出现许多好气性细菌，原有的嫌气性细菌只能在缺氧的环境中生活。

大约距今4.2—4亿年的志留纪晚期，水生藻类通过光合作用，把水中氧分子释放出来，大气中氧气的含量上升到今日的10%以上。而且臭氧在距地表20~25公里的高空形成了一个浓度较高的臭氧层，从海洋上空扩展到陆地上空。紫外线已不能到达地表，生物才有可能由海洋登上陆地定居。

根据古生物化石证明，裸蕨植物是首批陆生植物。裸蕨具有假根，有维管组织管胞，不仅有利于吸收和运输水分和养料，而且加强了植物体的支撑和固着的机械功能。这些都是由水域进入陆地所不可缺少的适应性构造。

裸蕨植物由水中登上陆地，在早、中泥盆纪最为繁盛。使原始大陆第一次披上了绿装。生物界在几十亿年的演化过程，从水域扩大到陆地，进入了一个和从前完全不同的新阶段。陆地上首次出现生产者。某些昆虫和其他节肢动物等初级消费者也相继出现，组成了原始陆地生态系统。这一系统的结构和功能都很简单，食物链仅2~3级。与此同时，地表原始岩石及其风化物，在植物影响下，出现了最早的土壤，它的出现，又为陆地生态系统结构和功能的完善奠定了基础。

大约距今3.5亿年的石炭纪，大气中氧气的含量达到了现在水平。当时全球气候温暖湿润，十分有利于陆生植物的发展，特别是蕨类植物达到鼎盛阶段。

根据古生物学资料推断，脊椎动物中最早登上陆地的鱼类大概是总鳍鱼类的真掌鳍鱼；两栖类中最早登陆的代表是鱼石螈、蚓螈和虾蟆螈等，它们大多以鱼类为食料，从而增加了水域生态系统的食物链环节。

在距今大约2.8亿年前的二叠纪早期，地球上部分地区开始出现酷热、干旱的气候环境，许多在石炭纪盛极一时的蕨类植物，不能适应这一气候变化，趋于衰落，代之而起的是裸子植物，它是以种子繁殖的高等植物，花粉管的形成，使植物的受精作用不再以水为媒介，从而摆脱对水的依赖，并能在干旱环境中繁殖后代。裸子植物还具有高大的树干和发达的根系，其木质组织又有较强的支撑和输导能力。这些特征保证了裸子植物更能适应陆地的各种生态条件，在整个中生代时期占据着最优势地位。

中生代也是爬行类动物恐龙的繁盛时期，这类动物又分为食草恐龙和食肉恐龙。因此可以说，这一时期的陆地生态系统，裸子植物为主要的生产者，食草恐龙为初级消费者，食肉恐龙为食物链中最高级的消费者。

距今0.65—0.2亿年，被子植物迅猛发展起来，在生物圈中占据优势地位，因为被子植物在长期的演化过程中获得的可塑性和适应性比蕨类植物和裸子植物完善得多。如具有各种各样的生态类型，发达的输导组织和完善的繁殖器官等，这些都增加了被子植物对复杂多变的环境适应能力，从而使被子植物分布在陆地的各个角落和部分水域，整个地球变得更加绚丽多彩，生气盎然。

随着被子植物的繁荣发展，直接和间接依赖植物为生的动物界也获得相应的发展。特别是种类繁多的昆虫纲，发展到高级水平的鸟纲和哺乳纲动物，在陆地上迅速繁荣起来。例如，哺乳纲的马、犀牛、羊等大型食草动物，虽然在早第三纪已经出现，但是它们迅速的发展和演化，都是在晚第三纪草原植物大量出现和急剧发展的时候。

从上可知，被子植物出现和繁荣，哺乳类动物大量发展，不仅食草动物种类繁多，而且各级食肉动物也随之发展。因此，地球上各类生态系统的演化进入更高级的阶段，系统的结构和功能也日趋复杂。

从晚第三纪开始，地球上的气候不断发生旱化和寒化，特别是第四纪冰期和间冰期的反复交替，使全球分化为冷热、干湿、水陆等各类环境。生物在与环境长期的相互影响和相互作用中，形成了各类相应的生态系统。随着人类的产生，生态系统的发展又进入了一个新阶段。

人不同于其他动物，他们不仅可以通过劳动去有效地利用自然，而且可以通过聪明才智去改造自然和创造自然。在有人类的大约100—300万年的历史长河中，随着人类生产和生产关系的不断发展，从原始的狩猎、采摘野果逐渐发展成为畜牧业、农业和养殖业；从原始的钻木取火发展成为能源工业体系；从野生的洞穴、树巢生活逐渐形成了村落、城镇。在人类的干预和作用下，自然的生态系统逐渐被半人工的、人工的生态系统所代替，从而使生态系统的结构和功能进一步复杂化，生产力也得到了进一步的提高。

从上述地质时期内生态系统的演化发展过程，可以清楚地看到，现今地球上的各类生态系统，从结构简单、生产力低的极地苔原，到结构复杂、生产力高的热带雨林，都是生物与环境经历几十亿年相互作用发展起来的。

二、生态系统的演替

(一) 生态系统演替的主要阶段

自然界中，每一个生态系统的演替都有一定的秩序，一般分为以下三个演替阶段：

1. 先锋期

先锋期是指生态系统演替的初期。首先绿色植物定居，然后才以植物为生的小型食草动物的侵入，形成生态系统的初级发展阶段。这一时期的生态系统，在组成上和结构上都比较简单，功能也不够完善。

2. 顶极期

顶极期是生态系统演替的盛期，也是演替的顶级阶段。这一时期的生态系统，无论在成分上和结构上均较复杂，生物之间形成特定的食物链和营养级关系，生物群落与土壤、气候等环境也呈现出相对稳定的动态平衡。

3. 衰老期

衰老期是指生态系统演替的末期。在这一时期，群落内部环境的变化，使原来的生物成分不太适应而逐渐衰弱直至死亡。与此同时，另一批生物成分从外侵入，使该系统的生物成分出现一种混杂现象，从而影响系统的结构和稳定性。

(二) 生态演替的类型

1. 进展演替

进展演替是指演替从裸地开始，经过一系列中间阶段，最后形成顶极群落或稳定的生态系统。

裸地是指没有生物存在的裸露地面，包括两种主要类型。其一，以前没有生物生长发育或者曾经有过生物，但被彻底消灭了，没有留下任何生物传播体和原有的土壤，这种裸地称为原生裸地，如冰川移动过的地面、海底出露的地区、火山喷发熔岩覆盖的地区、山坡崩塌地等；其二，原来有生物存在，因遭受破坏所形成的裸地，称为次生裸地。在次生裸地上，原来的土壤还多少保留着，土壤中还存在原有的某些生物繁殖体，如种子、根、茎等，以及土壤微生物。

根据裸地的性质，演替又分为原生演替和次生演替。前者指从原生裸地开始的演替，后者则指在次生裸地开始的演替。但不论哪一类演替，都由顺序发生的一系列群落组成一个演替系列。上述两种演替，还可按演替开始时的生境性质分为:

(1) 旱生演替系列。

是指从干旱的岩石表面开始的演替。在气候适于森林生长的地区，从岩石表面开始出现生物直至森林生态系统发展成熟。

(2) 水生演替系列。

是指从湖底开始的演替。在一般湖泊中，水深超过4米时，因光照微弱，空气含量少，使体形较大的绿色植物无法生长，只生活着一些浮游生物。由于从陆地冲刷下来的矿物质的淤积和浮游生物残体的堆积，使湖底逐步抬高。随着湖水变浅。

2. 逆行演替

逆行演替是指原来的生物群落在外界因素如采伐、开垦、火烧、放牧、病虫害及其他自然灾害等作用下，群落类型由比较复杂、相对稳定的阶段向着比较简单和稳定性较差的阶段退化。

引起逆行演替的动因是外界因素，其中最主要和大规模的干扰，是人类的各种活动，常常形成各种各样的次生群落。

一般来说，逆行演替经历的阶段、方向和速度，取决于外界因素作用力的强弱。当作用力强时，可使原来的生物群落直接退化到次生裸地。而当外界作用力停止后，生物群落就会从该阶段开始它的正向演替过程，逐渐恢复到受破坏前的原来生物群落类型。

我国黄土高原西部温带草原在不同放牧强度下所发生的逆行演替过程，一般分出轻度放牧阶段、适度放牧阶段，重度放牧阶段、过度放牧阶段和裸地阶段，它可作为逆行演替的实例。

一般来说，生物群落的进展演替和逆行演替可以从其群落结构的复杂化或简单化加以说明，并可在一定程度上作为生物群落发展的整个方向的一般特征。

三、生态系统的平衡

生态系统是一种动态系统，能量在不断地流动，物质在不停地循环，信息在连续地传递，它们每时每刻都在不停顿的运动和变化。

像自然界的任何动态系统一样，生态系统按照一定的规律向前发展。从初期的、简单的和很不稳定的阶段，过渡到复杂的和稳定的阶段。当一个生态系统发展到成熟、稳定的阶段时，它的生产、消费和分解之间，即物质和能量的输入和输出之间，接近于平衡状态，这种状态叫作生态平衡。

(一) 生态平衡的标志

衡量一个生态系统是否处于平衡状态，必须考虑三点：1. 系统结构的平衡，2. 系统功能的平衡，3. 物质和能量的输入和输出数量的平衡。任何一个生态系统只要具备这三方面的平衡，就是处于生态平衡状态。

1. 生态系统的能量流动和物质循环较长时间内保持平衡状态，即输入和输出之间达到相对平衡

地球上的任何生态系统都是程度不同的开放系统，能量和物质在生态系统之间不断地进行着开放性流动。一方面，一部分能量和矿物元素，通过绿色植物的光合作用而同化固定，或者通过降雨、尘埃下落、河水流入和地下水渗透输入到系统中；另一方面。一部分能量和物质又通过物理蒸发、生理蒸腾、生物呼吸、动物迁移、土壤渗漏和排水携带等方式从系统中输出，当能量和物质的输入大于输出，生物量增加，系统继续向成熟和稳定的阶段发展。而当能量和物质的输入小于输出，生物量减少，系统就会衰退。只有能量和物质的输入和输出趋于相等时，生态系统的结构和功能才能长期处于稳定状态。

2. 生态系统中的生产者、消费者和还原者之间构成完整的营养级结构

生产者、消费者和还原者都是组成一个生态系统的生命成分，它们与无生命成分共同构成一个完整的生态系统。其中，生产者为异养消费者和分解者提供赖以生存的食物来源，消费者是系统中能量转换和物质循环的连锁环节，分解者完成物质归还或再循环的任务。它们互相依存，互相影响，互相作用，构成完整的营养级结构，并且具有典型的食物链关系和金字塔营养

级规律。

3. 生态系统中的生物种类和数量保持相对稳定

在生态平衡条件下，组成生态系统的生物种类达到最高和最适量，能进行正常的生长发育和繁衍后代，并保持一定数量的种群，以排斥其他种生物的侵入。此时，系统中有机体的数目最大，生物量最大，生产力也最大。

生态系统的组成和结构愈复杂，其稳定性就愈大，称为多样性导致稳定性定律。

（二）生态系统的自我调节能力

生态系统是一种控制系统或反馈系统，它具有一种反馈机能，能自动调节和维持自己稳定的结构和功能，以保持系统的稳定和平衡。生态系统的这种能力，叫作自我调节能力。

生态系统的自我调节能力是通过系统的下列因素得以实现的。

1. 生物的种类组成

生态系统中生物的种类组成越丰富，所构成的食物链和营养级结构也越复杂，系统的自我调节能力就越强。例如，组成热带雨林生态系统的生物成分，不仅种群数量多，而且个体数量也多，它们之间形成很复杂的关系。如果一个或多个种群的数量发生变化或消失，其作用可由其他种群代替或补偿，不会危及整个生态系统。而在北极生态系统中，如果地衣的生长受到损伤，整个系统就会崩溃，因为那里的植物都直接或间接地依靠地衣。

2. 能量流动和物质循环途径的复杂性

一般来说，生态系统的生物种类越多，能量流通和物质循环的途径也越复杂，系统的自我调节能力也越强。因为当系统的一部分能流和物流途径的功能发生障碍时，可以被不同部分的调节所补偿，同样，生态系统的现存生物量越大，能量和营养物质的贮备就越多，系统的自我调节能力也越强。

3. 非生物环境

生态系统中的非生物环境可以通过物理的或化学的作用，对系统进行一定程度的调节。例如。大气和水的流动对有毒物质的扩散和稀释作用，水分对温度和湿度的调节作用等等，均有利于系统的稳定和平衡。

生态系统的自我调节能力说明，生态系统对外界的干扰和压力具有一定的弹性。但是，对于一个复杂的生态系统来说，对外界冲击所具有的自我调节能力也是有限度的。如果外界的干扰或压力在系统所能忍受的范围之内，生态系统可通过自我调节能力恢复其原来的平衡状态。如果外界的干扰或压力超过了系统所能忍受的极限，系统的自我调节能力就不再起作用，生态系统就会受到改变、伤害以致破坏。生态系统所能承受外界压力或干扰的极限，称为生态阈值。生态阈值的大小决定于生态系统的成熟性。生态系统越成熟，表示它的种类组成越丰富，营养结构越复杂，因而系统的稳定性越大，生态阈值就越高。相反，一个简单的生态系统，其生态阈值低。

因此，在开发和改造生态系统之前，必须深入研究生态平衡规律，掌握影响生态平衡的因素，并通过试验测定和应用系统分析手段，找出各种生态阈值的最佳值，预报系统对外界压力的负载能力。这样才能保证合理开发和利用生态系统，从而既能获得高额的生物量，又能使其结构和功能保持在相对平衡的状态下持续运行。如在森林生态系统中，对森林的开采应确定合理的采伐量。如果采伐量超过生产量，必然引起森林生态系统的衰退。同样，在城市生态系统中，污染物的排放不能超过环境的自净能力，否则就会造成环境污染。

第二章　生态水利建设的发展状况及策略

在20世纪末，人们发现地球生态环境不断恶化，于是生态学又衍生出地质生态学、海洋生态学、沙漠生态学等边缘科学，生态水利也是在这种背景下形成的学科。在中国研究生态水利问题，特别是作为一个系统工程去研究，起步较晚，是近几年的事情，至今尚未见到这方面的专著。因此，本章就生态水利建设概述、生态水利建设的发展状况和中国生态水利未来发展的策略三个方面进行具体的分析和探讨。

第一节　生态水利建设概述

一、生态水利建设的提出

本书中的“生态水利”，指的是以恢复和维护流域的生态环境为基础，以人与自然和谐共处为目标，综合运用各种工程及非工程措施，合理地开发、利用和保护水资源，并科学地防治各种水灾害，最终确保水资源的可持续利用、人类生存发展和社会资源可持续发展的需要。

“生态水利建设”指的是在“生态水利”这个前提下进行的各种工程及非工程措施的建设。

改革开放20多年来，我国的经济发展取得了巨大成就，综合国力进一步增强，人民生活总体上进入小康，经济和社会的发展对水利工作提出了更高的要求。在可持续发展观念影响下，一方面，经济发展和生活的富裕，人民群众对水利建设关注得更多、要求的更高了；另一方面，经济实力的增强以及科学技术的腾飞也使国家有力量、有信心“做好21世纪中国水利这篇大文章”。“生态水利”便在这个背景下应运而生。

（一）生态水利是人类社会可持续发展的必然要求

20世纪下半叶，飞速发展的工业社会向人们提出了如何处理人口、资源和环境的重大议题；20世纪90年代人们提出了可持续发展的战略并很快成为世界各国人民的共识。21世纪初以可持续发展思想和人与自然和谐共处的理念指导今后的水利发展，具有非常深远的意义。

1. 可持续发展

水资源的可持续利用是社会可持续发展的重要保证，水资源的可持续利用呼唤“生态水利建设”。水利是国民经济的基础行业，水是基础性的自然资源和战略性的经济资源，是生态环境的控制性要素。水被称为“农业的命脉”和“城市及工业的血液”，其重要性不言而喻。20世纪末，一些专家强调，到21世纪，水、粮食和能源这三种资源中，最重要的是水，水是经济社会可持续发展的重要支撑。事实也确实如此，未来经济社会发展的许多重要层次的安全需求，都必须依靠发展水利以及实现水资源的有效供给才能得以解决。因此水资源的可持续利用将是我国可持续发展的前提，而生态水利建设是水资源可持续利用的一个前提。

2. 传统水利建设并不完全符合人类可持续发展要求

随着可持续发展战略的实施和理论研究的深入，人们深刻地认识到，水利建设必须服从于、服务于经济的发展，必须走与资源、能源和环境相协调的道路，既要满足兴水利、除水害的功能及经济发展要求，又要重视保护生态环境。而传统水利建设虽对国民经济发展起到积极作用，但不可避免地也给环境带来了不利影响。

(1) 传统水利建设的正面影响。

一般水利建设，指的是水利枢纽工程，包括大坝、水库、水电站、防洪堤、水闸等。综合性水利工程中大坝是具有防洪、灌溉、航运、给水、漂木、水资源开发、清洁能源生产、航运等功能的基础设施，它也能为库区环境和当地旅游带来利益，因此大型水利枢纽的修建可同时获得防洪、抗旱、灌溉、航运、发电、给水、漂木、养殖、旅游等综合效益。

①防洪减灾。中国历史上因严重洪灾和持续干旱造成赤地千里、瘟疫流行、人民流离失所、社会动荡、改朝换代；严重洪灾和持续干旱导致经济社会发展停滞和倒退的事屡屡发生。大坝在防洪、灌溉、供水方面的作用，本质上就是减轻和防止灾难性生态环境的发生。

②水力发电利于减少污染物的排放、改善空气质量。水电是自然、清洁的能源。据分析，建设一个输出功率为1万kW的水电站，正常运行一年，它所产生的能源相当于1000万L的石油，燃烧它所产生的二氧化碳，约相当于1400 hm^2 的森林面积来吸取。为缓解水资源紧缺而所采取的海水淡化措施，需要提供能源。假如要淡化1 m^3/s 的海水，一年间约需116万kw·h的电力，该电力（火力发电）所产生的二氧化碳，约相当于3800 hm^2 的森林面积来吸取。

由于人类活动特别是 CO_2 排放引起的全球变化将会加速我国的生态与环境的恶化。在全球变化的影响下，中国的气候、生态和环境均产生了显著、深刻和多方面的变化，近百年中国的气候也在变暖，平均地面温度上升了0.6℃～0.7℃，海平面平均上升了10～20 cm，冰川从小冰期结束以来面积减少了约25%，极端的天气气候事件如旱涝灾害发生的频率和强度近20年来呈上升趋势，由此造成的气象灾害损失目前达到了GDP的3%～6%。

3亿kW水电装机，按平均年利用4000小时计，年发电量为12000亿kW·h。按照先进的耗煤水平（3309 /kW·h）计，每年可减少燃烧原煤4亿t，即减排8亿t CO_2，960万～1600万t SO_2，8万t CO，296万t NO_x，以及大量的悬浮颗粒物、废水和固体废物。如果说，减排 SO_2 可通过加大投入采用洁净煤燃烧技术实现的话，那么减排 CO_2 洁净煤燃烧技术是不能实现的。以煤气化为基础，制氢与收集埋存 CO_2 相结合，实现 CO_2 的零排放的技术，在美国也刚列入21世纪的科技计划。

③旅游效益。许多水库都已成为著名的风景区，吸引了大量旅游者和当地居民参观访问。通过合理的景观设计和重建，某些具有广阔水面的平原水库成为非常美丽的公园和鸟的栖息地。

④水力发电利于改善局部小气候。不少高坝创造了大型人造湖泊，改变了当地环境和景观。有时，这种局部气候和当地栽培结构的改变有利于当地库周围区域农业和工业化栽培的发展。成功的例子可在葛洲坝、丹江口、

东江库区见到。

(2) 传统水利建设的负面影响。

比如在河流上修建大坝，则必然改变河道原来的流量过程，使得自然的水循环在时间和空间上发生变化，从而产生了一系列的生态、环境问题。传统水利建设的负面影响主要有以下几个方面。

①对河流形态的影响。河道自身也是需要用水维持的，一定的“河道内用水”才能保持河槽的相对稳定。在我国许多水资源严重短缺的地区，水库拦蓄影响了河道行水，以至不能满足河槽相对稳定的最低水量要求，造成下游河道萎缩，降低了行洪能力。河流中的大坝会对下游产生很多影响，如河床剥蚀中，河道变深变窄，影响三角洲的形成等。由于水库蓄水，入海口部位河流水位在有些时候会下降，产生咸水入侵，造成入海口三角洲地区土壤盐渍化；河水来沙量的减少，会造成入海口处海岸的侵蚀。

②对水质的影响。拦河筑坝的人类活动改变了河流的水动力特性，影响了河流中污染物的迁移、扩散和转化，从而导致纳污能力的降低。在某种程度上，流动的河流改善水质的能力并不亚于污水处理厂。污染物在水体中运动不是一般意义的稀释，它受物理、化学和生物作用，可以自然减少、消失或无害化。因此，充分利用河流的自净能力，是改善水环境、降低污染程度的重要措施。过度的人工拦蓄，造成北方河流无水断流、南方河流有水不动，破坏了河流的自净能力。如淮河流域1000余km的河道上，有大小闸坝4000多座，大小水库5000余座，非汛期河道中的水难以流动，水质达标十分困难。

③对生物多样性的影响。大坝修建后上游区域将被淹没，同时阻隔了上下游水之间的自然衔接；水库的调节造成下游的径流变化。

河流是物质、能量流动的通道，同时也是生物迁徙的通道，淹没使得生物栖息环境由激流、浅水环境变为深水、静水环境，对于适于浅水、激流环境的水生生物会产生不利影响；使淹没线以下的陆生动物往更高海拔迁移，与当地居民争夺生存空间，造成一些种群消亡，居民生存环境恶化；径流的变化，特别是下游水文形势的变化，会影响到生物栖息地，对生物资源与生物多样性都有不同程度的影响(如清水下泄对下游河道的冲刷，使下游生长的鱼类的生存环境改变，影响这些鱼类的生存)。大坝的阻隔作用对珍稀洄游性鱼类产生的影响，隔断了某些逆流产卵的鱼类的洄游通道，影响这些鱼的繁殖，如果不设过鱼通道（如鱼道、鱼梯、能过鱼的水轮机等）等会直接导致生物多样性的减少等等。

例如，三峡工程对中华鲟、胭脂鱼、白鳍豚等产生了不同程度的影响，必须设置专门的鱼道保障它们的安全。位于黄河刘家峡水库下游的大柳树水库，库区段的鸽子鱼、长顺铜鱼有洄游习性，产卵期间鱼类一般上溯寻觅具有一定流速的水流及有砾石底质的河床作为产卵场所，鱼卵孵化后鱼苗顺流至卫宁河段宽阔的河床中成长。水库的兴建使它们只能停留在大柳树库区，而下游一带的北方鸽子鱼和长顺铜鱼由于其洄游路径被阻，有可能绝迹。美国哥伦比亚河上的130个大坝使得每年经过这条河的鲑鱼和铁头鳟鱼鱼群的总量从19世纪的1000万～1600万条降至现在的150万（且约3/4为人工孵化）条；据美国国家海洋渔业部估计，因此造成的鲑鱼渔业的损失在1960—1980年间达65亿美元。

④对湿地生态系统的影响。湿地是地球上一种独特的生态系统，是“陆地和水体间过渡的客体”，其环境调节功能极其重要。但湿地生态系统具有明显的脆弱性，水利设施可能割裂河流、湿地一体的环境结构，其结果是洪泛湿地生态系统的栖息地多样化格局被破坏，各类野生生物的生境被大量压缩，食物链中断，导致生态平衡失调，生物多样性和生物生产力下降以及自然灾害上升等现象的发生。

如我国云南洱海湿地，近年由于水利建设、围湖造田、水土流失等人类活动已造成洱海水位低落、鱼类洄游路线受阻和洱海湿地面积萎缩等生态系统不断退化的情况。

⑤对河流两岸环境地质的影响。水文地质条件的改变随着库水位的上升，两岸地下水位也相应上升，因而出现浸没、湿陷、塌井、沼泽化、盐渍化等；同时也造成库水向库外渗漏，使库外某些地区的水文地质状况发生改变。如云南以礼河水槽子水库，开始蓄水5天后就发现库水外漏，库水经过80天在西南侧低地那姑盆地的白雾三村出流，造成房屋破坏或由于地面出水而不能居住。水库蓄水后，库区将出现坍岸、滑坡、地面塌陷等库岸稳定性问题，造成库周交通、电信、水利、耕地、房屋、工厂等建筑设施的破坏，影响人们正常的生产生活。库岸坍滑产生的涌浪可能会造成水工建筑

物的损坏，对下游人民的生命财产也会产生影响，如意大利瓦依昂滑坡，造成几千人死亡。诱发水库地震水库蓄水后会诱发地震。据统计，坝高大于100 m的水库，诱震率约10%，而坝高大于200 m的诱震率达28%。水库地震会破坏库周居民的生产、生活设施，造成居民的恐慌。

⑥施工对环境的影响。水资源工程一般土石方工程最大，施工范围广，施工中产生的生活废水、废气、噪声、土石渣等都对当地环境造成影响，虽是暂时性的，但也要认真搞好环境保护。大坝等水工建筑物的施工需要进行土石料的开采，道路、房屋的修建，坝基的开挖，施工弃渣的堆放，这些都会破坏原有地貌和植被，产生新的滑坡、泥石流。此外，施工产生的废水、油污，生活污水，生产生活的烟尘、粉尘、固体废弃物等会进一步污染施工区附近的土壤、空气和水质。

(二) 生态水利是国家水利战略的发展趋势

我国水资源、水环境形势严峻，生态水利是国家水利战略的发展趋势，水资源保护和水环境治理、修复是关系全社会可持续发展的重大问题。

我国的水资源总量为2.8万亿 m^3，从绝对数量上讲是比较丰富的。居世界第4位，仅次于加拿大、巴西和俄罗斯，略多于美国和印尼，占世界水资源总量的7%，也就是说中国以世界上7%的水、全球陆地6.4%的国土面积和全世界7.2%的耕地养活了21%的人口。中国人均水资源量只有世界水平的31%，属于水资源紧缺的国家。

我国的水资源的现状可以用“水多、水少、水脏、水浑和水生态失衡”几个特点概括。水多是指洪涝灾害和水资源时空分布与经济发展的布局和要求不匹配；水少指水量型和水质型缺水；水脏指水环境遭到破坏，使水源达不到生活和工农业用水的要求；水浑是指水土流失，水内含沙量大，水资源难以对土壤、草原和森林等资源起保证作用；水生态失衡是指江河断流、湖泊萎缩、湿地干涸、土壤沙化、森林草原退化导致土地荒漠化等一系列主要由水引起的生态蜕变。

二、生态水利建设的内涵

（一）生态水利的基础

生态水利的基础是恢复和维护流域的生态环境、提高水资源和水环境承载能力，这也是生态水利的前提。

1. 流域综合管理

流域，在地理学上，一般解释为相对河流的某一断面的、由分水线包围的区域；在流域经济学中，是指水资源的地面集水区和地下集水区的总称。河流流域是指某条河流及其支流流贯的全部地区。河流的流域是客观存在，是“天—地—生”大系统的基本单元，流域所特有的天—地条件，形成了流域所特有的生态特征。

流域是自然与人文相互融合的整体。流域内健康的湿地、森林与河流等系统不仅为人们提供了淡水、水能、原木、矿产等资源，还提供调蓄洪水、净化水质、保护生物多样性等生态服务功能。

在流域尺度上，通过跨部门与跨地区的协调管理，合理开发、利用和保护流域资源，最大限度地利用河流的服务功能，从而实现流域的经济、社会和环境福利的最大化。这就是流域管理的核心。

对流域生态特征影响最大的因素是水—土平衡条件。流域的岩土条件是相对稳定的，而水的循环条件是因天文气象条件而有一定变化。如果变化的幅度超过流域生态系统所能承受的范围则将形成洪涝旱灾或生态灾害。因此，根据天文气象的变化而调整水—土平衡条件，是流域管理的重要内容。

生态水利建设尊重流域的存在，注意保持流域的生态特征及其多样性，对可能造成水—土平衡条件大幅度变化的人类行为，如大规模跨流域引水工程采取谨慎态度，对缺水地区以形成节水社会，适应自然为主。

2. 水资源和水环境承载能力

水资源承载能力是指在一定流域或区域内，其自身的水资源能够支撑的经济社会发展的需水的规模，并维系良好的生态系统的能力。而水环境承载能力是指在一定的水域，其水体能够被继续使用并仍保持良好生态系统时，所能够容纳的污水及污染物的最大能力。

生态水利建设在研究水资源和水环境承载能力问题时着重考虑生态用水和环境用水。生态用水指动物、植物能够保持正常生存状态所需要的水；环境用水应指保持水体稀释自净能力和地下水正常供应所需要补充的水。前者侧重人与自然的关系，后者侧重人与资源的关系。故而泛称水资源和水环境承载能力将涵盖河道内、湿地、滩涂和山区平原绿化用水，以及回补超采地下水和河道内水体稀释、自净需补充的水。

3. 非工程措施

本书将防洪减灾的非工程措施定义为通过约束人类自身行为，以改善人与洪水关系，从而达到防洪减灾目的的措施。

防洪减灾非工程措施是在防洪工程措施不足以解决洪水灾害的背景下提出的。20世纪中叶以来，人们发现：即使已修建了大量防洪工程，洪灾损失仍有增无减；社会舆论、生态环境保护等各方面的原因使修建防洪工程遇到越来越大的阻力和困难；单一依靠提高防洪标准来防洪减灾是有限的，人们不可能完全希冀于防洪工程措施解决洪水灾害问题。基于上述事实，人们开始反思人与洪水的关系，希望找到适应当代和未来人水关系的防洪减灾策略。正是在这样的背景下，现代意义下的防洪减灾非工程措施被提出来并受到了广泛的认同。

在一定意义上它可以被视为防洪工程措施的一种补充；它体现了人类尊重洪水规律，主动协调人与洪水关系的自然观和社会发展观。通俗地说，防洪减灾工程措施着眼于“管水”，而防洪减灾非工程措施着眼于“管人”。防洪工程措施和防洪非工程措施分别从不同的角度处理人与洪水的关系，体现了两种不同的防洪策略思想，它们的正确结合才能最有效地达到防洪减灾的目的。

防洪减灾非工程措施可划分为四类：

①基于洪水物理属性的非工程措施：主要指洪水的预报、调度系统等。

②基于洪水风险的非工程措施：基于洪水风险的非工程措施是在20世纪50年代才开始的，其核心内容是洪水风险管理，其最重要实践是编制洪水风险图并推行洪水保险制度。

③基于管理科学的非工程措施：通过科学管理，形成具有较强灾前预防能力、遇灾应变能力和灾后恢复与重建能力的社会环境，能保证社会机制正

常运行，从而最大限度地减小洪水给社会带来的损失。

④基于政策与法规的非工程措施：政府为防洪减灾而制定的有约束力的经济与社会活动的行为规范。政策与法规是实现科学管理的保证。如制定《防洪法》《洪泛区管理法》等。

(二)生态水利的目标

生态水利的目标是实现人与水、人与自然的协调共处，实现经济社会与自然生态系统协调互进。人与自然的协调共处，也即“天人合一”，是人与自然间关系的一种理想境界。一方面，人类活动要顺应自然规律，不能破坏与超越自然规律；另一方面，自然规律又要为人所用，使之服务于人类的经济繁荣与社会进步。

人类如何改造自然界所赋予的水的条件，以求自身的生存和发展是水利工作的根本任务。由于水利具有改造自然的性质，对任何一项水利工程的评价，都要经过大自然的最终检验，水利工作中最本质的问题，就是如何处理人与自然的关系。从“靠天吃饭”“人定胜天”到“人与自然和谐共处”，代表人类在处理与自然的关系中不同阶段的理念。生态水利中“人与自然和谐共处”理念是人们对现阶段水利的一个认识。

纵观人与自然关系的发展史，当前提出的“人与自然和谐相处”理念，是经济社会不断发展的必然结果，也是经济社会高度发展的必然要求。

三、生态水利建设的基本内容

生态水利涵盖了水利事业和水利产业目标，又突出了生态环境目标，与可持续发展的三维目标即经济、社会、环境是一致的，有以下几个方面的内容。

第一，生态水利发展模式与途径与传统水利发展途径对水的传统利用方式有本质性的区别，生态水利更注重水利工程生态环境与景观的修复，改善与保护水的应用，水利工程调度运行方式变化后在水污染防治中的作用。

第二，生态水利的开发利用是在人口、资源、环境和经济协调发展的战略下进行的，水资源的开发利用是在保护生态环境的同时，促进经济增长、社会繁荣，避免单纯供水效益弊端，保证可持续发展。在水资源开发利用的同时，更注重洪水资源的利用，比如汛期水位、分期控制、动态控制，以充分利用水资源。

第三，生态水利目标明确，要满足世世代代人类用水需求，体现人类共享环境、资源和经济、社会效益的公平原则。防洪工程建设不仅考虑防洪一种功能，还要考虑与景观建设，水环境的改善融为一体。

第四，生态水利的实施遵循生态经济学的原理，应用系统方法和高新技术，实现水利的公平和高效发展。水利工程的优化目标由传统的"技术经济最优"改变为生态效益、经济效益和社会效益最优。

第五，生态水利要求用生态学的基本观点来指导水利规划、设计、建设和管理，其功能不仅仅是为人类单一的需求，还考虑水自身的需求以及水的周围动物、植物对水的需求，保护生态系统。

第六，节约用水是生态水利的长久之策，也是缓解我国缺水的当务之急，合理用水、节约用水、污水资源化是开辟新水源、缓解矛盾的有效途径。

第二节　生态水利建设的发展状况

关于生态水利建设的发展状况，本节主要从国际生态水利建设发展状况和国内生态水利建设发展状况两个方面进行具体讨论。

一、国际生态水利建设发展状况

(一) 欧洲生态水利建设

自20世纪80年代开始，针对流域治理中出现的水利工程对生态系统的某些负面影响问题，欧洲的工程界对水利工程的规划设计理念进行了深刻的反思，认识到流域治理不但要符合工程设计原理，也要符合自然生态原理。特别随着现代生态学的发展，他们进一步认识到河流流域治理工程还要符合生态学的原理，也就是说把河流湖泊当作生态系统的一个重要组成部分对待。

流域的生态水利建设是从欧洲对山区溪流生态治理开始的。早在19世纪中期欧洲工业蓬勃发展，阿尔卑斯山区成为中欧的工业基地。由于开矿山、修公路、建电站，大规模砍伐森林，破坏植被，造成山洪、泥石流、雪崩等频繁发生，引起了地区各国的关注，1846—1884年间制定了森林法及水资源利用法。为了与山洪和山地灾害斗争，兴建了大规模的河流整治工程。经过近百年的治理，大批工程设施发挥了作用，对山洪和山地灾害有所遏制。但是随着水利工程的兴建，伴随出现了许多负面效应。特别是随着大量移民迁入，山区旅游事业激增，这些负面效应愈显突出。主要是传统水利工程兴建后，生物的种类和数量都明显下降，生物多样性降低，人居环境质量有所恶化。社会舆论要求保护阿尔卑斯山区，呼吁回归自然。这使传统的水利工程设计理念受到挑战。工程师开始反思，认为传统的设计方法主要侧重考虑利用水土资源，防止自然灾害，但是忽视了工程与河流生态系统和谐的问题，忽视了河流本身具备的自净功能，也忽视了河流是多种动植物的栖息地，是大量生物的物种库这些重要事实。另外，从资源开发角度看，山区溪流地区还有登山、滑雪、休闲等功能，保护生态系统也是水资源开发利用的需要。

至20世纪50年代德国正式创立了"近自然河道治理工程"，提出河道的整治要符合植物化和生命化的原理。阿尔卑斯山区相关国家，诸如德国、瑞士、奥地利等国，在河川治理方面的生态工程建设，积累了丰富的经验。这些国家制定的河川治理方案，注重发挥河流生态系统的整体功能；注重河流在三维空间内植物分布、动物迁徙和生态过程中相互制约与相互影响的作用；注重河流作为生态景观和基因库的作用。自20世纪80年代开始的"近自然河流治理"工程，至今虽然仅20多年，但是成效斐然—与传统工程方法比较，其突出特点是流域内的生物多样性有了明显增长，生物生产力提高，生物种群的品种、密度都成倍增加。

在英格兰和威尔士，为了各种不同的目的，河道治理无论在深度和广度方面都取得了进展。在1914年，稍大些的河流经分水拦蓄以灌溉草地，给风景湖泊补税，或者更多地给小水磨坊提供动力。为了航运、防洪和农业排水的目的，较大的河流都进行了治理。或者按照临近公路和铁路的走向取直。现在英国正在纠正过去的错误，除了让河道自然恢复外，还包括重建深塘和浅滩，恢复被截直的河段，束窄、拆除过宽的河槽，拆除混凝土河道及涵洞。拓宽或浚深的河段已经观测到河槽形态的变化。

欧洲的一部分河流，已经走过了资源开发的阶段，进入了休闲审美的时代。下面以莱茵河、法国罗纳河的治理进行介绍。

1. 莱茵河“鲑鱼 -2000 计划”

(1) 莱茵河流域概况。

莱茵河流域面积 170000 km^2，在欧洲仅次于伏尔加河和多瑙河，居第3位。河道发源于瑞士境内阿尔卑斯山，自北向南穿越瑞士、奥地利、德国、法国、卢森堡、比利时和荷兰后流入北海。莱茵河全长 1300 km，其中 880 km 可通航。河水来源于阿尔卑斯山融雪，径流年内分配比较均匀，最大与最小月流量的比值为 2∶3。有利的水文条件等因素使其成为欧洲的航运要道，德、荷边界年过船 15 万艘，货运量达 18 亿 t。

(2) 河道污染、生态退化以及治理的背景。

荷兰因受到北海盐水入侵的影响，存在土地盐碱化问题，为此荷兰政府采取了大规模的治理措施，并有所成效。但自 1850 年以后，由于莱茵河沿岸人口增长和工业化加速，越来越多的有机和无机物排入河道，氯负荷迅速增加。德、荷边界鲁比瑟站在 1900—1930 年和 1930—1960 年期间的监测结果表明，氯负荷连续翻番，1930 年达 120 kg/s，1960 年为 250 kg/s。莱茵河含盐度的增加使荷兰感到来自后方的威胁，1932 年曾在柏林和巴黎提出了抗议。第二次世界大战以后，莱茵河流域工业化再度加速，污染进一步加重。1950 年联邦德国、法国、卢森堡、荷兰和瑞士建立了莱茵河防污染国际委员会（ICPR）。20 世纪 50 年代末荷兰拟订了莱茵河水质标准，有关国家曾进行了讨论，未有结果，但讨论中却暴露了上下游国家间的矛盾。上游承认污染对下游荷兰的影响，并表示可为净化莱茵河出资，但同时认为荷兰鹿特丹的废水、海牙及北部大型马铃薯粉厂的排泄物都未经处理，对莱茵河口及北海也造成了污染。1971 年秋季低水时期，耗氧污水和有毒物质污染非常严重。由于缺氧，所有水生生物均从被污染的德、荷边界附近河段绝迹，莱茵河水完全失去了使用功能。1971 年河道污染的严重状况使沿岸各国政府和公众舆论震惊。1972 年沿岸各国决定采取专门措施以减少污染，指定防污染国际委员会拟订减少化学污染条约。条约包括了许多细节，提供了消除危险物质和减少污染物的步骤、最佳技术或适用办法，并明确了排放标准。但此标准还要经1976年以后委员会中欧盟成员国的批准，同时最佳技术也是随时间而改进和更新的，并非一成不变，直到1986年，还只制订了12种物质的排放标准，其难度之大可想而知。

治理工作刚要开始，又发生了一场污染灾害。1986年11月1日瑞士靠近巴塞尔的山度士化学工业仓库失火，杀虫剂仓库被毁，数以千吨计的农业化学物质和数以万立方米计的灭火用水混和起来流进了莱茵河，毒水向下游漫延，杀灭了所有生物，数以百吨计的死鱼和其他动物尸体被从河中捞出，沿河40座水工程被迫停止从河中取水。山度士事件再一次在沿岸各国大众中引起强烈反应。河道污染和不适当的人类活动也造成了生态环境的退化。过去莱茵河干支流渔业兴旺，每一城市均有鱼市场，尤其鲑鱼供应充足，1885年年捕捞量曾达25万条。但在18世纪与19世纪之交，由于水力发电、航运发展和河道渠化，再加机械工具过度捕捞，鱼类大量减少。为河道渠化所造的堰、坝等使鲑鱼不可能到达其产卵区，堰、坝所形成的高水位又改变了产卵区的流速和泥沙沉积条件，也影响了鱼类的洄游和繁殖。后来，由于阿尔萨斯大运河的修建和莫赛河段的渠化，仅存的瑞士边界巴塞尔上游和莫赛的少数产卵区也都消失了。荷兰三角洲工程——封闭须德海的建设以及下莱茵河和马斯河的渠化，更阻止了鱼类的洄游，至1940年鲑鱼几乎从全莱茵河流域绝迹。

(3) 加强合作，促进流域治理。

山度士事件发生后10天，即1986年11月12日，沿岸各国有关部长就开会讨论。由于瑞士过去为净化莱茵河做了许多努力，会议并未谴责瑞士，但要求通过国际合作采取措施，防止类似事件发生，并制订了1987年莱茵行动计划（RAP），明确提出了治理莱茵河的长期目标。第一，在2000年底之前，高档洄游鱼类应在莱茵河重现，作为最著名的品种，鲑鱼的重现应是一个标记。第二，改善水质，使莱茵河只需采用简单净化技术，就可用作公用给水。第三，减少对泥沙的污染，使泥沙不仅可用于陆上，而且入海后对水环境不致产生负面影响。莱茵河沿岸各国为治理污染进行了长期的努力。从1965—1985年，5个沿岸国家为改进和建设污水处理厂就投资约600亿美元，经过处理，使工业和城市废水中有机和无机物浓度减小。通过采取适用的最佳治污技术，且不断改进和升级，使点污染源及农业和交通之类的扩散源得到了治理。长期的努力终于取得了显著效果，根据1993年的监测结果，有38种物质已达到了治理目标，但也还有9种物质的观测浓度达不到治理目标的要求。至1995年，已有47种物质比1985年减少了50%，认为达到了治理目标。工业生产的环境安全标准已经在严格执行；建设了大量的湿地、恢复森林植被，建立了完善的监测系统，为使鲑鱼及其他动物群落重返莱茵河，完成了一批新型鱼道建筑物的工程计划。到2000年莱茵河全面实现了预定目标，沿河森林茂密，湿地发育，水质清澈洁净。鲑鱼已经从河口洄游到上游—瑞士一带产卵，鱼类、鸟类和两栖动物重返莱茵河。

(4) 流域治理的经验。

首先，加强流域的综合治理，流域的国际合作。莱茵河流域涉及7个国家，国际性法律框架对流域治理很重要，有助于处理跨国问题和组织共同活动。德国、法国、卢森堡、荷兰、瑞士在1950年建立防污染国际委员会时，以1963年伯尔尼条约结论作为其法律基础。委员会还可承担沿岸各国共同委托的事务，据此1987年委员会承担了恢复莱茵河生态环境的工作。但监测和采取措施等具体工作还由各国自行承担，委员会只是各国政府和欧盟(1976年以后)的一个咨询和协商的平台。召开委员会的准备工作由各方官员组成的工作组承担，决策在委员会全体会议上做出，主席轮值3年，为了协助主席、委员会全体会议和工作组，有一个小的秘书班子。

其次是先进的“生态水利”的理念的采用。在防洪问题上，1995年莱茵河、马斯河发生严重洪灾后，该国际委员会又承担了防洪任务。值得一提的是，在1998年荷兰鹿特丹举行的第12届莱茵部长会议上，它们对洪水的反应并不是要加高堤坝，而是要通过综合的措施来防范洪水。在该会议上通过的120亿欧元的“莱茵河洪水管理行动计划”中，对付洪水的措施中列在第一项是“河流天然化恢复”，第二项是天然洪泛区的恢复，第三项是农业集约化，第四项是天然化的植树造林(及模拟自然的植被群落，而不是那种标准化的人工林)，第五项是恢复易透水的地面。种种措施都体现出生态水利的内涵。

2. 法国罗纳河

罗纳河全长812 km，发源于瑞士，从阿尔卑斯山和法国中央高地之间穿过，是法国水量最大的河。源头为冰雪融水，水温很低，为核电站最好的冷却水，故法国的核电站大都建在河边。上游通过索恩河、运河同莱茵河沟通，出海口紧邻著名的港口马赛，自古罗纳河就是从南欧到北欧的通道，因此两岸开发得极为充分，是法国最为重要的工业区。在河两岸有一条高速公路，两条国家公路，三条铁路和一条高速铁路。

罗纳河是一条被开发的淋漓尽致的河，是一条完全梯级化和渠化的河。从源头到入海口，19级水坝，把罗纳河变成了一个由水库组成的阶梯。

(1) 管理体制。罗纳河的开发目标是“提高沿岸人民的生活质量”，其管理体制为：每个流域一个水利局，隶属于国家生态与可持续发展部，是执行机构。水利局上面为管理委员会，由大区代表、省代表、乡代表、用水者代表、社会经济顾问及国家代表组成。每5年制定一个5年计划，每年召开会议处理相关问题。

(2) 人工运河上建电站。法国没有破坏原有的天然河道，结合发电的需要，不在原河道上建电站和修船闸，而是开挖一条运河把水引出来，在人工运河上建堤坝与船闸，用来发电和通航。同时为了调节水位，在原河道上建一个低坝来蓄水。而人工运河的水最终还是流回到原河道。

(3) 低坝多，高坝少。罗纳河共建社19座大坝电站，除了第一座高80m外，其他的全是低坝。带来的好处是：第一，淹没少，移民少。除了80m的高坝略有移民外，其他的电站一个移民也没有；第二，船闸运行时间短，船只通过的时间短，提高运输效率；第三，对生态环境的改变和影响小，对自然景观的影响小；第四，溃坝威胁小，管理成本低等。

(二) 美国田纳西河流域的综合开发

美国在建设防洪工程开发水资源的同时，十分注重科学分析，综合开发流域内各种自然资源，最大限度地维持生态平衡。田纳西河流域的开发治理便是一例。

1. 流域概况

田纳西河位于美国东南部，是密西西比河的二级支流，长1050 km^2，流域面积10.5万 km^2，地跨弗吉尼亚、北卡罗来纳、佐治亚、亚拉巴马、密西西比、田纳西和肯塔基7个州。该河发源于弗吉尼亚州，向西汇入密西西比河的支流俄亥俄河，流域内雨量充沛，气候温和，年降水量在1100—1800 mm之间，多年平均降水量1320 mm。

2. 田纳西流域管理局（简称TVA）流域管理发展历程

田纳西流域管理始于20世纪30年代。当时的美国正发生严重的经济危机，新任美国总统罗斯福为摆脱经济危机的困境，决定实施“新政”。“新政”为扩大内需开展的公共基础设施建设，推动了美国历史上大规模的流域开发，田纳西流域被当作一个试点，即试图通过一种新的独特的管理模式，对其流域内的自然资源进行综合开发，达到振兴和发展区域经济的目的。此时的田纳西流域由于长期缺乏治理，森林破坏，水土流失严重，经常暴雨成灾，洪水为患，是美国最贫穷落后的地区之一，年人均收入仅100多美元，约为全国平均值的45%。

为了对田纳西河流域内的自然资源进行全面的综合开发和管理，1933年美国国会通过了“田纳西流域管理局法”，成立田纳西流域管理局。1933年后，田纳西流域综合治理开发加快，于1936年完成田纳西河流域综合规划，1944年完成航道整治，1945年完成水电开发，以后转入火电、核电、土地开发阶段。1972年《清洁水法》获国会通过后，进入全流域水污染治理，流域资源管理逐步加强。随着公众对旅游休闲要求的日益提高和对生态环境的日益重视，进入90年代后，流域管理增加了生态保护和提供水上娱乐需求等内容。目前，TVA在田纳西流域干支流上共建有54座大坝（其中干流10座），通航里程1046 km，总装机容量28498 MW；11座火电厂，3座核电站，29座水电站，4座燃气电站，1座抽水蓄能电站。1998年发电量1550亿kw·h，其中水电占11%、火电占61%、核电占28%。

除水资源综合开发带来的各方面的效益外，TVA电力系统为流域内800万居民提供了廉价电力；在农业方面，TVA建有全国最大的肥料研究中心，引导农民因地制宜合理利用土地，增施肥料，改良土壤，使农业单产比30年代提高两倍多；TVA设立经济开发贷款基金促进了地区经济发展，1995年以来，共提供金额约1.1亿美元，创造新的投资额达30亿美元。TVA在水利、电力、农业、林业、化肥等方面的综合开发和经营，以及对自然资源的保护，在发展经济的同时，为田纳西流域提供了大量的就业机会，极大地促进了田纳西流域整体的经济发展和社会稳定，改变了该地区贫穷落后的面貌，使其成为美国比较富裕、经济充满活力的地区。

多年的实践，田纳西流域的开发和管理取得了辉煌的成就，从根本上改变了田纳西流域落后的面貌，TVA 的管理也因此成为流域管理的一个独特和成功的范例而为世界所瞩目。

3. TVA 流域水资源管理内容

TVA 对田纳西河流域的水资源管理是广义的、综合的、多目标的，涉及航运、防洪、发电、供水、娱乐、生态保护等多个方面。

①航运。田纳西流域起初开发的首要任务是航运，用 9 个梯级实现了主河道渠化。TVA 负责按流域统一规划建设通航设施，费用由国会拨付。水库调度应满足下游航运最小水深要求。

②防洪。TVA 规划在每一条支流都修建大坝，有条件的支流修建高坝大库，蓄洪削峰，达到了对全流域洪水进行有效调节。另外，还通过在主河道两岸修建堤防、建立分洪区等综合治理措施，形成了完整的防洪体系，使田纳西河的防洪标准达到防御百年一遇洪水的目标。TVA 的防洪工程建设由联邦政府拨款。堤防一般由国家提供建设资金，维护管理费用由地方政府自行承担。TVA 建设的 54 座水库中有 27 座有防洪功能，一般情况下，TVA 根据各地洪水风险排序，实施统一的水库洪水调度。TVA 负责向地方政府和公众发布流域内的水情预报与汛情通报。建立了完善的水情自动测报网络，并在 10 个洪水多发地区建立了自动预警系统，当洪水达到相应水位时，可在 5 分钟内发布洪水预警。

③发电。水电站的建设运用服从防洪、航运和水资源保护的要求。TVA 作为一个国有企业，通过保持全国最低电价，稳定国家电力市场价格；通过建立区域电网和电力销售积累建设资金，实现了流域滚动开发。

④供水。TVA 负责发放河岸取水工程设施许可证，管理取用水设施的建设。水环境保护在保证下游最小流量的前提下，通过增加下泄流量或采取工程措施改善下游河水的溶氧含量，满足生物多样性要求。

⑤娱乐休闲。水库夏季抬高水位满足游泳等娱乐项目的需要，假日放水满足漂流需要。

4. 田纳西流域管理的主要经验

①流域综合开发管理。田纳西流域管理作为流域管理的成功典型，可

以做许多原因分析。比较主要的是TVA强有力的管理体制、河流综合利用规划的正确思想，并随着社会发展对资源保护的重视，发展电力“以电养水”的实践等方面，特别是其正确的河流规划和开发思想是十分重要的。20世纪30年代，河流综合开发思想已经基本形成，如美国1927年的河港法，已提出河流开发治理要综合考虑防洪、航运和发电的规划思想。因此，TVA的流域管理，实际上是当时的河流综合开发思想在该流域的最早实践。

②流域水资源的统一管理。TVA被授权依法对田纳西流域自然资源进行统一开发和管理，这一管理职能为流域水资源统一管理提供了有利条件。TVA成立后的一个时期，主要是根据河流梯级开发和综合利用的原则，制定规划，对田纳西河流域水资源集中进行开发。当时的目标是以航运和防洪为主，结合开发水电。至50年代，基本完成田纳西河流域水资源传统意义上的开发利用，同时对森林资源、野生生物和鱼类资源开展保护工作。60年代后，随着对环境问题的重视，TVA在继续进行综合开发的同时，加强了对流域内自然资源的管理和保护，为提高居民的生活质量服务。田纳西流域已经在航运、防洪、发电、水质、娱乐和土地利用六个方面实现了统一开发和管理。

(三) 其他国家的生态水利建设

在日、韩等国，“与自然亲近的治河工程”理念已经提出，一些示范性工程正在建设。其中包括新的河道整治工程设计，如可为鱼类及动物提供繁衍生息的空间的护岸工程设计、新型材料及新型过坝鱼道；具有曝气功能又有利于鱼类产卵栖息的新型丁坝；为鱼类和无脊椎动物提供栖息地的人工岛等。一些河流生态工程咨询与技术开发公司也应运而生，他们提供建筑产品，如用于堤防渠道护岸工程的生态型建筑砌块，生态型的城市雨洪利用排水系统，人工浮岛等生态型水体净化装置等。生态水利建设在亚洲国家也方兴未艾。

二、国内生态水利建设概况

作为一个新概念，“生态水利”在我国首次提出来后仅有几个年头，但是我国的生态水利建设已经在蓬勃的进展当中。并且也取得了可喜的成绩。

(一)古代的“生态水利工程”——都江堰

勤劳智慧的中华民族在古代就修建了一项著名的生态水利工程。钱正英曾说“2000多年前在川西平原修建的都江堰灌溉工程，可以说是人与自然和谐发展的范例。”2000年都江堰被联合国列为“国际文化遗产”之一。

1. 工程简介

都江堰为公元前256年的秦国蜀守李冰父子创建。它巧妙地利用了岷江的自然环境，比较合理地进行渠首建筑物的布局，施工、维修因地制宜，由此而发挥出它持久而巨大的效益。此外，在长期的历史实践中，都江堰工程积累了深厚的水利技术经验，并由此而形成了独特的都江堰治水文化。在建成二千余年后，都江堰至今仍在发挥着社会、经济与环境、生态等多种效益。

都江堰渠首枢纽由鱼嘴、飞沙堰、宝瓶口以及百丈堤、金刚堤、人字堤等部分组成，其中主要工程是鱼嘴、飞沙堰和宝瓶口三大部分。这些工程的位置、结构、尺寸、高低、长短、宽窄、方向、角度等的安排，与岷江河床走势、不同季节上游的来水来沙变化等相互结合，共同组成一个有机的、完善的整体，达到巧妙地引水、分水、泄洪、排沙等目的。以鱼嘴、飞沙堰、宝瓶口为主的都江堰各组成部分，相互配合，相互作用，结成一个有机的整体，共同达到自动引水、自动分水、自动泄洪、自动排沙、定点沉沙等目的，完成该工程的多目标任务。它能有效而巧妙地把自然规律中的一些因素控制和调动起来，为我所用，达到最佳的工程效果。其中蕴涵着的科学与哲理的丰富与精深，令人叹为观止。古往今来，一切水利工程，归根结底，不外乎为了控制、调度水沙，工程的关键性、工程的成败得失，都取决于此。

2. 都江堰泥沙问题的解决

在我国著名的古代水利工程中，有相当一部分是因为对泥沙问题的处理不当或失效，使工程最终毁于泥沙的淤积，尤其是黄河流域的工程更是如此。在长江流域，如鉴湖、芍陂、长渠、木渠等，在历史上也曾因泥沙的淤填要么湮废，要么几度衰落。都江堰工程长盛不衰的重要原因之一，就是它有效地处理了泥沙问题。

都江堰工程对泥沙的巧妙处理，是该工程科学性的一个极为重要的体现。都江堰所处的岷江河道由山谷进入平原，突然展开，水缓沙停；这里河道流量大，坡度陡，推移质泥沙多，如果处理不好，就会损坏工程，造成灾害。对此，历代人民在实践中不断探索水沙运动规律，把治水与治沙有机地结合起来，巧妙地解决了泥沙的定点沉积与排除问题。对于都江堰工程的泥沙处理问题，熊达成先生曾研究总结了八点经验，即：分水分沙，壅水沉沙，泄流排沙，扎水淘沙，束水攻沙，行水输沙，输水均沙，御水堆沙。这些对水沙的辨证施治，是都江堰工程与都江堰灌区历经二千余年至今保持良好状态的重要措施。

3. 都江堰治水文化是中国传统文化中"天人合一"观念的具体表现

"天人合一"是人与自然和谐共处观念的体现。在成都平原上发展农业，首要的是除水之害、兴水之利，既要使岷江多余的洪水不危害灌区的生产，又要保证有足够的水流进入灌区。在充分认识了岷江河道、水流、泥沙、水文等规律之后，通过鱼嘴、飞沙堰、宝瓶口三大主要工程，调动水流，引导泥沙，使自然规律为我所用，服务于人类的生产发展。同时，都江堰工程既不修筑拦断岷江的堰坝，又不设立取水调水的控制闸门，在无任何人为干预(如开闸、引水、泄洪等)的情况下，能够自动地、自如地调配水量，枯水季节有足够的水量进入灌区，洪水季节又能将多余的水量排出外江，达到"分四六、平潦旱"的目的，使灌区内"水旱从人，时无凶年"。这一切，充分反映了历代工程建造者的智慧。这种智慧，是建立在对工程枢纽及灌区所在地自然环境、河道条件、地貌地质、水流泥沙等多种因素的充分认识的基础之上的，是建立在对各项工程对于河道、水流、泥沙等因素的反作用的深刻认识的基础之上的。没有对自然规律的深刻认识与把握，就不会有真正意义上的"天人合一"。尤其需要强调的是，工程延绵二千余年，不仅没有对岷江河道、枢纽所在的周边地区以及灌区内产生任何生态与环境的负面效应，反而促进了整个成都平原生态效益、环境效益、社会效益与经济效益的进一步提高与协调发展。由于灌溉面积的连续增加，由此而带来的"绿洲效应"不断强化，整个成都平原的生态环境保持良好的状态。都江堰这一复杂、巨大而又巧妙、绿色的工程，使我国传统文化中"天人合一"的思想得到了淋漓尽致的体现，"天人合一"的理想在此达到了至高的境界。换而言之，它是符合今天全球提倡的"人与自然和谐共处""可持续发展"的理念的。

(二)我国当代生态水利建设的重要实践

近几年来，为改善流域的水环境，恢复生态系统，水利部加强了流域的综合管理，通过统一调度，我国生态水利建设初见成效。

1. 黄河源区生态水利建设

黄河流域是中华民族的摇篮，孕育和发展了中华民族光辉灿烂的历史文化，是我国国民经济和社会发展的纽带。近年来，黄河流域出现了一系列的严重的生态环境恶化、退化现象，已对流域经济社会持续健康发展和国家生态安全构成威胁。于1972年黄河干流首次自然断流以来，断流频率越来越高，断流河段越来越长，断流天数也越来越多。1985年断流118天，断流长度600 km，1997年断流226天，断流长度超过800 km。

①黄河源区自然概况。青海省内黄河干流长1694 km，流域面积15.27万 km^2。地势西高东低，区内黄河干流海拔在2600～4928 m之间，为高原宽谷盆地湖泊沼泽地貌。气候特征为高寒干旱，一年无四季之分。年平均气温介于 - 5℃～1℃，降雨量很少。河川径流主要受降水、蒸发和地形地貌的影响，补给源以降水为主，冰雪融水此致。多年平均径流7.31亿 m^3，径流深34.9 mm。径流年内分配主要集中在7—10月份，其他各月径流量相差不大，连续最枯四个月为2—5月份。径流年际变化大。源区黄河水质未受污染。泥沙量自上而下逐渐增大。湿地在黄河上游地区呈连续分布，面积很大。

②生态环境现状及成因。源区物种生存条件相对严酷，植物生长缓慢，生物量低，生态系统敏感且脆弱，抵御外界异常因素的功能低下，遭受破坏后，自然更新的难度大、历时漫长。由于年径流量丰、枯悬殊，湖面蒸发严重造成经常断流；湿地中湖泊水域面积缩小，湖中鸟类和鱼类明显减少，沼泽干涸、萎缩；水土流失面积为4.17万 km^2，占源头区总面积的37.2%，土壤侵蚀类型为水力侵蚀、风力侵蚀和冻融侵蚀，造成水土流失严重；源区沙漠化土地总面积1.37万 km^2，约占源头区总面积的1.2%；80～90年代草地退化速率比70～80年代增加了一倍多。

③黄河源区整治情况。指导思想：坚持生态环境保护与建设并举、保护优先的原则，遵从自然规律，以可持续发展理论为指导，应用生态学原理，

坚持生态建设补偿机制，提出综合治理的思路和方案，提高水源涵养能力，控制荒漠化和水土流失，改善区域农牧业生产条件和生活环境，实现区域社会、经济、环境的协调发展，促进中下游地区经济社会持续发展。

沙漠化治理措施：恢复天然植被和人工培育植被相结合，恢复自然生态系统和建立人工生态系统相结合，工程固沙。

退化草地治理措施：建植多年生人工草地和建植半人工草地相结合，同时建立禁牧控制区。

水土流失治理方面：规划人工造林800 km^2，封山育林1600 km^2，农田基本建设308 km^2，新建谷坊32000座，涝池3000座，淤地坝350座，防洪堤630km，电灌站170处，配套渠系工程1245km，引水工程5处等。

自然生态保护区建设：建立保护管理站，生态环境及物种检测站，野生动物繁育基地、水禽养殖场等。

水源涵养林建设：营造水源涵养林，禁止砍伐天然林，封山育林等措施相结合。

④整治效果。我国政府于2000年起实行统一调度管理，初步扭转黄河干流10年来持续断流的局面，使黄河三角洲地区生态系统得到明显改善。

2. 塔里木河流域生态环境综合治理

塔里木河是我国最大的内陆河，由9大水系、144条源流河组成，其干流全长1321 km，流域面积102万 km^2，水资源总量429亿 m^3。流域平均年降雨量仅40 mm，属于极端干旱区。加之水资源管理不善，用水无度，水资源利用效率低，导致下游大西海子以下363 km河道自70年代起断流。生态系统严重破坏，胡杨林面积减少，草场退化，沙漠化面积增加。为了抢救塔里木河下游日益恶化的生态系统，自2000年5月起，水利部组织4次向塔河下游应急输水，博斯腾湖累计输出13多亿 m^3，大西海子水库下泄7亿 m^3，重现台特玛湖，结束了塔河下游300 km河道近30年的断流历史；挽救了濒临消亡的沙漠植被，胡杨林复苏，天鹅返回，生态系统呈现恢复势头。《塔里木河流域综合治理方案》已经国务院批准。

3. 黑河流域治理

起源于祁连山，全长821 km，跨青海、甘肃、内蒙古三省（区），处于严重干旱区。自20世纪80年代以来黑河下游河湖干涸、荒漠化趋势严重。胡杨林及下游地区林灌草甸草地面积大幅度减少，草地植物群落也由原来的草甸草地群落向荒漠草地群落演替。为了缓解生态系统恶化的局面，自2000年7月起对黑河水量实施统一调度。2002年7月第7次“全线关闭，集中下泄”调水，到达下游干涸10年之久的东居延海。随着湖区水面的形成和扩大，一群群鱼鸥和水鸭子迁徙湖区，成群的骆驼赶来饮水，生态系统出现复苏的趋势。为进一步对黑河进行综合治理，《黑河近期治理规划要点》已经批准。

4. 扎龙湿地治理

位于齐齐哈尔市的扎龙自然保护区是国际重要湿地之一，占地21万 hm^2，是中国目前加入国际重要湿地公约最大的一块湿地，也是我国丹顶鹤主要的栖息地。由于近几年持续干旱，大面积缺水，使鹤类及许多鸟类的主要食物鱼虾大量减少，影响了鹤和其他鸟类的生存；扎龙湿地面积也由原来的2100 km^2 萎缩到190 km^2，不仅使珍禽鸟类生存受到严重的影响，也使湿地遭到了毁灭性的破坏。

从2001年开始，黑龙江省水利部门在水利部和黑龙江省政府的多方协调下，黑龙江扎龙保护区连续4年对湿地“补水”近8.18亿 m^3。经过努力，扎龙保护区湿地的核心区已经扩大到650 km^2，湿地的面貌和功能基本得到恢复，鹤类种群数量增加到400多只。同时也对松嫩平原的黑土地保护、大庆地下水下降漏斗的治理起到积极作用。

第三节　中国生态水利未来发展的策略

一、21世纪中国水利发展面临的问题和挑战

据预测，2030年前后我国人口将达到16亿左右，届时，全国粮食产量要求达到6亿多t，而人均占有水资源量下降到1700 m^3 左右。粮食安全、水资源有效供给和水生态环境保护将随着人口增长面临巨大的压力。21世纪中叶我国国内生产总值（GDP）将比目前增长10倍以上，一旦发生洪水灾害，

造成的经济损失将不可估量。此外，工业用水量将增加一倍多，水的供需矛盾会更加突出，防洪减灾、开源节流的任务十分艰巨。21世纪我国水利发展面临以下几个重大问题及挑战：

(一) 水资源供需矛盾加剧

我国降雨时空分布严重不均，全国水资源可利用量以及人均和亩均的水资源数量极为有限，地区分布差异极大，这是我国水资源短缺的基本特点。尤其北方地区干旱少雨，水利基础设施薄弱，水资源短缺的矛盾愈加突出。50年来，全国水资源开发利用率已达到21%。特别是近20年来，供水能力增长缓慢，1997—1998年全国供水能力年增长率均为1%左右，而同期国民经济以8%～12%的高速度增长，同期人口又增加了约2.5亿，更加剧了缺水矛盾。

值得注意的是，由于人类活动的影响，降雨与径流关系，产流与汇流条件都在发生变化，有些江河的天然来水量已呈现衰退的趋势。黄河下游频频发生断流、海河成为季节性河流，以及内陆河部分河流干枯。

2000年发生的旱灾，经济损失严重，充分暴露了我国城市供水系统和农村抗旱能力的脆弱性，是水资源供需矛盾的集中表现。

目前，全国每年缺水量近400亿m^3，其中，农业缺水300多亿m^3，平均每年因干旱受灾的耕地达2666.67万hm^2，年均减产粮食200多亿kg；城市、工业年缺水60亿m^3，直接影响工业产值2300多亿元；农村还有2400多万人饮水困难；在全国668座城市中，有400多座缺水，其中100多座严重缺水。天津市由于连续4年遭受干旱，为天津供水的潘家口水库水位已接近死库容，于桥水库已无水可供，直接威胁到天津市的生活和生产用水，尽管采取一系列限制用水措施，但今冬明春用水水源仍难以保证。为此，国务院批准了水利部制定的“引黄济津”应急输水工程的实施方案。

我国一方面缺水严重，另一方面，水资源的不合理开发利用，进一步加剧了已经形成的经济和生产力格局与水资源地区的分布不相匹配的矛盾。南方水源工程建设滞后，特别是西南地区，工程性缺水严重，而北方地区属于资源性缺水，加上用水浪费和水污染，致使缺水范围扩大、缺水程度加重、供需矛盾加剧。

全国农业灌溉水的利用系数为0.3~0.4，先进国家可达0.7~0.8，我国落后30~50年。全国工业单位产值用水量是先进国家的5~10倍。工业用水的重复利用率为30%~40%，先进国家为75%~85%。上述现象在严重缺水地区也同样存在。例如，淮河流域的工业用水重复率仅30%，乡镇企业甚至低达15%，西北新疆、宁蒙灌区仍多实行大水漫灌，农业用水利用率仅40%。黄、淮、海地区每立方米水产粮仅1 kg，而以色列可达23 kg。缺水最严重的河北各城市，现在生活水平还很低，而城市人均用水达216m^3，超过汉城、马德里和阿姆斯特丹。

在工农业和城市用水上，突出的问题是水资源的严重短缺和用水效率的惊人低落。中国是个缺水国家。全国水资源总量约28000亿m^3，人均约2200 m^3，列世界第121位，到21世纪中期，将减至1700 m^3。水资源的分布极不均匀，如北方地区人均仅700 m^3，其中黄、淮、海平原仅500 m^3，低于国际公认的缺水界限1000 m^{3}及严重缺水界限500 m^3。50年来，随着人口的不断增长，工农业生产及城市化的不断发展，水资源的开发及利用程度也随之剧增。特别在北方地区，黄河水资源利用率已达67%，淮河已达59%，而海河竟高达90%，远远超过合理程度。水资源的过度开发，引发了湖泊干涸、河流断流、地下水超采和河口及干旱地区生态恶化等一系列问题。

进入21世纪，随着我国人口的增长、生活质量水平提高、城市化进程加快，人均水资源占有量将进一步减少，而用水量却进一步增加，水资源供需矛盾更加突出。目前我国年供水能力达到了5800亿m^3。初步估计，我国未来水需求将达到7500亿~8000亿m^3，在现有基础上再增2000亿m^{3}左右的供水能力，任务十分艰巨，尤其北方地区水的供需矛盾将会更加尖锐。缺水已成为影响我国粮食安全、经济发展、社会安定和生态环境改善的首要制约因素。

（二）洪涝灾害仍将长期存在

洪涝灾害历来是中华民族的心腹大患。我国地处季风气候区，汛期降雨集中，暴雨量大，洪涝灾害频繁，是世界上洪涝灾害最严重的国家之一。防洪减灾将是我国经济建设的一项长期而艰巨的任务。目前仍有70%的城市、50%的海堤未达到国家规定的防洪标准，有1/3的水库带病运行、蓄滞洪区安全建设严重滞后，启用困难，非工程措施又很不适应抗灾抢险的要求，而全国70%以上的固定资产和50%的人口，1/3的耕地，600多座城市，以及重要铁路、公路、油田等国民经济基础设施和工矿企业均处于七大江河中下游，受到洪水严重威胁。据分析，受洪水威胁严重的中等以上城市258个，其中防洪标准达到50年一遇以上的只有61个；低于20年一遇的有98个，在20~50年一遇的有99个；一般城市排涝标准较低，内涝问题突出；沿海地区和城市，海堤标准不高，防御风暴潮能力弱；山丘区的山洪、泥石流分布广、危害大。北方一些河流凌汛灾害时有发生，黄河最为严重。因此，一旦发生较大洪水灾害，就有可能严重干扰国家正常的社会经济秩序。虽然1998年以来开展的以长江、黄河等大江大河堤防建设为重点的防洪工程建设在一定程度上提高了防洪能力，但由于长期以来投入不足，建设滞后，我国主要江河原有的防洪能力和标准仍然偏低，堤防的险工险段和病险水库较多，不可能在短时间内有根本性的改变。随着国民经济的快速发展和城市化进程的加快，防洪保护区内的经济存量、人口密度、公民财产将大幅度增长，对防洪的要求越来越高，洪水的风险越来越大，所造成的经济损失将越来越重，防洪形势仍然严峻，任务十分艰巨。

（三）水成为生态环境保护和建设的大问题

全国现有土壤侵蚀面积367万km^2，占国土面积的38%，其中水蚀面积179万km^2，风蚀面积188万km^2，其中黄河中上游和长江上游地区，以及海河上游地区水土流失最为严重。严重的水土流失使我国每年平均损失耕地6.67余万km^2，流失沃土50多亿t，导致生态环境恶化，河湖泥沙淤积，加剧了洪、旱和风沙灾害。我国自然生态脆弱，加上不合理的人类活动，进一步加剧了水土流失、土地沙化和水体污染。

全国地下水由于长期超采，又不能得到回补，目前年超采量达80多亿m^3，已形成了56个区域性地下水位下降漏斗，导致部分地区地面沉降、海水入侵。部分干旱和半干旱地区由于不合理的水资源开发利用，导致下游河道断流、河湖萎缩，下游有些尾闾与湖泊消亡，生态环境严重恶化；草场退化，荒漠化加剧，沙尘暴发生频率增加；此外，有些灌区和绿洲，由于大水漫灌、排水不畅，导致严重的土壤次生盐渍化，土地质量下降，农业生产能力衰减。

水环境本身的问题也让人忧心忡忡。据不完全统计，全国废污水年排放总量为624亿 m^3，绝大部分未经处理或未达标准就排入江河、湖泊、水库，或直接用于灌溉。在全国约10万km的评价河段中，Ⅳ类以上的污染河段长占47%。北方辽、黄、海、淮等流域，污水与地表径流之比最高达1∶6。全国湖泊约有75%以上水域严重污染。对全国118座城市调查显示，64%的城市地下水严重污染，33%轻度污染。

除了水环境污染外，西北干旱地区天然绿洲萎缩，内陆河下游断流，终端湖泊消亡，畜牧地区草原退化，森林消失，荒漠化地区扩大，沙尘暴加剧和黄土高原区水土流失，都是与水资源有关的生态环境破坏及恶化的表现。水污染和生态环境恶化的趋势如得不到遏制和改善，将不仅影响中国经济的可持续发展，还将对中国人民的健康和生存造成极大灾难。

保护水利建设中的生态、防治水污染是21世纪水利建设的一个重要内容。

（四）其他问题及挑战

（1）全球气候变化的影响。据专家估计，未来几十年内，全球气温将上升1～1.5 ℃，全球气候变化使洪涝和干旱灾害的频率加大，尤其是我国北方地区干旱缺水的矛盾以及沿海地区的防风暴潮问题可能更加突出。

北方地区缺水形势严峻，黄河及其以北地区河道断流情况加剧。黄河断流、天津城市用水告急就是北方地区水资源供需矛盾的集中表现。黄河以北紧邻的海河流域，尤其是京、津两大城市早在20世纪70年代、80年代就出现用水危机。进入21世纪如果北方缺水不能未雨绸缪，我国北方地区缺水问题将直接影响国家经济发展和社会稳定。而北方水资源短缺直接关系我国粮食的安全问题。

（2）水利工程将进入百年期，巩固改造任务繁重。我国水利设施目前面临着两大威胁：一是现有水利基础设施面临着萎缩衰老的“危机”，二是工程保安、维修、更新、配套任务大，这是历史遗留下的问题。

（3）科技含量和管理素质低，提高科技和管理水平任务艰巨。目前水利科技贡献率只有32%左右，水的有效利用和节水技术的应用没有引起高度的重视。

(4) 水价过低，建立水市场经济体制任重道远。目前水价格偏低不利于节水和水资源的有效利用，也不利于各方面资金投入到水资源的开发利用上来。

(5) 管理体制分割，影响水资源的统一管理。实践表明，水利涉及农业、工业、水运交通、城镇建设、生态环境，以及人民的健康水平等等；水资源利用涉及防洪、排涝、灌溉、水电、供水等等，但至今“多龙管水”的时代仍未结束。

(6) 城市化进程加快的压力。预计到21世纪中叶，我国城市化率将由目前的30%提高到60%左右，由此而带来的城市防洪问题、水供求矛盾和城市污水问题将更加突出。

(7) 西部大开发步伐加快的压力。西北地区降雨量稀少，水资源短缺，生态环境脆弱，水利基础较差。水利是西北大开发基础设施建设的重点，要协调好水与人口增长、经济发展和环境保护的关系，任务将十分艰巨。

解决中国水的问题，必须从战略的高度，优先发展水利基础产业，结合国家宏观发展战略和产业结构的调整，加快水利基础设施建设的步伐；依靠科技进步和体制、制度的创新，通过资源的优化配置和措施的优化组合，力争在21世纪中叶基本上解决中国水的问题。

二、21世纪中国生态水利发展战略及推进措施

进入新世纪中国经济社会发展将进入新的历史阶段，水利虽然面临新的挑战，但挑战本身就是机遇，关键是如何选择符合中国国情和水情的发展战略，针对中国21世纪水资源严峻短缺的整体态势，把水资源的优化配置、高效利用和保护作为主线，再不能走单纯靠水利设施的增量、靠粗放经营和粗放管理满足需求的老路。完善防治水旱灾害的保障体系，建立节水高效的经济发展体系，不仅是水资源可持续利用的长期战略，也是国民经济可持续发展的长期战略。因此，从传统水利转向生态水利的发展战略，是21世纪水利发展战略的必然选择，也是21世纪水利保障经济社会可持续发展的必然之路。

（一）坚持人与自然的和谐共处，以水资源的可持续利用支持我国经济和社会发展

人类社会的进步与发展，从来都伴随着解决人与自然关系这一基本课题，处理和解决人与自然关系的水平和能力，标志着社会进步和发展的程度。水资源是自然赋予的，具有自然属性。人类改造自然，首先要适应自然、认识自然，遵循自然规律，利用自然为人类服务，绝不能违背自然规律，否则将受到大自然的惩罚。但是随着人类改造自然的力量提高，人们开始相信人定胜天，对这一思想的误解给水资源的开发利用和保护带来了许多问题。

比如围湖造田。湖泊是“天然水库”、湿地是“地球的肾脏”和“天然物种库”，湖泊和湿地相伴相连，都有调蓄洪水、调节气候、净化水体、保护物种多样性等多种生态功能。长江中游除有洞庭湖、鄱阳湖等大型湖泊外，中小湖泊星罗棋布，湖北就有“千湖之省”的美誉，众多的湖泊成为调节长江洪水的天然蓄水池。但随着人口的增加，人们与水争地，围湖造田，虽然有了大片的良田，但湖泊蓄水纳洪面积正在缩小，洪水灾害越趋严重。洞庭湖最大面积曾达6000 km^2，称“八百里洞庭”，但由于长期的围湖造田，湖面和容积逐渐缩小，目前仅2600 km^2，蓄水容积由1949年的293亿 m^3 下降至178亿 m^3。鄱阳湖面积由1954年的5169 km^2 减少至1997年的3859 km^2，调蓄能力下降了20%。湖北湖泊总面积从建国初期的8258 km^2 减少到2983 km^2，湖泊总面积减少65%，千湖不再。过度地围湖造地，降低了河湖调蓄能力和行洪能力，加剧了洪水灾害。专家们一致认为，过度的围湖造田是加剧1998年长江洪水危害的重要原因，1998年洪水是天灾，也有人祸。再如毁林开荒。历史上黄河流域曾经森林茂密、水草繁茂，但由于数千年的滥砍滥伐、毁林开荒，良好的生态屏障遭到破坏，只剩下大面积光秃秃的黄土高坡和沙漠戈壁，水土流失严重，黄河变成“一碗水一碗泥”，成为“流动的黄土地”。

100多年前恩格斯指出，我们不要过分陶醉于我们对自然界的胜利。对于每一次这样的胜利，自然界都报复了我们。治水过程中的经验和教训使我们认识到，我们不应该盲目地去“战胜”自然，我们与自然应该和谐共处、协调发展。

（二）建立现代水利管理机制，加强水资源的统一管理和科学管理

传统计划经济的影响下，长期以来我国人民把水当作取之不尽用之不竭的免费资源，只知利用不知爱护，只讲开发，不讲节约，只重形式不重实效，这是不符合可持续发展要求的；计划经济下形成的“多龙管水”的体制严重违背水的自然规律，不利于水资源的优化配置和同一管理。实施生态水利需要与其相适应的新的管理机制，

首先是法制建设。搞好水利管理，就必须完善水法规体系，加强水法制体系建设。以修改完善的新《水法》《水污染防治法》《水土保持法》《防洪法》等等法规为基础，逐步出台《流域管理法》《湖泊法》《水资源保护条例》等更便于操作的法规，加快法制化进程。

完善流域或区域水权分配制度、水资源有偿使用制度、水资源配置方案、节水技术经济政策等法规、规章。加强执法力度，完善监督机制，规范水事行为，依法行政，依法治水。严格按基本建设程序立项。经国家批准的水利规划是工程建设的依据，要按照规划安排项目建设。各类基本建设项目要符合流域规划及防洪、水资源、城市建设、水土保持等专业规划的要求。开发建设项目要实行水土保持方案报告制度，涉及防洪和水资源的建设项目，要实行防洪影响评价和水资源论证、审批制度。

其次是在法制基础上建立适应社会主义市场机制的水利管理机制，包括水资源统一管理和市场分配机制，水利项目专家评估、社区群众参与机制，水利工程建设的项目法人制、建设招投标制、施工监理制、合同管理制，农村小型水利工程自建、自管、自利机制，水利项目管理良性运行机制，水环境和水土流失监控机制等等。

（三）坚持水资源科学优化配置战略，统筹考虑生态环境用水

实施水资源优化配置，首先要将水资源管理纳入法治化、科学化、一体化的轨道，对水资源统一规划、统一调度、统一管理，因地制宜地逐步建立水务管理服务体系，对防洪、排涝、供水、排水、水资源保护、污水处理实行一体化管理。

建立适应社会主义市场机制的资源分配机制，根据供求关系理顺供水价格体系，建立有利于促进节约用水和水资源利用良性运行的水价体系。对

城市和工业用水要按照补偿成本、合理盈利、公平负担的原则，核定供水价格，逐步提高水价；对农业用水既要考虑到农民承受能力，又要实行定额用水，超额加价。要减少中间环节，提高水费计收的透明度，建立容量水价与计量水价相结合的水价机制，实行计划用水、定额管理，对不同水源和不同类型用水实行差别水价，使水价管理走向科学化、规范化轨道。

协调配置流域的水资源，目前水资源的利用机制不顺造成了一系列问题，上下游之间、左右岸之间、城市与农村之间、工农业用水与生态环境用水之间的矛盾日益突出，这些都要在流域立法的基础上加以解决，由流域机构统一协调分配；严格控制地下水的开采量，防止地下水资源枯竭和被污染。建立合理的水价形成机制和防洪保险机制。

(四) 完善生态防汛体系建设

防汛体系建设要坚持防治并重，软硬件同建，工程和非工程措施并举的原则，区分轻重缓急，逐步实施。

1. 按流域特性设置保护屏障

在流域中上游丘陵山区建设第一道防护屏障——水源林和水土保持林。具有乔、灌、草及枯枝落叶层结构的林地蓄水量约 300 m^3/hm^2，是自然的“绿色水库”，虽然它不能像水库那样调节洪水 (因为一般情况下大暴雨和特大暴雨之前土壤含水量大多饱和，吸水量较小)，但因其层层拦截和阻挡地表径流，使洪峰流量减小，径流时间拉长。水源林的林地在枯水期可补充大量的河川径流，缓解水污染，保护水域和湿地的生态环境。生态防护林建设要与保护生物多样性和景观多样性，以及生态旅游和经济建设结合起来。目前，各流域都在大量发展经济林，经济林与防护林争地的矛盾非常普遍。如黄河上游 1998 年新造林有 90%是经济林，长江上游地区退耕还林也有很大一部分是经济林和用材林。为了妥善处理长期的生态效益与农民近期经济效益之间的矛盾，可营造复合林。如梯田—草—经济林模式，或沿坡地等高相间布设经济林带和水保林带，以此作为生产型向生态型的过渡期。待经济发展，国家财力雄厚，再建立生态林补偿机制。

在中上游地区布设第二道防线——调蓄水库。目前水库群落体系大部分已建成，应继续完善。关键是要完善配套设施，除险加固，治理库区水土流失，美化环境，健全管理体制，确保水库持续运行。在生态环境恶劣、水土流失严重的地区不宜兴建水库，以免工程报废带来更大的危害。

加固河流两岸第三道防线——堤防。由于水土流失加剧，河床抬升，加之人为扩展农田，河道过水断面缩小，部分山丘区必须退田还河，“以良田换平安”。主要河流及湖区保护50万亩农田以上的圩堤应按规划高标准建设。

完善第四道防线——蓄洪垦殖区。目前的蓄洪垦殖区硬件、软件都没有到位，应加强通信设施建设，建筑防洪台、安全楼，配备船只等。要随着经济的发展加大圩区退田还湖、退田还河的力度，增强下游滞洪能力。

2. 建设避洪农业

水利工程是除害兴利的基础，大型工程应按规划提高工程防御标准，继续完善工程体系。但水利工程的标准必须根据受益区的特殊性和经济效益来确定，小型工程就不必一味提高标准。除用传统的工程措施外，还可采用经济有效的生物措施和改变农业结构相结合的非工程措施。避洪农业是小圩区的发展方向之一，如加强冬季耕作，选择优良品种，扩大水产养殖。实行汛期损失冬季补，水稻损失经济作物补，种植业损失渔牧业补。鄱阳湖圩区一些滩地冬季种萝卜亩产达万斤，收益500元，成本极低。如果在当地进行深加工，效益会更好。利用草洲种绿色食品藜蒿等无公害野生蔬菜，效益也很好，前景广阔。草洲养牛是一项投入少、见效快的措施。圩区农民居住安全问题，可采取挖塘筑台的方法解决。池塘发展渔业。村庄周围和圩内道路旁栽种防护林，冬季防风，受淹时防浪，保护村庄，又可作“救命树”和“导路树”，还能保护鸟类、蛇类，并减轻它们水淹时对村庄的袭击，村庄成为“不怕水村庄”，一举多得。

（五）坚持节水高效的现代灌溉农业战略，促进农村生态水利建设

农村许多地区水资源缺乏，单靠传统的灌溉方法投入太大，经济效益很低。要研究新方法，采取既经济又有效的措施加以解决。

1. 采取节水灌溉措施

目前农业灌溉多为串灌、漫灌，浪费很大。如果改为喷灌、滴灌、雾灌就能节约大量用水。以色列年均雨量不足200 mm，其农业却非常发达，年纯利润十多亿美元。而我国北方年雨量比以色列大得多反而缺水严重，我国许多地区生产 1 kg 米要用掉 2 t 水，一亩地约灌 1000 t 水，如果改用节水灌溉至少节约 70%。可见节水潜力是很大的。即使种植水稻，也应推广节水措施，如实施薄露灌溉法，每公顷单季增产 620 kg，节水 1500 m^3；采用间歇灌溉技术，每公顷可节水 3000 m^3。因此，节水灌溉是当前农业灌溉的发展方向。

2. 发展生态农业

只有广大农村应用生物防治技术，利用生物链达到循环利用，逐步减少农药、化肥、锄草剂等用量，种植无公害食品、有机食品，才能从根本上控制农村的污染源。如赣南的“猪—沼—果”工程、兴国的退耕还草养鹅（“草—鹅—鱼”）、婺源的无公害绿色食品等都是生态农业的好典型，为保护农村生态环境，减轻水污染创造了条件。

3. 搞好农村生态水利

首先要解决农村人畜饮水水源建设，在没有大型灌区的情况下，采用集水措施，充分利用降水，建小水库、山塘、水窖等，条件许可的可建地下水库。在调整农业结构、发展农业生产的同时，要搞好农田水利建设，推进水利化、园田化。

（六）坚持水资源可持续利用战略，加强城镇生态水利建设

尽管我国城镇目前用水比例较小，但居民城镇化进程步伐很快，城市洪涝、缺水和水污染日益严重，缓解这一矛盾已是当务之急。城镇建设一是必须以水资源为依据确定城市规模和发展项目，以供定产，避免盲目发展。二是要保护好水源，确保供水水源清洁，如现有水资源不足或污染严重，可考虑远距离引水或建设新的水源点。三是加大治污力度，建污水处理厂，搬迁污染源，打捞漂浮物，清淤河道，开闸通水。四是节约用水，提高水的重复利用率，我国水的重复利用率为发达国家的 1/3，潜力是很大的。五是大力开展城市水土保持，促进城市生态化、园林化建设。六是河道尽量顺其自然，除严重受冲的凹岸和重要建筑物地段用石块或混凝土块护坡，其余河段应尽量进行自然美化，保留其自然净化能力。七是城区要留有若干湖泊、池塘用以调节洪水，以提供紧急用水，增补地下水，调节气候，美化环境。八是城区防洪除涝工程建设应与园林区和商业区规划建设相结合，节约用地，并尽量吸引社会资金。九是建透水铺盖，将不透水水泥、沥青地面尽量改为有孔或网状透水地面或绿地（污染区除外），使部分洁净雨水直接入渗。同时，打入渗井、入渗池等设施，既补偿地下水，又减轻城区洪涝。

第三章　生态水利的设计与应急技术

水生态环境是人类生存与发展所需的重要环境。生态环境水利工程技术有助于改善水生态环境，克服水利工程自身对水生态环境带来的不利影响，促进水利工程水生态环境功能的开发和利用。因此，在未来水利工程建设中，生态环境水利工程技术将发挥极其重要的作用。生态环境水利工程是水利发展的方向之一，主要内容包含河流生态环境的修复治理工程，水利工程的生态环境功能设计，河道（水库）水生态环境运行管理，和（危机）应急处理技术等方面。总的来说，生态环境水利工程技术的应用前景是十分广阔的。本章主要分析水利的生态功能、生态水利的设计技术和水生态环境应急技术三个方面。

第一节　水利的生态功能

一、河流生态评估

河流生态评估主要对其生态功能进行评估。河流生态功能之间存在复杂的关系，内容繁杂，涉及多个学科，很难全面评价，一般从物理、化学和生物功能方面进行评价。根据《生态水利工程原理与技术》，河流生态主要评估指标见表 3–1 ~ 表 3–3。

表 3-1　物理功能

功能	内容	指标
地表水短期蓄存	洪水期和季节高水位期在河道和河岸短期蓄水,调节径流	存在漫滩、河岸湿地和洼地
地表水长期蓄存	为水生物提供栖息地。提供低流速、低氧环境。维持基流、季节径流和土壤含水量	在河道漫滩全年存在的地貌特征:湖泊、池塘、湿地和沼泽等
地表水与地下水之间的联系	丰水季节河水补给地下水,枯水季节地下水补给河水。进行化学物质、营养物质和水交换。维持栖息地的连通性	在漫滩下面存在无脊椎动物,强透水土体
地下水	地下河岸带廊道长期蓄存水。维持基流量、季节性径流和土壤含水量	土壤含水状况,水生植物
能量过程	河道消能:水力摩擦、输送泥沙、河岸侵蚀。栖息地多样性,增加水体含氧,产生热能	河道宽、深、坡降、糙率等特征的变化。侵蚀、淤积模式的变化,含沙量
维持泥沙过程	泥沙侵蚀、输移、淤积和固结以及悬沙分选和粗化等相关过程。栖息地创建、营养物质循环、水质控制	床沙特性、河滩淤积、河岸侵蚀、活动沙洲、先锋植物、河沙补给模式
河床演变	维持系统内适宜的能量水平、维持生态的多样性和演变交替	河流断面、坡降、平面形态的系统性改变;河床粗化或泥沙分选
提供栖息地和底质	河流(河岸和底质)特征的物理、水文和水力等方面的特征	深潭、浅滩、平面的形态、水深、流速、掩蔽物、底质和河滩地等的分布和组成
保持温度	为现存生物保持适宜的温度,提供适宜的小气候	为现存生物保持适宜的温度,提供适宜的小气候

表 3-2 化学功能

功能	内容	指标
保持水质、溶解氧,缓冲 pH 值,保持导电率,控制病原菌、病菌,除去或迁移污染物,调节金属元素循环	河流保持健康生物群落所必需的水质参数	水质指标
维持营养物质循环,主要是碳、氮、磷	维持正常的营养物质循环能力	主要营养物质参数指标

表 3-3 生物功能

功能	内容	指标
提供栖息地 一级:满足食物、空气、水和掩蔽物需要; 二级:满足繁衍需要; 三级:满足生长需要,包括安全、迁徙、越冬	河流满足水体和河岸带生物群落栖息地需求能力	栖息地的组成、结构、范围、可变性、多样性等。关键指示物种的存在与消失
生产有机碎屑,促进微生物、水生附着生物、无脊椎动物、脊椎动物和植被的生长	河流促进有机体生长的能力	指示物种的存在与丰度。碎屑的存在与丰度。碎屑的分解
保持演替过渡	河流提供动态变化的区域。有利于植被的演替,有益于遗传变异性和植物物种的多样性	动态蜿蜒带和边滩。存在多物种和龄级不同的植物。先锋物种的出现
保持营养复杂度	河流保持生产者与消费者之间最优平衡关系的能力	有机碎屑及其分解。无脊椎消费者的存在。水生附着生物在底质上的生长

二、改善小气候

对生态影响较大的水利工程建设项目主要是大中型水利工程、城市区域防洪治涝工程、大型水土保持工程和小流域治理工程，这些工程对水域分布、规模、地表植被、地表土层和集水区汇流特性的影响较大，对生态环境影响也大，除了要克服水利工程对生态环境带来的负面影响外，还需要充分发挥其生态功能。

(一)空气负离子增产功能

负离子（NAI）是由 O^{2-}、OH^-、O^- 等与若干 H_2O 结合形成的原子团，对人体有益并具有环保功能的主要负离子是指 $O^{2-}(H_2O)_k$ 和 $OH^-(H_2O)_k$ 这两种，负离子远不止这两种。负离子对人体非常有益，其主要作用包括缓解人的精神紧张和郁闷；具有镇静、催眠和降低血压作用，使脑电波频率加快，运动感时值加快，血沉变慢，使血的黏稠度降低，血浆蛋白、红细胞血色素增加，使肝、肾、脑等组织氧化过程增强，提高基础代谢，促进蛋白质代谢，加强免疫系统，对保健、促进生长发育有良好的功效。负离子还具有杀菌、净化空气的作用，负离子与细菌结合后，使细菌产生结构的变化或能量的转移，导致细菌死亡。

负离子无论对人类，还是对环境都是非常有益的。负离子是在特定的气候环境下产生的，水环境是产生空气负离子的重要条件。根据有关研究表明，空气负离子的浓度正比于空气湿度，与水环境密切相关。这与负离子的结构有关，负离子本身就是与水结合形成的原子团，因此，水是形成负离子的基础。水利工程增加空气中的湿度，加上水利工程周边的绿化带和水生植物保护，提供了负离子产生的良好环境和基本条件，水利工程在改善小气候方面具有重要作用。

目前，水利工程对增加空气负离子和改善小气候的量化分析体系没有建立起来，但是有关研究已能说明问题，根据调查反映对于空气负离子浓度及空气质量而言，有水环境远好于无水环境。各种植被和环境搭配的空气质量排序为：乔灌草＋流水结构＞小溪流＞乔灌草＞乔灌、乔草＞草坪、稀灌草＞乔铺、稀乔。由此可见，城市河道治理必须考虑河堤周边配套的绿化工程，主要利用河堤临水侧的水陆过渡段种植大量的水生植物和草，河堤背水侧的地带主要种植乔灌类植物，形成乔灌草＋流水结构，营造负离子丰富的小气候。

（二）地表热辐射特性改善功能

现代城市是经济社会发展的中心，随着社会的发展进步，城市化发展速度在不断加快，出现许多人口数量超过数千万的超级大都市，也有许多城市连成一片，形成同城化大都市。大都市发展产生一个非常突出的问题就是城市的热岛效应，由于人口高度集中，大量的生产、生活活动造成大量的热排放，加上高楼大厦下建设密度高，对于长波辐射的吸收作用非常大，对太阳能的反射作用小，导致城市气温明显高于周郊区。导致城市热岛效应的因素主要有：

①热排放，高密度的人口和相关的生产、生活活动产生大量的热排放；

②热反射，用砖、混凝土、沥青等人工材料铺砌的城市地面，热容量大、对太阳热能的反射率小；

③热扩散，密集的高楼大厦建筑物，阻碍热空气流通和热能扩散；

④热辐射场，城市的硬质化地面和高楼建筑材料的热容量大，能够吸收大量的太阳热量，对长波辐射吸收作用非常强，使城市变为一个巨大的热辐射场。

城市绿化有助于减小热岛效应，增大城市绿化率是解决城市热岛效应的有效措施。根据调查显示，全天气温与表中各因素具有较显著的强相关特性，置信度达到95%以上，各因素的线性相关顺序为建筑容积率>水面比率>人为排放>绿化率。其中绿化率和水面比率与全天气温成负相关，对降低气温、控制城市热岛效应有重要的作用。绿地和水面在控制气温方面的机理是相同的，分别利用植物的蒸腾作用和水面蒸发现象，将地面吸收的太阳辐射热能以潜热的形式释放到周围空气中，但不升高气温，能有效控制城市热岛效应。

城市蓄水景观水利工程能够有效增加水面比率，同时通过河堤两岸的绿化带提高绿化率，对控制周边小气候、控制城市热岛效应具有良好的作用。城市防洪治涝工程通常要兼顾城市景观建设，一方面通过闸坝拦河蓄水，扩大城市河道的水面积，形成人工湖的水面景观。开阔水面有利于城市冷热空气对流，加速城市热空气扩散；另一方面，在防洪堤岸建设中，为确保行洪断面，通常将堤线内移，增加河道两岸过渡段面积，并在堤外种植水生植物，对堤内侧开阔地带进行绿化，形成一河两岸的绿化带，大大增大河道周边城区的绿化率和水面比率，改善一河两岸的小气候和水环境，减缓城市热导效应。

三、涵养水源

水以气态、液态和固态三种形式存在于空中、地面及地下，成为大气中的水、海洋水、陆地水以及动植物有机体内的生物水。它们相互之间紧密联系、相互转化，形成循环往复的动态变化过程，组成覆盖全球的水圈。根据《中国大百科全书·气海水卷》中水资源的定义："地球表层可供人类利用的水，包括水量（质量）、水域和水能资源"，同时又强调"一般指每年可更新的水量资源"。水资源是处于动态变化的，在其循环变化过程中，只有某一阶段（状态）的水量可供人类利用，可利用水量在时空的分布决定水资源的利用率，涵养水源就是使水量在时空的分布更加合理，提高水资源的可利用率。

目前，可利用水主要是降水形成的陆地淡水资源，包括地表水和地下水。所以，在中国水资源评价中，区域水资源总量定义为"当地降水形成的地表和地下的产水量"。

降雨是形成地表和地下水的主要过程之一，降雨开始后，除少量直接降落在河面上形或径流外，一部分滞留在植物枝叶上，为植物截留，截留量最终耗于蒸发。落到地面的雨水将向土中下渗，当降雨强度小于下渗强度时，雨水将全部渗入土中；当降雨强度大于下渗强度时，一部分雨水按下渗能力下渗，其余为超渗雨，形成地面积水和径流。地面积水是积蓄于地面上大大小小的坑洼，称为填洼。填洼水量最终消耗于蒸发和下渗。降雨在满足了填洼后，开始产生地面径流。

下渗到土中的水分，首先被土壤吸收，使包气带土壤含水量不断增加，当达到田间持水量后，下渗趋于稳定。继续下渗的雨水，沿着土壤孔隙流动，一部分会从坡侧土壤孔隙流出，注入河槽形成径流，称为表层流或壤中流。形成表层流的净雨称为表层流净雨；另一部分会继续向深处下渗，到达地下水面后，以地下水的形式补给河流，称为地下径流。形成地下径流的净雨称为地下净雨，包括浅层地下水（潜水）和深层地下水（承压水）。

下渗到土中的水，经过地下渗流和涵蓄，能够形成持续的地下径流，地下径流在时空分布上比较合理，有利于开发和利用。涵养水源就是要维持和保护自然的地下径流，增强集水区的地下水的涵蓄能力，地下水经过地层土壤的层层过滤，水质良好，而且富含矿物质。

地面的沟壑、湿地、水塘、湖泊和水库等也可以拦蓄地表水，对水流过程重新分配，使之更加合理，可以有效维持生态环境用水和水资源开发。地表水的涵养主要取决于地表坡面汇流和河道汇流特性以及湖泊、滞洪区的调蓄能力，延缓汇流时间，可以减小洪峰流量，增加水量在河流的滞留时间，使得河流流量过程趋于平缓和合理。蓄洪区可以减少洪水灾害，使洪水资源化。

（一）改善下垫面下渗条件

涵养水源的效能与植被、土层结构和地理特征有关。在水利工程建设中，通过植被措施、改善土层结构和集水区河流改造等小流域治理措施，改善集水区下垫面下渗强度，提高涵养水源效能。

下面主要探讨垫面下渗条件与水源涵养的关系：

集水区下垫面的渗流特性决定地下径流的形成和基流量。下垫面的下渗变化规律可按霍顿公式计算

$$f_t = (f_0 - f_c)e^{-kt} + f_c \qquad (3\text{–}1)$$

式中 ft——t 时刻的下渗率，mm/h、mm/min、mm/d；

f_0——初始（t=0 时刻）的下渗率，mm/h、mm/min、mm/d；

f_c——稳定的下渗率，mm/h、mm/min、mm/d；

k——下渗影响系数，反映下垫面的土壤、植被等因素。

下垫面的下渗率受到众多的因素影响，式（3–1）反映的是下渗变化规律，其计算精度主要取决于参数 f_0、f_c 和 k 的取值。一般情况下，下垫面各种因素的综合影响主要用径流系数来反映。

城市集水区的特点是有大量的人工建筑物，人工建筑是不透水的集水面，所以一般将集水区分为透水区和不透水区。由于降雨损失是一个复杂的过程，受众多的因素影响，在分析计算中比较难于把握每一个要素，因此在工程计算中，把各种损失要素集中反映在一个系数中——径流系数。一次

径流系数是指一次降雨量与所产生的径流深之比，在多次观测中可以获得平均或最大的径流系数，在分析计算中为安全起见一般取偏大的数值。径流系数还与降雨强度有关，降雨强度越大，径流系数也越大。径流系数一般按经验选取，根据不同的地面进行选择或进行综合分析选择。

对于同一地区的下垫面，蒸发量基本相同，如果地形地貌相同，那么，径流系数的差别就在于下渗率的不同。因此，通过对各种下垫面的综合径流系数对比，可以近似分析下渗量的差值。设某集水区 t 时段平均面暴雨量为 $\overline{H_t}$，径流系数为 α_i，i=1、2(代表下垫面 1 和下垫面 2)，则两个下垫面平均的下渗率差值为

$$\Delta f=\frac{(1-\alpha_1)\overline{H_t}}{t}-\frac{(1-\alpha_2)\overline{H_t}}{t}=\frac{(\alpha_1-\alpha_2)\overline{H_t}}{t} \tag{3-2}$$

对下垫面涵养水源的功能分析，可以采用对比分析法，通过径流系数差值计算下渗率的差值，从而分析下垫面涵养水源的功能。

(二) 改善河道、湖泊的水文特性

集水区各类水面面积是涵养地表水的主要因素，有效地表水调蓄区是湖泊、水库、湿地、山塘、鱼塘、蓄水池、水窖、密集的河网水域，一些地区的地下河、溶洞等也能调蓄洪水。在大规模的土地开发和流域治理，都会造成水域面积的增减，影响区域的洪水调蓄能力和地表水的涵养效能。反映水域调蓄能力的指标主要是有效库容或水面面积，调蓄深度较大的水库和湖泊应用有效库容来表示，调蓄深度较小的开阔水面，可以用水面面积或水面比率来表示。

河道的水文特性是河道最重要的生境，对河道水生态环境有十分重要的影响。目前，在水利工程建设中，十分重视河道的生态和环境需水的研究，但主要关注河道最小需水要求，对基本的水文过程的要求关注不够，事实上，维持河道原有的水文周期性及其变化规律、地表水的涵养效能，也是水生态环境保护的基本要求。

水利工程建设可能改变流域河道汇流特性，例如通过水利工程合理地改造河道 (网)，有限度地使河道水库化，调整河道长度、断面形态、平面形态，改善河道汇流特性，调高河道调蓄能力，从而改善河道的水文特性，恢

复河道水生态环境，增强地表水涵养效能。

为能够从量上评价和分析河道水文特性的改变情况，需要建立河道汇流特性的评价模型。自然河道设计洪水一般利用推理公式法和综合单位线法来计算，推理公式法和综合单位线法可以模拟自然河道的汇流情况，但是受到水利工程和其他人为影响河道的汇流特性不同于自然河道，其汇流特性需要建立理论模型来描述。通过理论计算确定计算断面的单位线，与自然河道或参照系统的单位线对比，可以量化分析河道治理工程对河道水文特性的影响。为分析河道各断面的单位线，下面提出理论单位面的计算模型。

1. 理论单位面

在设计洪水的计算理论中，单位线法是十分重要的方法。所谓单位线是指在特定的流域上，单位时段内均匀分布的单位净雨深在流域出口断面所形成的地面径流过程线。单位线的分析和运用基础是三个假设：

(1) 底宽相等的假设。

单位时段内净雨深不同，但它们形成的地面流量过程线总历时相等。

(2) 倍比假设。

若净雨历时相同，但净雨深不同的两次净雨，所形成的地面流量过程线形状相同，则两条过程线上相应时刻的流量之比等于两次净雨深之比。

(3) 叠加假设。

如果净雨历时是 m 个时段，则各时段形成的地面流量过程互不干扰，出口断面的流量过程线等于 m 个时段净雨的流量过程之和。

在这三个假设之下，单位线可以用于各种降水过程的洪水流量过程线分析，因此建立单位线是关键。如果要分析河道全长洪水流量的分布及其时间过程，需要建立河道所有断面的对应单位线，即单位面。因此，所谓单位面是指在特定的流域上，单位时段内均匀分布的单位净雨深，在流域河道所形成的地面径流过程面。

2. 坡面汇流分析

实际上城市地面汇流不能简单视为单纯的坡面汇流，城市地面汇流体系的大部分是城市管（沟）网组成的排水系统，因此需要通过实地调研统计，计算出单位集水面积中管（沟）平均汇流距离，再由水力学计算公式计算河道沿程各段地面汇流时间，确定汇流时间 τ ，然后与河道汇流基本方程进行耦合分析。由于城市管网分布密度大、走向复杂，管网汇流可以概化为坡面汇流。

在均匀降雨的情况下，可按恒定流态来计算坡面流，由式（3–3）可解得坡面出口处的单位宽度流量：

$$\frac{\partial A_p}{\partial_t}+\frac{\partial q}{\partial x}=f \tag{3–3}$$

$$q=fL \tag{3–4}$$

式中 L——坡面长度，m。

当确定 ΔT 为 1 h、净雨深为 10 mm 的单位面时，单一坡面出口处的单宽流量过程概化为梯形或三角形，为此需要确定坡面流量从 0 增加到最大值的时间。

四、固碳制氧

当前，应对全球气候变化是国际社会所要面对的重大问题，因此减少温室气体排放，实行低碳经济日益受到越来越多国家的关注和重视。发达国家在低碳经济发展实践过程中积累了丰富的经验，对我国有着重要的借鉴意义。我们必须重视其重要性，逐步促进经济发展向低碳方式转变。

一般来说，“低碳经济”是通过更少的自然资源消耗和更少的环境污染，获得更多的经济产出。目前“低碳经济”已成为具有广泛社会性的经济前沿理念，但仅仅把“低碳经济”定义为“在不影响经济发展的前提下，通过技术创新和制度创新，降低能源和资源的消耗，尽可能最大限度地减少温室气体和污染物的排放，实现经济和社会的可持续发展”过于被动，事实上在发展经济和建设中，可以主动治理温室效应，固碳技术是解决温室效应的有效途径。小流域治理就可以利用固碳制氧技术，在改造小流域和发展当地经济的同时，将大气中的碳以安全的形式封存起来，以实现控制温室效应的目的。

以二氧化碳为唯一碳源的自养生物，包括植物、藻类、蓝藻、紫色和绿色细菌，为地球上所有其他生物提供赖以生存的能量，同时还在地球的氮和硫的循环中扮演重要角色。自养生物固定 CO_2 的路线是 CO 和一个五碳糖分子作用，产生两个羧酸分子，糖分子在循环过程中再生。植物、藻类和蓝藻

(都是有氧的光合作用),以及某些自养的蛋白菌、厌氧菌都是按这条路线固碳。小流域治理可以通过合理地种植果林木、旱作物、草场、农作物,并对水域进行综合治理实现治理水土流失的目的,通过固碳制氧,实现治理温室效应的目标。

在小流域治理方面,有关植被的保护、绿化、果木园林建设以及农耕地、湿地、坡地等方面的治理,都有利于固碳制氧,对各种林木、果树、土壤、水域的固碳制氧功能和价值要进行全面的评价。小流域治理中的植被措施等对固碳制氧功能的影响较大,例如森林的覆盖率,主要林木种类及其种群分布,人工林及林分情况,树龄、树高和胸径等数据。

第二节　生态水利的设计技术

一、生态环境水利工程的任务和目标

(一)生态环境水利工程的任务

水利工程对生态环境有重大的影响,水利工程建设过程中会对生态环境产生一定的不利影响,造成水生态环境的破坏,例如影响河流的连续性、平面形态、断面形式和过渡段;改变自然水文条件,造成一定的淹没区;影响地表植被、地貌、地层稳定,造成水土流失等。

此外,其他建设工程对水生态环境也会产生不利的影响,例如城市建设对集水区的自然属性影响较大,地表硬质化使得的雨水下渗能力降低,地面的沟壑、湿地、水塘、湖泊等的消失,造成雨水拦蓄能力降低等;城镇建设发展对水量需求增大,水污染日益严重等。

水利工程还具有改善水生态环境的功能,例如水库工程具有蓄洪、滞洪、降低洪峰、降低洪水造成的损失、使洪水资源化的作用;小流域治理工程具有减小水灾害、促进水土保持、涵养水源、改善小气候的功能。城市河道治理具有改善小气候、美化环境等作用。

水利工程的水生态环境功能见表3–4。

表3–4　水利工程的水生态环境功能

序号	功能类型	作用	主要指标
1	调蓄洪水	蓄洪、滞洪、降低洪峰、降低洪水造成的损失、洪水资源化	有效调蓄库容或水面积
2	涵养水源	使降雨径流的时空分布合理化	下渗量和基流量
3	水质净化	使污染物降解、固化、稀释和迁移	水质指标或纳污量
4	调节气候	改善气候，防止城市热岛效应，增加负离子，固碳	负离子浓度、固碳量、制氧量和热辐射
5	维持自然系统及其过程	维持生态地质过程；泥炭积累，维持合理的碳循环	河流水沙运动规律、含沙量、泥炭含量
6	生物栖息地	保障生境的多样性，保护生物栖息地	河流湖泊自然形态指标：蜿蜒度、宽深比、过渡带宽度、分形几何指标
7	保护生态	保护物种资源	生物群落、珍稀物种数量
8	社会生态	提高文化、历史、美学价值	评判的价值

生态环境水利工程的任务是修复受损水生态环境，将水利工程对水生态环境的不利影响降到最低，改善水生态环境、小气候和美化环境。最大程度地发挥水利工程的水生态环境功能，实现兴利、防灾减灾和改善水生态环境的综合治理目标。

(二) 水利工程生态环境治理的目标

1. 水功能区划与水质环境治理目标

水功能区划是实现水资源可持续发展的基础，是实现水资源全面规划、综合开发、合理利用、有效保护和科学管理的依据，是提高水资源利用率的重要条件。水功能区划是在宏观上对流域水资源的利用状态进行总体控制，统筹协调有关用水矛盾，确定总体功能布局，在重点开发利用水域内详细划分多种用途的水域界限，以便为科学合理地开发利用和保护水资源提供依据。

水功能区划采用三级体系，一级区划为流域级，二级区划为省级，三级区划为市级。根据《全国水功能区划分技术大纲》的要求，一级水功能区划分为四类（详见表3–5），即保护区、保留区、开发利用区、缓冲区。二级水功能区划重点在一级区划的保护区、开发利用区内进行细分，分为十类（详见表3–6），即源头水保护区、自然保护区、调水水源区、饮用水源区、工业用水区、农业用水区、渔业用水区、景观娱乐用水区、过渡区、排污控制区。

表3–5 一级区划分类及指标

分类名称	基本条件	主要指标
保护区	(1)源头保护区是指以保护水源为目的，在重要河流的源头河段划出专门保护区 (2)国家级或省级自然保护区的用水水域或具有典型的生态保护意义的自然环境所在水域 (3)跨水域、跨省及省内的大型调水工程的水源地	执行《地表水环境质量标准》(GB 3838—2002)的Ⅰ、Ⅱ类水质标准
保留区	(1)受人类影响较少，水资源开发利用程度较低的水域 (2)目前不具备开发条件的水域 (3)考虑到可持续发展的需要，为今后发展预留的水资源区	按现状水质类别控制
开发利用区	满足饮用水源地、工农业生产、城市生活、渔业和旅游等多种需求的水域	按二级区划分类分别执行相应的水质标准
缓冲区	(1)跨省行政区域河流、湖泊的边界附近水域 (2)省际边界河流、湖泊的边界附近水域 (3)用水矛盾突出的地区之间水域 (4)保护区与开发利用区紧密相连的水域	有二级区划要求的，按二级区划分类分别执行相应的水质标准；对暂无二级区划要求的可按现状控制

表3–6 二级区划分类及指标

分类名称	基本条件	主要指标
源头水保护区	(1)河流一、二级支流（未被流域列入）的源头 (2)水库的源头河流	执行《地表水环境质量标准》(GB 383888)的Ⅰ类水质标准

续　表

分类名称	基本条件	主要指标
自然保护区	(1)省政府批准(未被流域列入)的具有特殊目的 的自然保护区 (2)地方政府批准的自然保护区	
调水水源区	(1)调水量达到一定的规模 (2)省内跨市调水	
饮用水源区	(1)城市已有和规划的生活饮用水的水域 (2)每个用水户取水量不小于省级(市级)水行政主管部门实施取水许可制度细则规定的取水限额	一级保护区范围按Ⅱ类水质标准管理;二级保护区范围按Ⅲ类水质标准管理
工业用水区	(1)已有和规划的工矿企业生产用水的集中取水地 (2)每个用水户取水量不小于省级(市级)水行政主管部门实施取水许可制度细则规定的取水限额	按Ⅳ类水质标准管理
农业用水区	(1)已有和规划的农业灌溉区用水的集中取水地 (2)每个用水户取水量不小于省级(市级)水行政主管部门实施取水许可制度细则规定的最小取水限额	按Ⅴ类水质标准管理
渔业用水区	(1)主要经济鱼类产卵场、索饵场、越冬场及洄游通道功能的水域,养殖鱼、虾、蟹、藻类等水生动植物的水域 (2)水文条件良好,水交换畅通 (3)有合适的地形和底质	珍贵鱼类保护区范围内及鱼虾产卵区范围内的水域,按Ⅱ类水质标准管理;一般鱼类保护区,按Ⅲ类水质标准管理
景观娱乐用水区	(1)可供千人以上的度假、娱乐、运动场所涉及的水域 (2)省级以上知名的水上运动场 (3)省级名胜风景区涉及的水域	景观和人体非直接接触的娱乐用水区按Ⅳ类水质标准管理
过渡区	(1)下游用水要求高于上游水质状况 (2)有双向水流的水域,且水质要求不同的相邻区之间	

续　表

分类名称	基本条件	主要指标
排污控制区	(1)接纳废水中的污染物为可稀释降解的 (2)水域的稀释自净能力较强,其水文、生态特性适宜于作为排污区	排污口范围内污染物浓度可以超过Ⅴ类水质标准,但必须小于地面水排放标准的限制,并保证通过过渡区后达到下游的功能区水质要求

2. 水生态治理目标、原则和任务

(1) 河流生态恢复的目标。

河流生态恢复的目标是维护原生态系统的完整性，包括维护生物及生境的多样性，维护原有生态系统的结构和功能。河流生态恢复的目标层次主要有：

①完全恢复。生态系统的结构和功能完全恢复到干扰前的状态。这意味着首先要完全恢复原有河流地貌，需要拆除河流上大部分大坝和人工设施，要恢复河道原有的蜿蜒性形态。

②修复。生态系统的结构和功能部分恢复到干扰前的状态。不用完全恢复原有河道地貌形态，可以采用辅助修复工程，部分恢复生态系统的结构和功能，维护生态系统重要功能的可持续性。

③增强。采用增强措施补偿人类活动对生态的影响，使生态环境质量有一定的改善。增强措施主要是改变具体水域、河道和河漫滩特征，改善栖息条件。但增强措施是主观的产物，缺乏生态学基础，其有效性还需要探讨。

④创造。开发原来不存在的新的河流生态系统，形成新的河流地貌和河流生态群落。创设新的栖息地来代替消失或退化的栖息地。

⑤自然化。对于水利开发形成的新的河流生态系统，通过河流地貌和生物多样性的恢复，使之成为一个具有河流地貌多样性和生物种群多样性的动态稳定的、具有自我调节能力的河流生态系统。

(2) 河流生态恢复的原则。

①河流生态修复与社会经济协调发展原则。

②社会经济效益与生态效益相结合的原则。

③生态系统自我设计、自我恢复的原则。

④生态工程与资源环境管理相结合的原则。

(3) 河流生态恢复的任务。

河流生态系统恢复的任务有三项：恢复或改善水文、水质条件；恢复或改善河流地貌特征；恢复河流生物物种。

①水文、水质条件。

水文条件的改善主要包括水文情势的改善、河流水力条件的改善，要适度开发水资源，合理配置水资源，确保河流生态需水要求。提倡水库运用的生态调度准则，即在满足社会经济需求的基础上，尽量按照自然河流丰枯变化的水文模式来调度，以恢复下游的生境和水文规律。

通过控制污水排放、提倡源头清洁生产、加大污染处理力度、推广生物治污技术，实现循环经济以改善河流水质。

②河流地貌的恢复。

河流地貌恢复的主要内容：河流纵向连续性的恢复、河流横向连通性的恢复；河流纵向蜿蜒性恢复、河流横向水陆过渡带的恢复；与河流关联的滩地、湿地、湖泊、滞洪区的恢复。

③生物物种的恢复。

主要恢复与保护河流濒危、珍稀、特有物种。恢复原有物种群的种类和数量。

二、河流生态的修复技术

(一) 河流生态恢复的目标、原则和任务

1. 河流生态恢复的目标

河流生态恢复的目标是维护原生态系统的完整性，包括维护生物及生境的多样性，维护原有生态系统的结构和功能。河流生态恢复的目标层次主要有：

(1) 完全恢复。生态系统的结构和功能完全恢复到干扰前的状态。这意味着首先要完全恢复原有河流地貌，需要拆除河流上大部分大坝和人工设

施，要恢复河道原有的蜿蜒性形态。

（2）修复。生态系统的结构和功能部分恢复到干扰前的状态。不用完全恢复原有河道地貌形态，可以采用辅助修复工程，部分恢复生态系统的结构和功能，维护生态系统重要功能的可持续性。

（3）增强。采用增强措施补偿人类活动对生态的影响，使生态环境质量有一定的改善。增强措施主要是改变具体水域、河道和河漫滩特征，改善栖息条件。但增强措施是主观的产物，缺乏生态学基础，其有效性还需要探讨。

（4）创造。开发原来不存在的新的河流生态系统，形成新的河流地貌和河流生态群落。创设新的栖息地，来代替消失或退化的栖息地。

（5）自然化。对于水利开发形成的新的河流生态系统，通过河流地貌和生物多样性的恢复，使之成为一个具有河流地貌多样性和生物种群多样性的动态稳定的、具有自我调节能力的河流生态系统。

2. 河流生态恢复的原则

⑴ 河流生态修复与社会经济协调发展原则。

⑵ 社会经济效益与生态效益相结合的原则。

⑶ 生态系统自我设计、自我恢复的原则。

⑷ 生态工程与资源环境管理相结合的原则。

3. 河流生态恢复的任务

河流生态系统恢复的任务有三项：恢复或改善水文、水质条件；恢复或改善河流地貌特征；恢复河流生物物种。

⑴ 水文、水质条件。水文条件的改善主要包括水文情势的改善、河流水力条件的改善，要适度开发水资源，合理配置水资源，确保河流生态需水要求。提倡水库运用的生态调度准则，即在满足社会经济需求的基础上，尽量按照自然河流丰枯变化的水文模式来调度，以恢复下游的生境和水文规律。

通过控制污水排放、提倡源头清洁生产、加大污染处理力度、推广生物治污技术，实现循环经济以改善河流水质。

⑵ 河流地貌的恢复。河流地貌恢复的主要内容：河流纵向连续性的恢复、河流横向连通性的恢复；河流纵向蜿蜒性恢复、横向水陆过渡带的恢

复；与河流关联的滩地、湿地、湖泊、滞洪区的恢复。

（3）生物物种的恢复。主要恢复与保护河流濒危、珍稀、特有物种。恢复原有物种群的种类和数量。

（二）河道形态与水力设计

1. 河道断面形态

根据河流生态特性，河道断面可以概化为一复式断面，主河槽、河滩地（洪泛区）和过渡带三个部分，主河槽是正常河道，满槽流量约为 P=66.67%，即 1.5 年一遇的洪水流量，此时水位与河滩地齐平，水面宽度为平滩宽度。由于水流的冲刷，主河槽的稳定断面性状为抛物线。平滩水位以上的河滩地是主要行洪断面，根据历史最大洪水或设计洪水来确定其宽度和范围。河滩地与河岸陆地之间有一个过渡区，是各种植物和两栖动物栖息地。人工河堤应布置在河道过渡带以外。

（1）主河槽几何尺寸设计。

主河槽几何设计是以平滩流态来计算，平滩流量为 1.5 年一遇的洪水流量，也可根据实际情况进行调整。平滩宽度 ω 与平均水深 h 的确定方法如下。

①类比法。

选取修复河道的上下游自然河道情况类比分析，所选参照河段的水文、水力和泥沙特性以及河段河床、河岸的材料均要与工程河道相似，而且所选参照河段的主槽界限明确，以便实测。根据参照河段主槽平滩宽度，按照上下游的流量变化关系，修正参照河道的平槽宽度，将修正后的平槽宽度作为工程河段的平槽宽度。

②水力几何关系法。

自然河道在水力作用下，河段泥沙、坡降、流量与其断面宽度存在一定关系。这种水力几何关系必须参照比较稳定的河段的有关统计资料，通过统计分析建立。根据统计分析，河道平滩宽度与平滩流量的关系为：

$$\omega = aQ^b \tag{3-5}$$

式中 Q——平滩流量，m^3/s；

a. b——参数，对于沙质河床 a=3.31~4.24，砾质河床 a=2.46~3.68，b=0.5。

③主河槽宽深比。

根据鲁什科夫（1924）提出的计算公式：

$$\frac{\sqrt{\omega}}{h}=\xi \tag{3-6}$$

式中 ξ ——河相系数，对于砾石河床取 1.4，一般沙质河床取 2.75，极易冲刷的细沙河床取 5.5。

（2）河道行洪断面。

河道行洪断面主要指河滩以上部分，河道断面是河道行洪所需的最大断面，一般按设计洪水来考虑，有条件最好按历史最大洪水来考虑。自然河道断面没有规则的断面形式，河道断面一般以宽深比来控制，使河道的泥沙输送和淤积状况恢复到自然状态。根据洪峰流量、河道宽深比，利用水力学经验公式计算，可确定河道实际宽度。

2. 平面形态

（1）蜿蜒性河段。

自然河道大多数为弯曲河道，河道的弯曲特性可用蜿蜒度来描述：河段两端点之间沿河道中心轴线的长度与两断面的直线距离之比称为蜿蜒度。有一定蜿蜒度的河道会降低坡降，减少冲刷。但蜿蜒度过大会产生淤积，抬高河道水位，从而引起河道改道。因此，稳定的河道形态是在冲刷和淤积间找到平衡。

描述蜿蜒度大于 1.2 的河段平面形态的参数有：W 为河道平滩宽度；L_{ω} 为河湾跨度；z 为弯段长度（半波长度）；R_c 为曲率半径；θ 为转弯中心角度；A_m 为河湾幅度；D 为相应于梯形断面的河道深度；D_m 为平均深度；D_{max} 为弯段深槽的深度；W_i 为拐点断面的河段的宽度；W_p 为最大冲坑断面的河段的宽度；W_a 为弯曲顶点断面的河段的宽度。

河道平面形态参数的经验公式：

$$L_m=(11.26\sim12.47)W \tag{3-7}$$

$$\frac{W_a}{W_i}=1.05+0.3T_b+0.44T_c\pm u_1 \tag{3-8}$$

$$\frac{W_p}{W_i}=0.95+0.2T_b+0.14T_c\pm u_2 \tag{3-9}$$

$$\frac{R_c}{W}=1.5\sim4.5 \tag{3-10}$$

$$\frac{z_{a-p}}{z_{a-i}}=0.36\pm u_3 \tag{3-11}$$

$$\frac{D_{\max}}{D_m}=1.5+4.5\left(\frac{R_c}{W_i}\right)^{-1} \tag{3-12}$$

式中 $z_{a\text{-}p}$、$z_{a\text{-}i}$——弯段顶点到最大冲刷深槽的河段长度和弯段顶点到拐点的河段长度。u_1=0.04~0.07；u_2=0.10~0.17；u_3=0.07~0.11。W_i 接近 W 值。粉砂河床，T_b=0，T_c=0；砂砾石河床，T_b=1.0，T_c=0；砾石河床，T_b=1.0，T_c=1.0。

(2) 顺直河段

顺直河段是指蜿蜒度小于 1.2 的河段。顺直河段的平面形态是深槽浅滩的交替分布，深槽（浅滩）的间距为 5 ~ 7 倍的河段宽度。Higginson 和 Johnston 提出的回归公式为

$$L_r=\frac{13.601\omega^{0.2894}d_{r50}^{0.29}}{S^{0.2035}d_{p50}^{0.1367}} \tag{3-13}$$

式中 L_r——两相邻浅滩之间的河道长度，m;

d——河床材料的粒径，mm，下标 r、p 分别表示浅滩和深槽的材料；

ω——河道平均宽度，m;

S——河段的平均坡降。

三、人工湿地技术

(一) 人工湿地基本概念

1. 净化原理

人工湿地是人工建造和调控的湿地系统，一般由人工基质和人工种植的水生植物组成，通过人为调控形成基质—植物—微生物生态系统。人工湿地系统对污水中污染物、有机废弃物具有吸收、转化和分解的作用，从而净化水质。

人工湿地的基质为水生植物提供载体和营养物质，也为微生物的生长

提供稳定的附着表面；湿地植物可以直接吸收营养物质、富集污染物，其根区还为微生物的生长、繁衍和分解污染物提供氧气，植物根系也起到湿地水力传输的作用。微生物主要分解污染物，同时也为湿地植物生长提供养分。

人工湿地形成的基质—植物—微生物生态系统是一个开放、发展和可以自我设计的生态系统，构成多级食物链，形成了内部良好的物质循环和能量传递机制。人工湿地具有投资低、运行维护简便、可以改善水质和美化环境的优点，具有良好的经济效益和生态效益，其应用前景广泛。

2. 人工湿地的类型

按照水流形态划分有三种类型：表面流人工湿地、潜流人工湿地和复合流人工湿地。

(1) 表面流人工湿地。

表面流人工湿地是表面流形态，在人工湿地的表面形成一层地表水，水流从人工湿地的起端断面向终端断面推进，并完成整个净化过程。这类人工湿地没有淤堵问题，水力负荷能力较大。

(2) 潜流人工湿地。

水流在人工湿地以潜流方式推进，人工湿地河床的充填介质主要是砾石，废水沿介质下部潜流，水平渗滤推进，从出口端埋设的多孔集水管流出。这种人工湿地对废水处理效果好，卫生条件好，但投资略高，水力负荷能力较低。

(3) 复合人工湿地。

复合人工湿地是由多单元组成，形成垂直—水平复合流动组合。这种人工湿地充分发挥水平和垂直两个方向的净化作用，具有较好的水质净化效果。

(二) 人工湿地设计

1. 场地选择

人工湿地场地选择应因地制宜，主要考虑地形地势，与河流、湖泊的关系和洪水的破坏影响，尽量选择有一定坡度的洼地或经济价值不高的荒地。人工湿地场地选择主要考虑因素如下。

(1) 场地范围、面积是否满足要求。

(2) 地面坡度小于 2%，土层厚度大于 0.3 m。

(3) 土壤渗透系数不大于 0.12 m/d。

(4) 水文气象条件以及受洪水影响情况。

(5) 投资费用。

2. 进水水质要求

(1) 进入人工湿地的污水应符合《污水排入城镇下水道水质标准》(CJ 3082-2010) 和《污水综合排放标准》(GB 8978-1996) 中规定的排入城市下水道并进入二级污水处理厂进行生物处理的污水水质标准。

(2) 进入有农作物的人工湿地的污水的水质应满足《农田灌溉水质标准》(GB5082-2005) 的要求。

(3) 人工湿地主要具有对污水的生化处理功能，要求污水中生物可降解的有机物浓度应占一定的比例：$BOD_5/COD>0.5$，$TOC/BOD_5<0.8$。

3. 预处理设施

为避免泥沙和不利于人工湿地处理的物质造成的淤积和堵塞，必须设置预处理设施。常用的预处理设施有：格栅、沉沙池、化粪池、氧化池、除油池、水解池等。

4. 进水方式

(1) 推进式。水流单向推进，污水从进口顺着推进方向流动，穿越人工湿地，直接从出口流出。这种方式简单，水头损失小。

(2) 阶梯进水式。污水单向推进，但污水进水口在前半段沿程均匀分布，减小人工湿地前半段的集中负荷，避免前半段的淤塞。

(3) 汇流式。在推进式基础上，增加汇流通道，使处理后的部分污水汇流到进口，重新进入湿地，这样可增加湿地水体的溶解氧，延长水力停留时间，促进水体的净化。

(4) 综合式。将阶梯推进式与回流式结合起来，即采用分布进水减少湿地前段压力，又使净化后的污水回流，提高湿地水体净化效果。

5. 湿地床

湿地床一般由表土层、中间砾石层、底部衬托层和防渗层组成。表土层为就地采用的表层土，但要避免使用受到人为污染的当地表层土，表层土铺满整个湿地床面，厚度为0.15～0.25 m。中间砾石层是湿地床的主体，也称为填料层，填料以砂、砾石和碎石为主，厚度一般为0.3～0.7 m。近年来，有许多新型填料，如石英砂、煤灰渣、高炉渣、水沸石和陶粒等，具有多孔性的陶粒可以为微生物提供较高的比表面积，增加微生物的活性，提高污染物的净化能力。水沸石具有特殊结构，可快速吸附氨离子。氨离子吸附饱和后，水沸石通过缓释和微生物的作用，恢复其吸附容量。人工湿地的选择应满足以下的要求：

(1) 有良好的吸附能力。有利于生物膜的生长和对污水中有机物的吸附。

(2) 有良好的交换性能。以利对含磷和重金属的污水处理。

(3) 有良好的结构，不易发生堵塞。

(4) 经济适用，就地取材。

底部衬托层为砂垫层，为填料的衬底同时又是防渗层的保护层，一般厚度为0.10～0.15 m。设置防渗层是为了防止污水对地下水源的污染，常采用黏土、膨润土夯实，上面铺设土工膜作为防渗材料，其上再铺设一定厚度保护层，一般为水泥土。

6. 布水与集水系统

(1) 布水系统。

人工湿地布水（污水进水）系统需要保证配水均匀，一般采用多孔管或三角堰等配水装置，安装高度一般高于湿地床面0.5m左右，要防止表面淤泥和杂草的积累而影响配水。配水装备尺寸和布局，按照污水排放量来确定。

(2) 集水系统。

集水（出水）系统的任务是保证出水均匀流动，同时要控制湿地床内的水位，保证湿地床正常运行所需的水量。表面流人工湿地利用排水管或明渠出水，出水设施布置在湿地末端，按排放量确定有关尺寸。潜流或复合人工湿地分为暗管和明渠两种，暗管为布置在湿地床底部的穿孔管，末端用水管导向地表；明渠布置在湿地床末端，按排放量确定有关尺寸。

第三节　水生态环境应急技术

一、概述

（一）水生态危机

这里主要讨论淡水水生态系统危机或对淡水生态系统的胁迫问题，生态学把自然界和人类活动对生态系统的干扰称为胁迫。自然界对淡水生态系统的干扰主要是由气候变化、地震、火山爆发、山体滑坡、地陷、台风（飓风、旋风）、大洪水、河流改道等引起，其对淡水生态的影响大多都能恢复，或者向另一种状态发展，建立新的动态平衡系统。而人类对淡水生态系统的影响始于现代人类社会大规模经济活动，其对淡水生态系统的影响是严峻的，是淡水系统自身难以恢复的。

（二）水环境危机

水环境危机是指自然水域由于各种原因造成水质下降的危机。导致自然水域水质变差的原因有水污染、咸潮和干旱缺水等原因。其中水污染是主要因素。

1. 水污染

常态性的水污染源主要是工业废水、农业污水和市政生活废水，这是影响水环境的主要方面。此外还有突发性的水污染事件，虽然事件经历时间较短，但对水环境和水生态产生极大的危害，对水生态可能产生长期的危害。水环境危机主要指突发性的水污染事件。过去几年我国发生的水环境危机事件主要有：

（1）太湖蓝藻。

蓝藻又称蓝绿藻，是一种最原始最古老的藻类植物，分布十分广泛，主要为淡水产物。少数可生活在60℃～85℃的温泉中，有些种类和真菌、苔藓、蕨类及裸子植物共生。在一些营养丰富的水体中，有些蓝藻常于夏季大量繁殖，并在水面形成一层蓝绿色而有腥臭味的浮沫，称为“水华”，可加剧水质恶化，对鱼类等水生动物以及人、畜均有较大危害，严重时会造成鱼类死亡。

2007年5月29日上午，在高温的条件下，太湖无锡流域突然大面积蓝藻暴发，供给全市市民的饮水源也迅速被蓝藻污染。现场虽然进行了打捞，无奈蓝藻暴发太严重而无法控制。遭到蓝藻污染的、散发浓浓腥臭味的水进入了自来水厂，然后通过管道流进了千家万户。

江苏省无锡市紧急启动应急预案，从常州、苏州等周边城市大批量调运纯净水。由于大批量外运的纯净水不断运抵无锡市区，在一定程度上缓解了市民饮用水紧张的状况。除开辟纯净水供给绿色通道外，无锡市积极采取以下三条措施：一是加大“引江济太”(引长江水补充太湖水）的供给量，以达到稀释太湖富营养化水质的状况；二是紧急邀请国内治理蓝藻的相关专家会商改善太湖水质的有关对策；三是无锡有关部门密切关注自来水水质生化变化情况，以便做出积极应对。

蓝藻既是生态问题，又是水环境问题。其根本原因是水污染引起水体富营养化，促使蓝藻大量繁殖，进而影响水质。从根本上来说，蓝藻处理还是要控制水质，减少污水排放，特别是要避免磷氮类营养物质的富集。蓝藻处理还可以采用生物手段来治理，放养滤食性鱼类可以较好地控制蓝藻生长。但是，鱼类生长由受到水质的影响，水质受到污染，水体溶解氧下降都不利鱼类的生存，鱼类放养密度受到限制，所以利用滤食性鱼类控制蓝藻也需要有一定的水质条件。

据报道显示，可以利用超声波治理蓝藻，因为蓝藻具有独特细胞结构——气泡结构。气泡结构是蓝藻赖以生存的心脏，蓝藻依赖气泡自由升降，也需要依靠气泡完成碳氮代谢。利用低功率超声波的空化效应，连续不断地击碎蓝藻心脏一气泡，抑制蓝藻的生长。超声波清除蓝藻的效果比较好，适应在较小的水面上应用。超声波是否会对其他生物造成不利影响，还有待进一步研究。

(2) 松花江水污染。

2005年11月23日，受中国石油吉林石化公司爆炸事故影响，松花江发生重大水污染事件，吉林、黑龙江省人民政府启动了突发环境事件应急预案，采取措施确保群众饮水安全。

中国石油吉林石化公司爆炸事故发生后，监测发现苯类污染物流入第二松花江，造成水质污染。苯类污染物是对人体健康有危害的有机物。接到报告后，国家环保总局高度重视，立即派专家赶赴黑龙江现场协助地方政府开展污染防控工作，实行每小时动态监测，严密监控松花江水环境质量变化情况。

污染事件发生后，吉林省有关部门迅速封堵了事故污染物排放口；加大丰满水电站的放流量，尽快稀释污染物；实施生活饮用水源地保护应急措施，组织环保、水利、化工专家参与污染防控；沿江设置多个监测点位，增加监测频次，有关部门随时沟通监测信息，协调做好流域防控工作。黑龙江省财政专门安排1000万元资金专项用于污染事件应急处理。

11月13日16时30分开始，环保部门对吉化公司东10号线周围及其入江口和吉林市出境断面白旗、松江大桥以下水域、松花江九站断面等水环境进行监测。14日10时，吉化公司东10号线入江口水样有强烈的苦杏仁气味，苯、苯胺、硝基苯、二甲苯等主要污染物指标均超过国家规定标准。松花江九站断面5项指标全部检出，以苯、硝基苯为主，从三次监测结果分析，污染逐渐减轻，但右岸仍超标100倍，左岸超标10倍以上。松花江白旗断面只检出苯和硝基苯，其中苯超标108倍，硝基苯未超标。随着水体流动，污染带向下转移。11月20日16时到达黑龙江和吉林交界的肇源段，硝基苯开始超标，最大超标倍数为29.1倍，污染带长约80km，持续时间约40h，污染带已流过肇源段。

11月21日，哈尔滨市政府向社会发布公告称全市停水4d，“要对市政供水管网进行检修”。此后市民怀疑停水与地震有关出现抢购。同年11月22日，哈尔滨市政府连续发布2个公告，证实上游化工厂爆炸导致了松花江水污染，动员居民储水。同年11月23日，国家环保总局向媒体通报，受中国石油吉林石化公司双苯厂爆炸事故影响，松花江发生重大水污染事件。

(3) 云南曲靖重金属污染。

2011年8月12日，云南信息报报道了曲靖市一起重金属污染事件，指因5000 t铬渣倒入水库，水体中致命六价铬超标2000倍。这起重大水质污染事件源于网友的公开举报，无论地方应对是否有被动拖沓之嫌、官员是否有利益勾连之昧，至少事件得到了一定的重视、污染得到了一定的控制，是网络监督以腐败官员为目标向以腐败行政为重点的成功转移。

(4) 广西龙江镉污染。

2012 年 1 月 15 日，广西龙江河拉浪水电站网箱养鱼出现少量死鱼现象被网络曝光，龙江河宜州拉浪码头前 200m 水质重金属超标 80 倍。时间正值农历龙年春节，龙江河段检测出重金属镉含量超标，使得沿岸及下游居民饮水安全遭到严重威胁。当地政府积极展开治污工作，以求尽量减少对人民群众生活的影响。

2. 咸潮

咸潮主要发生在感潮河道和河口。海洋受月球引力的作用，发生周期性的潮位涨落变化，一般其变化周期为 12.5 h。当河道来水流量减小或海潮位升高时，海水会沿河道上溯，大量盐分 (氯根) 进入河道，使河道水体含盐量大幅升高。海水入侵到取水口时，会影响滨海城市供水系统，造成城市缺水，影响滨海城市社会和经济的正常秩序。

另外，由于海水的注入，给感潮河段带来大量的溶解氧，大量的海水使污染物被混合和稀释，增加河道的同化能力，加速有机污染物的分解，改善河道的水质。

3. 干旱缺水

干旱缺水会造成江河湖泊水域水质下降。前面已讨论过咸潮对河道水质的影响，干旱缺水是导致咸潮入侵的一个主要原因。干旱缺水会使水域污染物的浓度上升，同时还使水体自净能力降低，进一步加剧水质恶化。另外，干旱缺水危及水生物的生存，造成大量水草、藻类和鱼类死亡，使水体富营养化，造成藻类死亡，分解成大量的植物营养物，促进藻类繁殖的循环，严重恶化水质，破坏水生态。

二、咸潮处理技术

咸潮对经济发达的沿海城市供水影响较大，对河流生态也有一定的影响，是现代沿海城市水利所要面对的重要问题。珠海咸潮的应对措施主要是采用“引淡压咸”的方法，其重要因素是如何把握引淡的流量问题，即要达到压咸的目的，又要避免淡水资源的浪费，经过多次的实践摸索，才逐渐把握珠海咸潮控制过程中引淡的控制规律。

事实上，控制咸潮的关键因素是感潮河道的流速，影响感潮河道流速的主要因素是潮水位及其涨落规律和上游来水流量及过程。应对咸潮问题需要了解咸潮运动规律和河道水流流速的变化规律。

(一) 咸潮及其危害

咸潮是一种天然水文现象，它是由太阳和月球对地表海水的吸引力引起的，当海水涨潮，令海水倒灌，咸淡水混合造成上游河道水体变咸，即形成咸潮。特别是同时出现河流淡水流量不足的情况，咸潮影响范围更大。

因此，大的咸潮主要是由大潮、大旱引起的，一般发生在上一年冬至到次年立春清明期间，由于上游江水水量少，雨量少，使江河水位下降，由此导致沿海地区海水通过河道或其他渠道倒流或氯化物逆流扩散到上游。咸潮的影响主要表现在河道水体氯化物的含量上，按照国家有关标准，如果水的含氯度超过250mg/L就不宜饮用。这种水质还会危害到当地的植物生存。

海水的氯化物浓度一般高于5000 mg/L，当咸潮发生时，河水中氯化物浓度从每升几毫克上升到超过250 mg。水中的盐度过高，就会对人体造成危害，老年人和患高血压、心脏病、糖尿病等病人不宜饮用。水中的盐度高还会对企业生产造成威胁，生产设备容易氧化，锅炉容易积垢。在咸潮灾害中，生产中用水量较大的化学原料及化学制品制造、金属制品、纺织服装等产业受到的冲击较大，其中一些企业不得不停产。

咸潮还会造成地下水和土壤内的盐度升高，给“鱼米之乡”的三角洲地区农业生产造成严重影响，危害到当地的植物生存。从受灾农村地区看到的情况令人触目惊心，在一些稻田边，尽管水沟里蓄有一些水，然而田地却龟裂着。当沟里的水咸度已达0.5%，而如果农作物“饮用”咸度超过0.4%的水，半个月后就会停止生长，甚至死掉。

水质性缺水对当地农业的影响是明显的。据珠江三角洲地区的统计数据显示：广州市番禺区2004年全区早稻面积计划完成6.5万亩，同比减少2.1万亩，近1/3的稻田无法下插；甘蔗面积5.2万亩，同比减少0.1万亩；常年蔬菜面积11.0万亩，同比减少1.8万亩。

(二)咸潮的防治

1. 预报

加强对咸潮形成机理的研究，掌握咸潮变化规律，建立咸潮预报模型，进行咸潮预测预报。同时运用先进的超声波流速剖面仪等设备和技术，对咸潮实施同步的严密监测，并建立预警机制，在咸潮到来之前做好防范，才能对咸潮入侵应对自如。

2. 采取调水压咸由于咸潮活动主要受潮汐活动和上游来水控制。潮汐活动可调节的余地有限，而上游径流的调节则是大有可为的。调水压咸是目前比较有效的应急办法。应急调水压咸调度应以大型水库为主，特别是优先考虑距离三角洲地区较近、流程短的水库或水利枢纽的调水压咸作用，通过调水压咸还要注意分发挥流域水资源的综合效益。

3. 加强河道采砂管理

三角洲河段过量滥采河砂造成河床严重下切，引发咸潮上溯，有关部门应对全流域加强采砂的管理，用立法手段严厉打击违法采砂行为，做到有序、有控制地合理采砂。

4. 节约用水

随着近几十年经济的发展，各地区的年用水量也在持续递增。一般来说，农业是耗水大户，占总消耗量的七成以上，同时，市镇生活和工业用水存在浪费严重问题。过度用水导致河流水位下降，加重咸潮的危害。所以，应推广农业节水灌溉技术，大力提倡人们节约用水，提高水的利用效率，以减轻咸潮的危害。

5. 建设或扩建应急供水工程

就珠海咸潮事件来说，扩建平岗泵站，将生产能力由现在的 24 万 m^3/d 扩建为 124 万 m^3/d；铺设平岗站至广昌泵站长 21.2 km、直径 2.4 m 的输水管线；建设广昌泵站接口工程，增设前池，调节平岗泵站及裕洲泵来水，改善广昌泵站吸水性能。全力推进南区水厂、乾务水厂及黄杨泵站配套管线扩建工程等供水基础设施的建设，进一步完善全市供水系统，不断提高珠澳两地正常、安全、优质的供水保障率。

6. 伺机“偷淡”

利用海潮涨落的变化规律，可以利用落潮时，河道流速增加、咸潮后退的时机，通过分析，选择合理的时段加紧抽水蓄淡，即伺机“偷淡”。根据潮水运动的规律，在大潮来临前和咸水退潮时抓住时机加大抽水量。如东莞市第二水厂在咸潮上溯厉害的几天，在每天水质中“氯化物”指标超标的4 h停止抽水，等咸潮消退时抓紧抽水。

（三）咸潮处理技术

1. 河口束流工程

河口拦门砂和河床底砂均有束流作用，泥沙减小河口深度，促使河流增速，阻止咸潮上溯或减少咸潮上溯的强度，特别是阻止咸水沿河床底部上溯。

根据咸潮逆流迁移扩散的特性，控制咸潮的关键是加大河道流速，干旱时河道流量减少、流速降低，加上海潮的影响，河道流速很低，甚至出现倒流，导致咸潮大幅度入侵。

为增大河流流速，可以采用多种方式束流增速。

（1）在河网地区，如有可能利用水闸群进行合理的调度、配水时，可将次要的岔河、支流的水流集中到主河道和有航运要求的河道，增加主河道流量和流速，阻止咸潮上溯。例如采用闸坝作为岔河、支流的锁坝。

（2）利用河口束流工程，减小过水断面，使河流归槽，增大河道流速，阻止咸潮上溯。河口束流工程可以采用护堤丁坝、水下潜坝等方式，但要控制丁坝、水下潜坝的规模，以免影响河道通航和行洪，必要时可采用活动坝型，例如采用活动橡胶丁坝。

2. 调水压咸分析

目前，广东省每年都要实施调水压咸措施，以确保珠江三角洲地区城镇生活和工农业用水。广东省近几年在调水压咸方面做了大量的工作，在实践中，逐步认识调水的规律，有效地把握调水的方式和力度。

调水压咸需要了解咸潮逆流扩散和感潮河道的水力学特性，从这两个方面去认识咸潮的运动规律，把握咸潮控制的基本条件。咸潮逆流扩散是通过纵向分散作用的一维水质模型来描述，而感潮河道的水力学特性基本方程是圣维南方程。因此，根据水力学，咸潮运动的基本方程如下。

(1) 考虑纵向分散作用的一维水质模型的基本方程。

$$\frac{\partial c}{\partial t}+\frac{\partial c}{\partial x}=E\frac{\partial^2 c}{\partial x^2}-K_1 c \tag{3-14}$$

式中 c——污染物浓度，mg/L;

u——水流流速，m/s;

E——纵向分散系数，m^2/s;

K_1——污染物衰减系数，l/d，对于咸潮 K_1=0;

x——纵向坐标，河口为0，顺水流方向为正，km。

(2) 圣维南方程。

根据水力学理论，一维非恒定流的基本方程包括连续方程和能量方程。假设河道水位为 z，流速为 u，为便于表达边界条件，距离坐标用 s 表示，感潮区始端为坐标原点，河道纵比降为 i，河道断面水深为 H，水力半径为 R，谢才系数为 C，则一维非恒定流的基本方程为

$$\frac{\partial z}{\partial t}+\frac{\partial)(Hu}{\partial s}=0 \tag{3-15}$$

$$\frac{\partial u}{\partial t}+u\frac{\partial u}{\partial s}=-g\frac{\partial z}{\partial s}-g\left(i-\frac{u^2}{C^2 R}\right) \tag{3-16}$$

式 (3-14) ~ 式 (3-16) 是咸湖的水动力学方程组，与相关的边界条件和初始条件一起决定咸潮的运动规律，其解是引淡压咸的主要依据。

第四章　生态堤防工程技术

堤防是沿江河、湖泊、海洋的岸边或蓄滞洪区、水库库区的周边修建的防止洪水漫溢或风暴潮袭击的挡水建筑物。这是人类在与洪水做斗争的实践中最早使用且至今仍被广泛采用的一种重要的防洪工程。中国已有数千年的筑堤防洪历史，早在战国时期，山东沿河诸国人民就已习惯于筑堤遏水，后经历代人的长期奋斗，沿江河两岸逐渐形成了绵延数百公里乃至数千公里的比较完整的堤防系统，并对堤防的规划、设计和施工，积累了许多宝贵的经验，这对促进当时的农业发展和东方经济文化的繁荣起到了巨大的作用。

第一节　堤前波浪要素的确定

一、波浪的类称

波浪是水面的起伏运动，控制波浪本身起伏运动的主力一般是重力，故称重力波；若是表面张力作用的微波，则称表面张力波或毛细波；还有弹力波等。按照波浪的成因分类，则有风引起的风浪，船舶航行激起的船行波，海底火山爆发引起的海啸，日、月引力所发生的潮汐波等。按波浪形态区分，则有因船舶航行在水面上发生的单个孤立波；连续扰动水面所产生的系列波；波形周期性地重复，波高与波周期或波长分别保持常值的规则波；波形、波高与波周期极不规律变化的不规则波；波形遇障碍物或地形变化而崩溃破碎的破碎波等。按波形运动方向和形式区分，则有波浪向前行进的推进波；就地上、下摆动的振动波；遇障碍物所产生的立波、入射波与反射波；

按风力连续作用与否，有风浪与风传播至风力作用区域以外，或当风停止或转向后，波浪继续向前传播的余波，也称涌浪等。还有按水深与波长的比例而区分为深水波与浅水波等。

对海堤、海岸工程影响最大的经常性波浪破坏作用当为风浪。对于天然河道、人工运河沿岸，还有船行波的冲击。河口地区涨潮时，潮波以波速 $c=\sqrt{g\left(h+H\right)}$ 前进（h 为水深，H 为波高），当河道平面形态或水深剧变时所产生的涌潮冲击力极大，例如钱塘江的涌潮能冲动 1 m^3 大混凝土块 1 km 远。在河道中突然关闸门也将引发涌潮。此外破碎波的破坏力也大于不破碎的波浪。这些概念将有助于海堤的防浪设计，但都应结合潮位涨落考虑其最危险的水力组合。一般潮位水面变化过程为正弦曲线。

二、规则波与不规则波及其水力要素

从波浪外形分类，常区分为规则波与不规则波。规则波的波面为一光滑曲线，当水深一定时，波形周期性重复，波浪要素（波高、波长、波周期或波速）不变。不规则波的波形极不规则，波面紊乱，波浪要素不断发生变化，也称随机波。

波浪要素，对于规则波来说，波高 H 是波峰与波谷之间的垂直距离；波长 L 是相邻两波峰或两波谷之间的水平距离；波周期 T 是波峰沿波浪传播方向移动一个波长距离时所经历的时间，或相邻两波峰经过同一固定观测点所经历的时间；波速 $c=\dfrac{L}{T}$，是波面形态在表观上的移动速度，是波浪的波峰线沿着与它垂直的波向线前进的传播速度。

对于不规则波来说，波高是相邻两上跨（或下跨）零点之间波峰与波谷间的垂直距离；波长是在固定时刻 t，沿波浪传播方向测取的波面曲线，量测各相邻波峰（或波谷）或相邻上跨（或下跨）零点间水平距离的平均值定为平均波长；波周期是定点记录曲线上各相邻两波峰（或波谷）或相邻两上跨（或下跨）零点之间的时间间隔，其平均值定义为平均波周期。

波浪要素之间的关系，对于规则波来说，可根据不同的波浪理论推得关系式，例如根据最常用的沿 x 方向传播的正弦波理论，可求得前进波形水面任意点，在时间 t 和水平距离 x 处高出静水位的高度 z 为：

$$z=\frac{H}{2}\sin\frac{2\pi}{L}(x-ct)=\frac{H}{2}\sin 2\pi\left(\frac{x}{L}-\frac{t}{T}\right) \tag{4-1}$$

波长、周期、波速、水深之间的双曲函数关系为:

$$L=\frac{gT^2}{2\pi}th\frac{2\pi h}{L} \tag{4-2}$$

$$c=\frac{L}{T}=\frac{gT}{2\pi}th\frac{2\pi h}{L} \tag{4-3}$$

式中: L 为波长; T 为波周期; c 为波速; h 为水深; g 为重力加速度。

因为 h/L>1/2 时，双曲正切函数 $th\frac{2\pi h}{L}\approx 1$，则上面两个公式（4–2）和（4–3）可以简化为:

$$L_0=\frac{gT^2}{2\pi} \tag{4-4}$$

$$c_0=\frac{gT}{2\pi} \tag{4-5}$$

式中: L_0 及 C_0 表示深水的波长及速度。由此定义深水波为水深大于一半波长的水域内的波浪，即 h/L>1/2 时为深水波；并把 h/L<1/25 定义为浅水波，此时 $th\frac{2\pi h}{L}\approx\frac{2\pi h}{L}$，$c\approx\sqrt{gh}$；在此深浅水域之间称为过渡区。对不规则波的波周期，一般用其平均波周期 $\bar{T}$，式（4–1）到式（4–5）中的 T 可改换为 $\bar{T}$。

天然波浪，多是不规则随机波，例如风浪，其水力要素就需从固定点测得的波形随时间的变化进行统计分析以求得其波谱（Spectrum），而且取变化的频率 f 作为波谱函数的独立变量。参数 f 比时间更为重要。频率是波周期的倒数，f=1/T，从图 4–2 所示的一段时间域记录变换为频率域，只是将数据以另一种次序重新排列一次。然后通过某种数学手段进行依赖于频率表达的谱分析，可得到代表性的波浪要素。

据统计分析，波浪水面高程变化出现的频率服从正规的高斯（Gauss）分布。而更常用的波高出现频率服从瑞利（Rayleigh）分布，相对波高的概率密度函数表达式为:

$$p\left(\frac{H}{\overline{H}}\right)=\frac{\pi}{2}\frac{H}{\overline{H}}\exp\left[-\frac{\pi}{4}\left(\frac{H}{\overline{H}}\right)^2\right] \tag{4-6}$$

式中: H 为波高；$\overline{H}$ 为平均波高，即波系中所有波高的平均值。

由式（4–6）可得到常用代表性波高之间的关系为：

$$\left.\begin{aligned}\frac{\overline{H}}{H_{1/3}}=0.626\\ \frac{H_{1/10}}{\overline{H}_{1/3}}=1.271\\ \frac{\overline{H}}{H_{1/10}}=0.4878\end{aligned}\right\}\tag{4–7}$$

式中：$H_{1/3}$、$H_{1/10}$ 表示在一定时段中，天然波系内 1/3、1/10 最大波的平均波高。

最大波高 H_{max} 与统计的波的数目 N 有关，可近似表示为：

$$\frac{H_{max}}{H_{1/3}}=0.706\sqrt{\ln N}\tag{4–8}$$

关于不规则波的波谱分析和概率统计中的波高、波周期、频率、水面高程变化等的常用符号定义如下：

H_s——有效波高（significant wave height），即在一定时段中，天然波系内 1/3 最大波的平均波高，其值等于 $H_{1/3}$；

$H_{1/3}$，$H_{1/10}$——1/3、1/10 最大波的平均波高，其中 $H_{1/3}$ 更为常用；

H_p——超值概率为 p 的波高，例如 $H_{1\%}$ 即表示超过或大于这一波高值的出现概率为 1%。

T_s——有效波周期，即在一定时段中，天然波系内 1/3 个最大波的平均周期，其值等于 $T_{1/3}$；

$\overline{T}$——平均波周期，即天然不规则波系记录时间除以上跨（或下跨）零点数目的平均值；

$\overline{H}$——平均波高，即波系中所有波高的平均值；

H_{rms}——均方根波高，即所有波高平方和的平均值再开方。

这些波高、波周期的关系如下，可供换算：

$$\left.\begin{aligned}&H_s=H_{1/3},\ H_{1/3}=1.60\overline{H}\quad H_{1/10}=2.03\overline{H}\\ &H_{1/3}=1.416H_{rms},\ H_{1/10}=1.80H_{rms}\quad \overline{H}=H_{rms}\\ &\overline{T}=0.822T_{1/3},\ T_{1/10}=1.023T_{1/3}\quad T_s=T_{1/3}\end{aligned}\right\}\tag{4–9}$$

各超值概率波高 Hp 与平均波高 $\overline{H}$ 的比值，依赖于水深 h 的换算关系。

三、基本波浪理论简介

(一) 线性波理论

线性波理论亦称微幅波理论、正弦波理论或 Airy 波浪理论，是最常用的和最基本的振动波理论。这一理论，虽以振幅无限小的波动为研究对象，但能解决波陡较小时深水区及过波区的大多数工程实际问题。经验表明，即使水深较浅，波高较大，应用线性波理论亦往往能获得具有一定精度的解答。对于不规则波而言，线性波理论亦是一种基础理论。

线性波理论的基本假设是流体系均质的、不可压缩的和无黏性的；自由面压力为常值；水底为水平的、固定的和不透水的；波幅和波陡均极小；流体在重力作用下作无涡的或无旋的运动。

(二) 有限振幅波理论

线性波理论虽系振动波的基本理论，亦能解决许多实际问题，但不能说明某些现象。例如质量输送和波浪中心线高出于静水位以上等。此外，当波陡较大时，线性波理论解的精度常显不足，此时需考虑到波幅有一定尺度而作无限小所产生的影响。此种理论，称为有限振幅波理论或非线性波理论。

有限振幅波理论有多种。例如 Gerstner 的摆线波理论，亦常被引用。但摆线波系有涡的，不符合波浪的形成条件。此外，摆线波理论仍不能解释质量输送现象，故一般多采用 Stokes 的有限振幅波理论。该理论既系无涡的，符合波浪的形成条件，又存在质量输送，与实验结果相吻合。

Stokos 的有限振幅波理论所描述的波动，水质点基本上做振动运动，但质点的轨迹并非封闭曲线，而系沿波浪传播方向逐渐前进的，近乎封闭而略有开口的曲线。

视所取非线性项的多寡不同，有限振幅波理论有二阶、三阶、高阶之别。此处仅以介绍 Stokes 二阶有限振幅推进波理论为限，并采用 Miche 的推分结果。此理论一般适用于深水区及过波区波陡较大的场合。Keulegan 与 De 认为当相对水深 $d/L>$ (1/10~1/8) 时 (d 为水深，L 为波长)，Stokes 有限振幅波理论比较适用。

（三）椭圆余弦波及孤立波理论

如前所述，Stokes 有限振幅波理论适用于相对水深 d/L>（1/10~1/8）的场合。当相对水深进一步减小时，应用一种所谓椭圆余弦波理论更为合适。Lajtone 认为，椭圆余弦波的适用条件为 d/L<1/8，Ursell 参数（L^2H）/d^8>26（H 为波高，L 为波长，d 为水深）。Dean 与 Le Mehaute 亦认为椭圆余弦波适用于浅水和陡度较小的波浪，Stokes 高阶波浪理论则适用于深水陡波。

椭圆余弦波系一种不变形的周期性振动波，其波形用椭圆余弦两数表示。孤立波为椭圆余弦波的一种极限形式，是一种移动波，其波形整个位于静水位以上，波长无限，海啸所产生的波浪近似于孤立波。振动波传播至浅水后，其性质常可用孤立波来近似地描述。

第二节　波浪计算的方法

一、风壅水面高度计算

在有限风区的情况下，可按下式计算：

$$e=\frac{KV^2F}{2gd}\cos\beta \tag{4-10}$$

式中：e——计算点的风壅水面高度，m；

K——综合摩阻系数，可取 K=3.6×10^{-6}；

V——设计风速，可按计算波浪的风速确定，m/s;

F——由计算点逆风向量到对岸的距离，m；

d——水域的平均水深，m；

β——风向与垂直于堤轴线的法线的夹角，°。

二、波浪扬压力计算

当波浪沿着用连续的不透水盖面护砌的堤坡滚动时，在波谷处于静水位以下的位置时，由于作用在护面板上、下面的水压力存在一差值，因此在护面板的背面将产生一个浪的扬压力。若护面板的接缝为明缝，则在风波沿堤坡坡面作爬升运动的同时，护面板底面的反滤层和坝体土料也为水饱和而形成一动水，因此护面板的背面在静水面以上将产生一动水面，动水面的高度决定于风波的爬升高度，可按下式计算：

$$\Delta h = h_B - \frac{2.6}{m}h \tag{4-11}$$

式中：Δh——静水面以上动水面的高度；

h_B——波浪沿堤坡的爬升高度；

m——波浪爬升段的堤坡坡率。

波浪的扬压力图决定于护面板接缝的透水性，可以分成下列3种基本情况：①护面板接缝为明缝的情况；②护面板接缝为暗缝的情况；③在风波作用区以上的边坡护面板为明缝，作用区以下的边坡护面板为暗缝。

在第一种情况下，扬压力图系由2个三角形所组成，一个三角形位于静水位以上，另一个三角形位于静水位以下。在位于上部的扬压力三角形中，最大压力值位于5点处，其值为

$$P_{1-1} = 0.277\gamma_{\omega}\Delta h \tag{4-12}$$

式中：γ_{ω}——水的容重，kN/m^3；

P_{1-1}——波浪的压力强度，kPa；

位于下部的扬压力三角形中，相应于点2处的最大扬压力值为

$$P_{1-2} = 0.4P_{1-1} \tag{4-13}$$

扬压力图形中压力三角形的几个角点的位置，以静水面为标准，决定于波高h和动水面的高度Δh，如图4-1（a）所示，其中波浪的陡峭度ε_n值按下式计算：

$$\varepsilon_n = 0.1\frac{L}{h} \tag{4-14}$$

在第二种情况下，扬压力图形成为一个三角形，如图4-1（b）所示，它的上部角点（点4）位于静水位上。此时最大扬压力值P_1（位于点2处）按下式计算：

$$P_1 = 0.085\gamma_{\omega}h\sqrt{\frac{m}{m^2+1}\left(1+\frac{L}{h}\right)} \tag{4-15}$$

此时 ε_n 值为

$$\varepsilon_n = 0.15\frac{L}{h} \tag{4-16}$$

在第三种情况下，总的扬压力图包括两个压力三角形，如图 4-1（c）所示，其中上面的一个压力三角形与第一种情况下压力图中上面的一个压力三角形完全一致；而下面的一个压力三角形与第二种情况下的压力图形完全一致。最大压力值也与这两个图形的相应值一致。

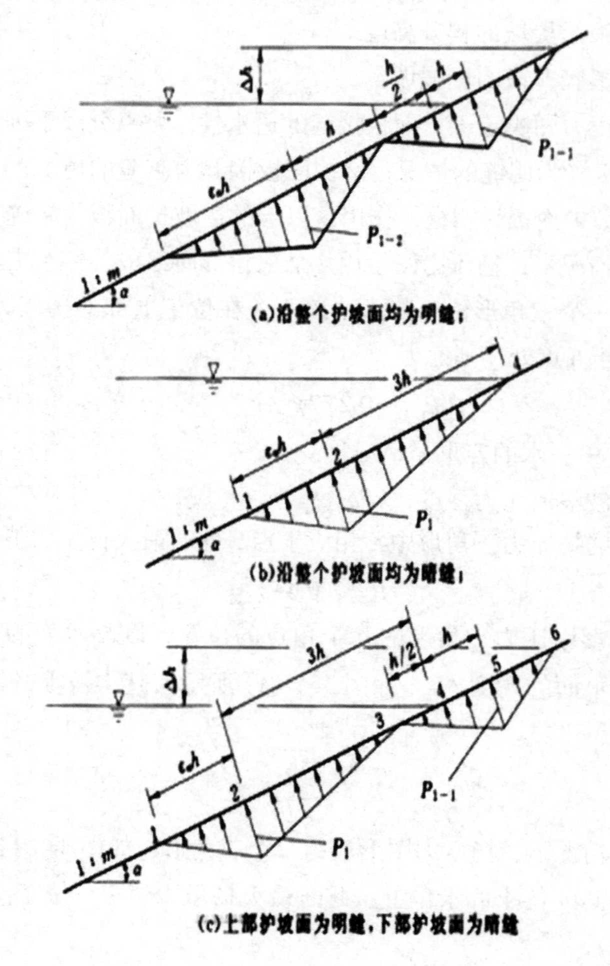

图 4-1　波浪的扬压力

波浪的扬压力图可用来分析护面板的稳定性和强度。

三、波浪爬高计算

在风的直接作用下，正向来波在单一斜坡上的波浪爬高可按如下方法确定。

1. 当 m=1.5~0.5 时，可按下式计算。

$$R_p = \frac{K_\Delta K_V K_p}{\sqrt{1+m^2}}\sqrt{\bar{H}L} \tag{4-17}$$

式中：R_p——累积频率为 P 的波浪爬高，m;

K_Δ——斜坡的糙率及渗透性系数，根据护面类型按表 4–1 确定；

K_V——经验系数，可根据风速 V（m/s），堤前水深 d（m），重力加速度 g（m/s^2）组成的无维量 $V/\sqrt{gd}$，可按表 4–2 确定；

K_p——爬高累积频率换算系数，可按表 4–3 确定；对不允许越浪的堤防，爬高累积频率宜取 2%，对允许越浪的堤防，爬高累积频率宜取 13%；

m——斜坡频率，m=cot α，α 为斜坡坡角；

$\bar{H}$——堤前波浪的平均波高，m;

L——堤前波浪的波长，m。

表 4–1　斜坡的糙率及渗透系数 K_Δ

护面类型	K_Δ	护面类型	K_Δ
光滑不透水护面（沥青混凝土）	1	抛填两层块石（透水基础）	0.5~0.55
混凝土及混凝土板护面	0.9	四角空心方块（安放一层）	0.55
草皮护面	0.85~0.9	四角锥体（安放二层）	0.4
砌石护面	0.75~0.8	扭工字块体（安放二层）	0.38
抛填两层块石（不透水基础）	0.6~0.65		

表 4–2　经验系数 K_V

$V/\sqrt{gd}$	≤1	1.5	2	2.5	3	3.5	4	≥5
K_V	1	1.02	1.08	1.16	1.22	1.25	1.28	0.3

表 4–3　爬高累积换算系数 K_p

H/d	p	0.1	1	2	3	4	5	10	13	20	50
<0.1	R_p/R	2.66	2.23	2.07	1.97	1.9	1.84	1.64	1.54	1.39	0.96
0.1~0.3		2.44	2.08	1.94	1.86	1.8	1.75	1.57	1.48	1.36	0.97
>0.3		2.13	1.86	1.76	1.7	1.65	1.48	1.48	1.4	1.31	0.99

注: R 为平均爬高。

2. 当 $m \le 1.25$ 时，可按下式计算。

$$R_p = K_\Delta K_V K_p R_0 \overline{H} \tag{4–18}$$

上式中: R_0——无风情况下，光滑不透水护面（K_Δ=1）、$\overline{H}=1$ m 时的爬高值，m，可按表 4–4 确定。

表 4–4　R_0 值

m=tan α	0	0.5	1	1.25
R_0	1.24	1.45	2.2	2.5

3. 当 1.25<m<1.5 时，可由 m=1.5 和 m=1.25 的计算值按内插法计算。

由上述设计理论可以计算出波浪的爬高，由此基础上可以计算出堤顶高程，确定堤防的剖面。对于堤防而言，风壅水高度和波浪爬高都要累加起来。对于堤顶高程的最终确定还要结合防洪标准进行设计选取安全超高进行累加计算才能得出。

第三节　堤坝防洪标准与堤岸防护工程

一、堤坝防洪标准

(一) 堤防工程的防洪标准及级别

堤防工程保护对象的防洪标准应按现行国家标准《防洪标准》GB 50201的有关规定执行。堤防工程的防洪标准应根据保护区内保护对象的防洪标准和经审批的流域防洪规划、区域防洪规划综合研究确定，并应符合下列规定：

(1) 保护区仅依靠堤防工程达到其防洪标准时，堤防工程的防洪标准应根据保护区内防洪标准较高的保护对象的防洪标准确定。

(2) 保护区依靠包括堤防工程在内的多项防洪工程组成的防洪体系达到其防洪标准时，堤防工程的防洪标准应按经审批的流域防洪规划、区域防洪规划中堤防工程所承担的防洪任务确定。

(3) 蓄、滞洪区堤防工程的防洪标准应根据经审批的流域防洪规划、区域防洪规划的要求确定。

根据保护对象的重要程度和失事后遭受洪灾损失的影响程度，可适当降低或提高堤防工程的防洪标准。当采用低于或高于规定的防洪标准时，应进行论证并报水行政主管部门批准。

堤防工程的级别应根据确定的保护对象的防洪标准，按表4–5的规定确定。

表4–5　堤防工程的级别

防洪标准 [重现期(年)]	≥100	<100 且 ≥50	<50 且 ≥30	<30 且 ≥20	<20 且 ≥10
堤防工程的级别	1	2	3	4	5

遭受洪 (潮) 灾或失事后损失巨大、影响十分严重的堤防工程，其级别可适当提高；遭受洪 (潮) 灾或失事后损失及影响较小或使用期限较短的临

时堤防工程，其级别可适当降低。提高或降低堤防工程级别时，1 级、2 级堤防工程应报国务院水行政主管部门批准，3 级及以下堤防工程应报流域机构或省级水行政主管部门批准。

堤防工程上的闸、涵、泵站等建筑物及其他构筑物的设计防洪标准，不应低于堤防工程的防洪标准。

(二) 安全加高值及稳定安全系数

堤防工程的安全加高值应按表 4–6 的规定确定。1 级堤防工程重要堤段的安全加高值，经过论证可适当加大，但不得大于 1.5m。山区河流洪水历时较短时，可适当降低安全加高值。

表 4–6　堤防工程的安全加高值

堤防工程的级别		1	2	3	4	5
安全加高值(m)	不允许越浪的堤防	1.0	0.8	0.7	0.6	0.5
	允许越浪的堤防	0.5	0.4	0.4	0.3	0.3

防止渗透变形的允许水力比降应以土的临界比降除以安全系数确定，无黏性土的安全系数应为 1.5 ~ 2.0，黏性土的安全系数不应小于 2.0。无试验资料时，对于渗流出口无滤层的情况，无黏性土的允许水力比降可按表 4–7 选用，有滤层的情况可适当提高，特别重要的堤段，其允许水力比降应根据试验的临界比降确定。

表 4–7　无黏性土渗流出口的允许水力比降

渗透变形形式	流土型			过渡型	管涌型	
	$C_u \le 3$	$3 < C_u \le 5$	$C_u > 5$		级配连续	级配不连续
允许水力比降	0.25~0.35	0.35~0.50	0.50~0.80	0.25~0.40	0.15~0.25	0.10~0.20

注: Cu 为土的不均匀系数。

土堤边坡抗滑稳定采用瑞典圆弧法或简化毕肖普法计算时，安全系数不应小于表 4–8 的规定。

表 4–8　土堤边坡抗滑稳定安全系数

堤防工程级别			1	2	3	4	5
安全系数1.20	瑞典圆弧法	正常运用条件	1.30	1.25	1.20	1.15	1.10
		非常运用条件Ⅰ	1.20	1.15	1.10	1.05	1.05
		非常运用条件Ⅱ	1.10	1.05	1.05	1.00	1.00
	简化毕肖普法	正常运用条件	1.50	1.35	1.30	1.25	1.20
		非常运用条件Ⅰ	1.30	1.25	1.20	1.15	1.10
		非常运用条件Ⅱ	1.20	1.15	1.15	1.10	1.05

软弱地基上土堤的抗滑稳定安全系数，当难以达到规定数值时，经过论证，并报行业主管部门批准后，可适当降低。

防洪墙沿基底面的抗滑稳定安全系数不应小于表 4–9 的规定。岩基上防洪墙采用抗剪断公式计算抗滑稳定时，防洪墙沿基底面的抗滑稳定安全系数正常运用条件不应小于 3.00，非常运用条件Ⅰ不应小于 2.50，非常运用条件Ⅱ不应小于 2.30。

表 4–9　防洪墙沿基底面的抗滑稳定安全系数

地基性质		岩基				土基			
堤防工程级别		1	2	3	4、5	1	2	3	4、5
安全系数	正常运用条件	1.15	1.10	1.08	1.05	1.35	1.30	1.25	1.20
	非常运用条件Ⅰ	1.05	1.05	1.03	1.00	1.20	1.15	1.10	1.05
	非常运用条件Ⅱ	1.03	1.03	1.00	1.00	1.10	1.05	1.05	1.00

土基上防洪墙基底应力的最大值与最小值之比，不应大于表 4–10 规定的允许值。

表 4-10　土基上防洪墙基底应力的最大值与最小值之比的允许值

地基土质	荷载组合	
	基本组合	特殊组合
松软	1.50	2.00
中等坚实	2.00	2.50
坚实	2.50	3.00

岩基上防洪墙抗倾覆稳定安全系数不应小于表 4-11 的规定。

表 4-11　岩基上防洪墙抗倾覆稳定安全系数

堤防工程级别		1	2	3	4	5
安全系数	正常运用条件	1.60	1.55	1.50	1.45	1.40
	非常运用条件Ⅰ	1.50	1.45	1.40	1.35	1.30
	非常运用条件Ⅱ	1.40	1.35	1.30	1.25	1.20

二、堤岸防护工程

(一) 堤岸工程的一般规定

(1) 堤岸受风浪、水流、潮汐作用可能发生冲刷破坏的堤段，应采取防护措施。堤岸防护工程的设计应统筹兼顾，合理布局，并宜采用工程措施与生物措施相结合的防护方法。

(2) 根据风浪、水流、潮汐、船行波作用、地质、地形情况、施工条件、运用要求等因素，堤岸防护工程可选用下列型式。

①坡式护岸。

②坝式护岸。

③墙式护岸。

④其他防护型式。

(3) 堤岸防护工程的结构、材料应符合下列要求。

①坚固耐久，抗冲刷、抗磨损性能强。

②适应河床变形能力强。

③便于施工、修复、加固。④就地取材，经济合理。

(4) 堤岸防护长度，应根据风浪、水流、潮汐及堤岸崩塌趋势等分析确定。

(5) 提岸顶部的防护范围，应符合下列规定。

①险工段的坝式护岸顶部应超过设计洪水位 0.5 m 以上。

②堤前有窄滩的防护工程顶部应与滩面相平或略高于滩面。

(6) 堤岸防护工程的护脚延伸范围应符合下列规定。

①在深巡退岸段应延伸至深越线，并应满足河床最大冲刷深度的要求。

②在水流平顺段可护至坡度为 1：3～1：4 的级坡河床处。

③堤岸防护工程的护脚工程顶部平台应高于枯水位 0.5~1.0m。

(7) 堤岸防护工程与堤身防护工程的连接应良好。

(8) 防冲及稳定加固储备的石方量，应根据河床可能冲刷的深度、岸床土质情况、防汛抢险需要及已建工程经验确定。

(二) 坡式护岸

坡式护岸可分为上部护坡和下部护脚。上部护坡的结构形式应根据河岸地质条件和地下水活动情况，采用干砌石、浆砌石、混凝土预制块、现浇混凝土板、模袋混凝土等，经技术经济比较选定。下部护脚部分的结构形式应根据岸坡地形地质情况、水流条件和材料来源，采用抛石、石笼、柴枕、柴排、土工织物枕、软体排、模袋混凝土排、铰链混凝土排、钢筋混凝土块体、混合形式等，经技术经济比较选定。

护坡工程可根据岸坡的地形、地质条件、岸坡稳定及管理要求设置枯水平台，枯水平台顶部高程应高于设计枯水位 0.5～1.0 m，宽度可为 1～2 m。当枯水平台以上坡身高度大于 6 m 时，宜设置宽度不小于 1m 的戗台。

砌石护坡石层的厚度宜为 0.25~0.30 m，混凝土预制块或模袋混凝土的厚度宜为 0.10～0.12 m。砂砾石垫层厚度宜为 0.10～0.15 m，粒径可为 2～30 mm。当滩面有排水要求时，坡面应设置排水沟。

抛石护脚应符合下列要求：

(1) 抛石粒径应根据水深、流速情况，根据已建工程分析确定。

(2) 抛石厚度不宜小于抛石粒径的2倍，水深流急处宜增大。

(3) 抛石护脚的坡度宜缓于1：1.5。

柴枕护脚应符合下列要求：

(1) 柴枕护脚的顶端应位于多年平均最低水位处，其上应加抛接坡石，厚度宜为0.8～1.0 m；柴枕外脚应加抛压脚块石或石笼等。

(2) 柴枕的规格应根据防护要求和施工条件确定，枕长可为10～15 m，枕径可为0.5～1.0 m，柴、石体积比宜为7：3；柴枕可为单层抛护，也可根据需要抛两层或三层；单层抛护的柴枕，其上压石厚度宜为0.5～0.8 m。

柴排护脚应符合下列要求：

(1) 采用柴排护脚的岸坡不应陡于1：2.5，排体顶端应位于多年平均最低水位处，其上应加抛接坡石，厚度宜为0.8～1.0 m。

(2) 柴排垂直流向的排体长度应满足在河床发生最大冲刷时，排体下沉后仍能保持缓于1：2.5的坡度。

(3) 相邻排体之间的搭接应以上游排覆盖下游排，其搭接长度不宜小于1.5m。

土工织物枕及土工织物软体排护脚可根据水深、流速、河岸及附近河床土质情况，采用单个土工织物枕抛护，可3～5个土工织物枕抛护，也可土工织物枕与土工织物垫层构成软体排形式防护，并应符合下列要求：

(1) 土工织物材料应具有抗拉、抗磨、耐酸碱、抗老化等性能，孔径应满足反滤要求。

(2) 当护岸土体自然坡度陡于1：2且坡面不平顺有大的坑洼起伏及块石等尖锐物时，不宜采用土工织物枕及土工织物软体排。

(3) 土工织物枕、土工织物排的顶端应位于多年平均最低水位以下，其上应加抛接坡石，厚度宜为0.8～1.0 m。

(4) 土工织物软体排垂直流向的排体长度应满足在河床发生最大冲刷时，排体随河床变形后坡度不应陡于1：2.5。

(5) 土工织物软体排垫层顺水流方向的搭接长度不宜小于1.5 m，并应采用顺水流方向上游垫布压下游垫布的搭接方式。

(6) 排体护脚处及其上、下端宜加抛块石。

铰链混凝土排护脚应符合下列要求：

(1) 排的顶端应位于多年平均最低水位处，其上应加抛接坡石，厚度宜为0.8 ~ 1.0 m。

(2) 混凝土板厚度应根据水深、流速经防冲稳定计算确定。

(3) 顺水流向沉排宽度应根据沉排规模、施工技术要求确定。

(4) 排体之间的搭接应以上游排覆盖下游排，搭接长度不宜小于1.5 m。

(5) 排的顶端可用钢链系在固定的系排梁或桩墩上，排体坡脚处及其上、下端宜加抛块石。

(三) 坝式护岸

(1) 坝式护岸布置可选用丁坝、顺坝及丁坝、顺坝相结合的“Γ”形坝等型式。坝式护岸按结构材料、坝高及与水流、潮流流向关系，可选用透水、不透水，淹没、非淹没，上挑、正挑、下挑等型式。

(2) 坝式护岸工程应按治理要求依堤岸修建。丁坝坝头的位置应在规划的治导线上，并宜成组布置。顺坝应沿治导线布置。

(3) 丁坝的平面布置应根据整治规划、水流流势、河岸冲刷情况和已建同类工程的经验确定，必要时，应通过河工模型试验验证。

丁坝的平面布置应符合下列要求。

①丁坝的长度应根据堤岸、滩岸与治导线距离确定。

②丁坝的间距可为坝长的1~3倍，处于治导线凹岸以外位置的丁坝及海堤的促淤丁坝的间距可增大。

③非淹没丁坝宜采用下挑型式布置，坝轴线与水流流向的夹角可采用30°～60°。强潮海岸的丁坝，其坝轴线宜垂直于强潮流方向。

(4) 不透水丁坝，可采用抛石丁坝、土心丁坝、沉排丁坝等结构型式。丁坝坝顶的宽度、坝的上下游坡度、结构尺寸应根据水流条件、运用要求、稳定需要、已建同类工程的经验分析确定，并应符合下列要求。

①抛石丁坝坝顶的宽度宜采用1.0~3.0 m，坝的上下游坡度不宜陡于1∶1.5。

②土心丁坝坝顶的宽度宜采用5~10 m，坝的上下游护砌坡度宜缓于

1∶1。护砌厚度可采用0.5~1.0 m。

③沉排叠砌的沉排丁坝的顶宽宜采用2.0~4.0 m，坝的上下游坡度宜采用1∶1~1∶1.5。护底层的沉排宽度应加宽，其宽度应能满足河床最大冲刷深度的要求。

（5）土心丁坝在土与护坡之间应设置垫层。报据反滤要求，可采用砂石垫层或土工织物垫层，沙石垫层厚度宜大于0.1 m。土工织物垫层的上面宜铺薄层砂卵石保护。

（6）在中细砂组成的河床或在水深流急处修建不透水坝式护岸工程宜采用沉排护底，坝头部分应加大护底范围，铺设的沉排宽度应满足河床产生最大冲刷的情况下坝体不受破坏。

（7）对不透水淹没丁坝的坝顶面，宜做成坝根斜向河心的纵坡，其坡度可为1%~3%。

（8）顺坝以及丁坝与顺坝相结合的“Γ”形坝的技术要求，可按前述规定执行。

（四）墙式护岸

对河道狭窄、堤防临水侧无滩易受水流冲刷、保护对象重要、受地形条件或已建建筑物限制的河岸，宜采用墙式护岸。

墙式护岸的结构形式可采用直立式、陡坡式、折线式等。墙体结构材料可采用钢筋混凝土、混凝土、浆砌石、石笼等，断面尺寸及墙基嵌入河岸坡脚的深度，应根据具体情况及河岸整体稳定计算分析确定。在水流冲刷严重的河岸应采取护基措施。

墙式护岸在墙后与岸坡之间宜回填砂砾石。墙体应设置排水孔，排水孔处应设置反滤层。在水流冲刷严重的河岸，墙后回填体的顶面应采取防冲措施。

墙式护岸沿长度方向应设置变形缝，钢筋混凝土结构护岸分缝间距可为15 ~ 20 m，混凝土、浆砌石结构护岸分缝间距可为10 ~ 15 m。在地基条件改变处应增设变形缝，墙基压缩变形量较大时应适当减小分缝间距。

墙式护岸墙基可采用地下连续墙、沉井或桩基，结构材料可采用钢筋混凝土或混凝土，其断面结构尺寸应根据结构应力分析计算确定。

(五) 其他护岸形式

护岸形式可采用桩式护岸维护陡岸的稳定、保护坡脚不受强烈水流的淘刷、促淤保堤。

桩式护岸的材料可采用木桩、钢桩、预制钢筋混凝土桩、大孔径钢筋混凝土桩等。桩式护岸应符合下列要求:

(1) 桩的长度、直径、入土深度、桩距、材料、结构等应根据水深、流速、泥沙、地质等情况，通过计算或已建工程运用经验分析确定；桩的布置可采用 1 排桩 ~ 3 排桩，排距可采用 2.0 ~ 4.0m。

(2) 桩可选用透水式和不透水式；透水式桩间应以横梁连系并挂尼龙网、铅丝网、竹柳编篱等构成屏蔽式桩坝；桩间及桩与坡脚之间可抛块石、混凝土预制块等护桩护底防冲。

具有卵石、砂卵石河床的中、小型河流在水浅流缓处，可采用杩槎坝。杩槎坝可采用木、竹、钢、钢筋混凝土杆件做杩槎支架，可选择块石或土、砂、石等作为填筑料，构成透水或不透水的杩槎坝。

有条件的河岸应采取植树、植草等生物防护措施，可设置防浪林台、防浪林带、草皮护坡等。防浪林台及防浪林带的宽度、树种、树的行距、株距，应根据水势、水位、流速、风浪情况确定，并应满足消浪、促淤、固土保岸等要求。

用于河岸防护的树、草品种，应根据当地的气候、水文、地形、土壤等条件及生态环境要求选择。

在发生强烈崩岸形成大尺度崩窝影响堤防和有关设施安全的情况下，对崩窝的整治可采用促淤保滩或锁口回填还坡还滩的工程措施。

崩窝的促淤保滩工程可由上、下游裹头、锁口坝、窝内护坡以及必要的沉树等组成。上、下游裹头可采用抛石；锁口坝可根据水流情况采用沉梢坝、堆石坝或袋装土坝；窝内护坡工程应根据岸坡土质和险情选择适当的形式。

崩窝的锁口回填还坡还滩工程由上、下游裹头、锁口坝、岸坡填筑和护脚、护坡组成。锁口坝坝心枯水位以下可用袋装中砂或中细砂填筑，枯水位以上可用黏性土填筑并压实；锁口坝护坡枯水位以下可采用抛石，枯水位以上可采用预制混凝土板等，并应做导渗设施；当边坡陡于 1∶2 时，应进行稳定计算。

第四节　堤防设计的原则与方法

堤防工程的规划与设计主要包括堤线选择、堤顶高程和堤距的确定、堤身断面设计等内容。对于重要堤防，还须进行渗流计算与渗控措施设计、堤坡检定分析和抗震设计等。这些工作不仅限于新修堤防，也适于对旧有堤防的修复与改造。

一、堤防设计的原则

堤防规划中应遵循的一般原则如下：

（1）堤防规划应纳入流域水资源综合开发利用规划中，防洪与国土整治和利用相结合，力求在其他防洪措施（例如水库、分洪、蓄滞洪等工程）的协同配合之下，达到最有效、最经济地控制洪水的目的。

（2）堤防的上下游、左右岸、各部门都必须统筹兼顾，根据不同河流、不同河段和防护区在国民经济中的重要性，选定不同的防洪标准和不同的堤身断面。当所选定的防洪标准和堤身断面一时难以达到时，也可分期分段实现。

（3）保证主要江河的堤防不发生改道性决口。并确保对国民经济关系重大的主要堤防不决口。

（4）规划中应考虑到当受到特大洪水袭击时，对超标准洪水采取临时性分洪、蓄滞洪等处理措施。并对分、滞洪区内群众的安全、建设和生产、生活出路等均应妥善安排。

二、堤防设计的方法

（一）堤防的线路选择

堤防的线路选择应注意以下几点。

(1) 堤防应选择修建在层次单一、土质坚实的河岸上，尽量避开易液化的粉细砂地基和淤泥地带，以保证地基的稳定性。当河岸有可能产生冲刷时，应尽量选择在河岸稳定边线以外。

(2) 堤防的线路应尽量布置在河岸地形较高的地方，以减小堤防的高度，同时线路也应尽量顺直，以缩短堤防的长度，从而减小堤防的工程量，缩减堤防的投资。此外，还应考虑到能够就地取材，便于施工。

(3) 堤防的线路不应顶冲迎流，同时也不应使河道过水断面缩窄，影响河道的行洪。

(4) 堤防的线路应尽量少占农田和拆迁民房，并应考虑到汛期防洪抢险的交通要求和对外联系。

(5) 防护堤与所防护的城镇、工矿边沿之间应有足够宽阔的空地，以便于布置排水设施和方便堤防的施工与管理。

(6) 当堤防同时作为交通道路的路基时，在堤防转折处的弯曲半径应根据堤防高度及道路等级要求来确定。

(7) 堤防线路的选择最终应根据技术经济比较后确定。

(二) 堤顶高程和堤距的确定

当设计洪峰流量及洪水位确定之后，就可以据此设计堤距和堤顶高程。

堤距与堤顶高程是相互联系的。在同一设计流量下，如果堤距窄，则被保护的土地面积大，但堤顶高，筑堤土方量大，投资多，且河槽水流集中，可能发生强烈冲刷，汛期防守困难；如果堤距宽，则堤身矮，筑堤土方量少，投资少，汛期易于防守，但河道水流不集中，河槽有可能发生淤积，同时放弃耕地面积大，经济损失大。因此，堤距与堤顶高程的选择存在着经济、技术最佳组合问题。设计中应进行不同方案的比较。

1. 堤距

堤距与洪水位关系可用水力学中推算作均匀流水面线的方法确定。在堤防规划或初步设计阶段，也可按均匀流计算，其方法如下。

对某一计算断面，根据设计洪峰流量，先选定一个堤距，再假设一个洪水位，将主槽和两岸滩地概化成矩形，并假定滩槽水面比降相同，然后按下式计算。

$$\left.\begin{aligned} Q &= Q_1 + Q_2 + Q_3 \\ Q_1 &= \frac{1}{n_1} B_1 H_1^{5/3} J^{1/2} \\ Q_2 &= \frac{1}{n_2} B_2 H_2^{5/3} J^{1/2} \\ Q_3 &= \frac{1}{n_3} B_3 H_3^{5/3} J^{1/2} \end{aligned}\right\} \tag{4-19}$$

式中：Q——设计流量；

J——水面比降；

n. B、H——糙率、宽度和平均水深，脚标 1 为主槽，脚标 2、3 分别表示左边滩地和右边滩地。

计算时可根据河道的实际情况选定糙率 n_1、n_2、n_3 和水面比降，如果计算结果满足式（4–19）的要求，则原假设的水位即为所求。如不满足要求，则须另假设一洪水位重新计算，直至满足式（4–19）要求为止。

选取不同的堤距 B，按上述办法，便可求得相应的一组洪水位，从而可建立该断面设计洪峰流量下的堤距与洪水位的关系。

类似地，可以得到设计洪峰流量下的其他断面的堤距与洪水位的关系。最后，按照堤线选择原则，并从当地的实际情况出发，考虑上下游的要求，选定各计算断面的堤距，以此作为推算水面线的初步依据。

堤距与洪水位确定之后，还须对堤防临水坡及坡脚滩地的冲刷情况进行校核计算，当滩地流速小于堤防临水面的冲刷流速时，堤防不致遭受冲刷。堤坡的冲刷流速可按斜坡起动流速公式计算。

$$\left.\begin{aligned} u_2 &= \frac{Q_2}{B_2 H_2} \\ u_3 &= \frac{Q_3}{B_3 H_3} \end{aligned}\right\} \tag{4-20}$$

（三）堤顶高程

堤防的顶部应高于堤前水域（江、河、湖、海）的静水位，并能防止风浪溅越或溅上堤顶，所以堤防的顶部高程应等于静水位加上风所引起的水位壅高，波浪的爬高和安全加高，即

$$B = G + h_d + h_B + \delta \tag{4–21}$$

式中：B——堤防的顶部高程，m；

G——堤前水域的计算静水位，m，计算静水位系指水域（江、湖、河、海）的设计洪水位（即正常运用情况）或最高洪水位（即非常运用情况）；

h_d——风所引起的水位壅高，m，即由于风的作用而使堤前静水位较原来的计算静水位产生的壅高值；

h_B——风浪沿堤防坡面的爬高值，m；

δ——波浪面（指波浪爬高的顶面）以上的安全加高，m，根据堤防的等级及使用条件确定。

由于风的作用，堤防前面静水位产生的壅高值 h_d 可按下式计算：

$$h_d = \frac{Kv^2D}{2gH}\cos\beta \tag{4–22}$$

式中：h_d——风所引起的水位壅高，m；

K——综合摩阻系数，可采用 3.6×10^{-6}；

g——重力加速度，g=9.81m/s；

v——风速，m/s；

D——风区长度，m；

H——堤防迎水面前的水深，m；

β——风向与堤防轴线的法线的夹角。

风浪沿堤防上游坡面的爬高通常按下式计算：

$$h_B = 3.2K_s h\tan\alpha \tag{4–23}$$

式中：h_B——风浪沿边坡的爬高，m；

h——波浪的高度，m；

α——堤防的上游坡角；

K_s——边坡的粗糙系数，与堤防边坡的护面形式有关：对于块石护面，K_s 为 0.75 ~ 0.80；对于混凝土护面，K_s 为 0.90 ~ 0.95；对于光滑的不透水护面（如沥青混凝土护面），K_s 为 1.0。

波浪顶面以上的安全加高值 δ 可根据堤防的等级按表 4–12 采用。

表 4–12　堤顶的安全加高值 δ

<table>
<tr><th rowspan="3">堤防的类型</th><th colspan="5">堤防的等级</th></tr>
<tr><th>1</th><th>2</th><th>3</th><th>4</th><th>5</th></tr>
<tr><th colspan="5">安全加高(m)</th></tr>
<tr><td>土石堤防</td><td>1.5</td><td>0.5</td><td>0.7</td><td colspan="2">0.5</td></tr>
<tr><td>圬工堤防</td><td>0.7</td><td>1.0</td><td>0.4</td><td colspan="2">0.3</td></tr>
</table>

根据堤防顶部是否允许波浪溅越的要求，堤顶的安全加高也可按表 4–13 采用。

表 4–13　堤顶安全加高的最小值

堤防工程的级别		1	2	3	4	5
安全加高值(m)	不允许波浪溅越的堤防	1.0	0.8	0.7	0.6	0.5
	允许波浪溅越的堤防	0.5	0.4	0.4	0.3	0.3

对于水面比较开阔的水域，安全加高宜采用较大值，对于水面比较狭窄的水域，安全加高可采用较小值。

堤防工程的级别与防洪标准有关。

第五节　堤坝建设中的生态修复

一、河流的生态功能

由于河流水系本身及河流的自然资源和自然功能，创造了河流及其辐射区域的生态条件。河流流域的水资源、地形地貌、土壤植被、水文地理以及生物的多样性，均与河流的自然功能有密切的关系，形成了河流本身的生态系统，为人类和其他生物提供了食物及生存环境和发展环境。

（一）水循环和物质输送

由于水流的携带和溶解作用，河流具有物质搬运和输送功能，物质输送表现有四个方面：水、固体物质、生物物质和溶解物质的输送。水循环是形成地球气候和地球生态系统最重要的条件，物质输送的结果是改变河流及影响区域的地形地貌和自然景观，形成河流的水文地理和自然地理环境及向海洋进行物质输送。像河流侵蚀区地貌、河床、洲滩、洪泛区地貌、三角洲地貌、河口地貌及河流海洋辐射区地貌等，都与河流水循环和物质输送功能有关。

（二）提供水资源

河流具有巨大的水量资源，为流域及其影响区域的生态、工农业生产及人类生活提供用水，是保证生态发展、社会经济发展和人类生活的最主要的物质基础，水资源丰富的河流不仅担负着向域内供水的任务，其水资源的功能和作用还将通过径流拦蓄和跨流域调水，影响到其他更为广泛的区域。

（三）产生水流能量

河流的水流具有巨大的能量，河流水流的能量具有三种主要作用：一是为水体与固体边界之间的作用提供能量；二是为河流的物质输送提供能量；三是可以利用水流的能量来发电，以满足经济建设和人类生活的需要，在自然的条件下，水流能量主要是用来改造地貌和进行物质输送的，如山川、谷地、河流、湖泊、冲积平原三角洲地貌等，都是在水流能量的作用下形成的。对水流能量的开发利用，会损害水流能量的自然功能。

（四）行洪及滞蓄洪

河流是大陆水循环的主要通道，在径流输送的同时，河流的洪水灾害是最常见的自然现象。河流作为一个水体具有宣泄洪水、滞蓄洪水的功能。河道主要起行洪作用，而洲滩、沿江湖泊及洪泛区主要起滞蓄洪水作用，河流的河道和通江湖泊构成了洪水的调节系统。调节系统的作用是与河流洪水特征相适应的。对行洪、滞洪和蓄洪能力的任何改变，均会引起河流洪水特征的变化。

(五) 提供土地资源

长江干支流沿岸的洲滩、湿地、湖泊及洪泛区，具有很大的土地资源，土地资源的主要作用有三大类，其自然功能是行洪和滞蓄洪，造成生态系统和自然景观，为各种生物提供生存空间，为农业发展和城市及工业发展提供土地。

(六) 纳污、排污功能和自净

由于河流有水量作为载体，可以溶解携带和输送化学物质和固体物质，在不危害河流生态的情况下，河流具有一定的纳污能力和排污能力，同时由于水流的物理作用、化学作用及生物作用，河流本身具有很大的自净能力。由于工农业的发展和沿江都市化进程的加快，河流的纳污和排污功能越来越重要。

二、大坝对流域生态的影响

(一) 淹没耕地的影响

大坝修建，水位上抬，不可避免淹没大量耕地。尤其是我国的人均耕地资源是世界上最贫乏的国家之一，这样的损失对于整个流域社会经济的发展的影响是巨大的。尤其是为此需要解决的移民问题更牵涉到十分复杂的社会经济关系。淹没耕地，以水面换耕地是大坝兴建带来的不利影响。

(二) 大坝的淹没、阻隔、径流调节对流域生物多样性有负面影响

(1) 阻隔作用对生物多样性的影响。生物多样性是地球上生命经过几十亿年发展进化的结果，是人类赖以生存的最重要的物质基础。然而，随着世界人口的迅猛增加及经济活动的不断加剧，物种灭绝的速度不断加快，现在地球上物种灭绝速度达到自然灭绝速度的近1000倍，无法再出现的基因、物种正以人类历史上前所未有的速度消失。全球生物多样性的研究和保护正

成为当今世界关注的热点问题。而在河流上修建水坝将会改变河流和整个流域的生物多样性特征。

拦河大坝截住了所有的东西，只有那些精细的悬浮物质可以流到下游，给下游生物带来严重影响。比如下游河床变得粗糙，使许多水生动物失去了隐蔽场所；下游河水中的有机物、沉淀物大量减少，一些生物在某些发育阶段对这些物质非常敏感，它们的卵或幼虫的死亡率会增加。况且，河流与陆地水位线小小的差异都会导致土壤湿度的巨大变化，这将影响当地植物的分布和丰度。

大坝切断了河谷生命网络的联系，使生物多样性减少。例如哥伦比亚河流经的大盆地内建有130个大坝，坚固的水坝阻挡了溯河产卵的鲑鱼和鳟鱼，1960—1980年间鲑鱼业的损失就达65亿美元。印度西北部的河豚群现在被大坝和防洪堤分隔成数个孤立的群体，其中只有两个群体可能在基因上是相通的。

（2）生物栖息地及其环境改变。大坝对生物多样性的影响集中体现在其对生物栖息地及其环境的改变。河流造就了天然的变化万千的栖息地，包括不同大小和异质性的沉淀物、弯曲的河道、地形复杂的滩涂堤岸等。河流环境提供的季节性变化的栖息地类型，促进了物种也随着镶嵌型的栖息地的变化而进化。它们进化产生的生活型或生命周期要求它们只能分布在由河流系统提供的不同类型的栖息地环境中。事实上，对环境动态的长期适应，使水生和滩涂物种在这艰苦的环境中得以保存。从进化的观点看，自然栖息地随时间、空间变化的模式影响了这些特定环境下的相关物种的成功定居，并影响着物种的分布和丰度以及生态系统的功能。人类对自然水流模式的改变干扰了自然长期变化过程所建立的生态模式，因而改变了栖息地的自然动态过程，产生了不利于原产物种的新环境。

（3）消落带的生态系统的退化。在某些大型防洪工程建成以后，比如中国三峡工程，由于水位的自然涨落，将会在库区两岸形成两条平行的永久性消落带。消落带湿地是湖水水生生态系统与湖岸上陆地生态系统交替控制地带，该地带具有生物多样性、人类活动频繁性和生态的脆弱性。随着人类活动的影响，已成为湖岸带中生态最脆弱的地带，并严重制约着库区周围环境的演替和发展。

而高度规划的水流将会改变河流的生物群落，尤其是在河流上修筑大坝后，通过不连续和不稳定的方式控制自然水流的运动对流域生态产生很大破坏。三峡水库正是这样一个工程。因此，其水位消落区生态系统退化很大。由于消落带成为水位反复周期变化的干湿交替区，同时具有水、陆两栖的某些生态系统结构、功能和独特的环境景观特点，是界于水域和陆地之间的过渡性连接地带。因此可以将消落带看成人工湿地。消落带生态系统由其地貌形态、组成物质与土地、地下水、气候与植被等要素组成。它不仅通过库区水流的侵蚀与淤积、库水与地下水的相互补给等方式与库区常年水域系统进行着物质流和能量流的交替，还通过与库区岸坡系统进行着物质流和能量流的交换。所以，消落带是库区水域与周边环境系统之间的过渡地带，即库区生态系统中的重要生态过渡带。与陆地或海洋生态系统相比较，消落带是陆地生态系统和水域生态系统之间一个重要的生态交错带。是库区泥沙、有机物、化肥和农药进入水库的最后一道生态屏障，其独特的功能一般认为有：环境功能、生态功能等。环境功能包括消落带的截污和过滤功能、改善水质功能、控制沉积和浸蚀的功能；生态功能包括消落带的保持生物多样性功能，鱼类繁殖和鸟类栖息的场所，调蓄洪水的稳定相邻的两个生态系统等。而由于大型防洪工程的修建，消落带的环境和生态退化堪忧。主要体现在：水库蓄水后，水位抬高，流速减缓，污染物扩散输移能力减弱，沿江排污难以达到水质标准，污染物扩散距离加长，导致岸边的污染程度增加；同样由于上述原因，导致复氧能力减弱，降低对BOD污染负荷和接纳能力；水土流失加剧、泥沙淤积加重等。

(三) 对库区和流域地质及水质的影响

库区淤积会带来土壤盐碱化，水位发洪幅度抬高会增加滑坡面积与水库诱发地震，径流调节会造成下游新的险工河段和坍岸，边坡开挖对植被和景观带来破坏，泄洪冲刷及雾化对植被和景观的影响，一些高坝水库蓄水后，水温结构发生变化，可能对下游农作物产生冷侵害，水库蓄水后，库区水流缓慢，水体中污染物的输移扩散能力降低，会对水库水质产生负面影响，水库蓄水后因河流情势变化会对坝下与河口水体生态环境产生潜在影响。水质的变化对生物来说是致命的。通常从水库深处放出来的水，在夏天比河水更冷，在冬天比河水更温，而从水库顶部附近的出口放出来的水，一年到头都比河水更温暖。给天然的河水加温或冷却都会影响水中所含的被溶解的氧气及悬浮固体物的数量，季节温度的改变还会破坏水生生物的生命周期，在巴西、埃及、苏联浅而水流静止的水库里，藻类的大量繁殖已经导致了水库水不适合居民饮用和工业使用，同时污染了下游河流。

(四) 由于大坝修建洪水泛滥减少而带来的流域生态问题

当在河流修建了一系列大坝，平原不再洪水泛滥时，河岸及洪泛区上的植物和动物也要倒霉。如在密苏里河、肯尼亚的塔纳河和南非的蓬格拉河洪泛区，由于洪水减少使得那儿的土壤失去淤泥而变得贫清（过去每年土坡中的淤泥会增加约 1 mm 左右），森林失去再生能力，动植物的种类有所减少。赞比亚的喀辅埃河 6000 km^2 的洪泛平原曾是世界上野生动物最丰富的生物生活环境之一，当在上游修建了伊特兹水坝后，消除了这个平原主要部分的季节性洪水泛滥，除平原最低部分被戈吉水库覆盖着外，而剩余的地方是干的，湿地消失了，几乎没有了鸟，羚羊也相对少多了，没有一只斑马和角马。

三、生态恢复的手段

(一) 建立坡面水土保持林

坡面水土保持林是指梁顶或山脊以下，侵蚀沟以上的坡面上营造的林木。坡面是水土流失面最大的地方，也是水土流失比较活跃的地方。梁峁坡营造水土保持林、草多以带状或块状形式配置，水平梯田建设或坡度较缓的农田可采用镶嵌方式排列，具体位置根据斜坡断面形式和坡度差异来决定。梁峁坡水土保特林应沿等高线布设，与整地工程设比相结合，可采用单一乔木或灌木树种，以乔灌混交型为佳。主要造林树种有：油松、樟子松、侧柏、刺槐、臭椿、白榆等。

南方山地丘陵坡地营造水土保持林，一般均辅以相应的工程措施。对坡度 25° 以上的陡坡，可采用环山沟、水平沟等方式。沟内栽种阔叶树，沟埂外坡种植针叶乔木和灌木。对坡度 15° ~25° 的斜坡，可采用水平梯田、反坡梯田整地，沿等高线布设林带，其面积占集水区耕地面积的10%~20%。林带实行乔、灌、草混交和针阔混交。坡度在15° 以下时，可挖种植壕，发展经济林和果、茶，并套种绿肥。在石质山地或土层浅薄的坡面，可围筑鱼鳞坑或坑穴，营造灌木林，或与草带交替配置。有岩石裸露的地方可用葛藤等藤本植物覆盖地面。主要树种有：柏木、马尾松、湿地松、云南松、华山松、化香、黄荆、胡枝子、栀子等。

(二) 堤坝设计应回避要害

为达到防洪目标，虽然可以通过设立分洪区、扩宽河道等方法可以考虑，但往往是由于担心会遭到社会反对，或迁就一些城镇，就轻率地决定在上游建坝了事。虽然有时限于时间和经费不得不如此，但是总应当研究其他可代替的方案。例如，从满足下游防洪要求来说，有多条支流可以作为坝址选择时，就应当逐个地对每一条河建坝后对自然环境的影响进行评价。

对因大坝建设而直接丧失的自然环境进行比较也是重要的，但是作为评价的焦点，对于流域的自然环境在遭受破坏后能否再恢复的评价也是很重要的。在日本萁面川水库，在大坝刚建成，遭到破坏的痕迹还很明显的时候就开始了监测，但是关于蝴蝶类的调查还是出现了意想不到的情况。

一般来说，在大规模的植被破坏的迹地中，裸地或者空地中常见的昆虫可能会异常增多。果然如此，黄蝶、金丝蝶等以荒地植物为食的蝶类群集成为上位种，同时天狗蝶等在谷地自然生二次林里才多见的物种成了最上位种，这是一种特异的现象。分析其原因可能是在当时施工时为了防止不必要的破坏，在大坝的周围加设了防护网，结果它起到了防止游动性外来种的侵入，也为本来自然物种的恢复提供了条件。这也说明在研究应当回避什么的时候，还应当考虑周围潜在的自然恢复能力。

(三) 堤坝建设应最小化破坏

把项目建设对自然环境的影响“最小化”“矫正”“减轻”的手法统称为减轻。

(1) 设计上的安排。通过设计上的安排，使直接破坏的面积最小化是首先要考虑的。在日本萁面川大坝的补偿道路建设中，采用隧洞、垂直挡土墙等设计减少了直接的破坏面积。在横跨支流河谷处修建了桥梁，避免了填平谷地，尽量不改变原来地形。

但是为了减少直接破坏的面积，需要建设大型永久建筑物。因此，有时最初破坏面积很大，但从长远来看有可能恢复时，破坏后的迹地即使难看一些，也还是可以接受的，这是需要有远见的。

（2）施工上的安排。建设中慎重施工，避免不必要的破坏也是非常重要的。特别是不要把谷地坡面施工的渣土洒落在下方，这意味着保护了森林表土的潜在自然恢复能力资源，是非常重要的。这要在坡面下方架设挡土栅板，精心施工，加强监理。

在日本其面川水库的回水变动区内的岸坡森林都经过砍伐，由于精心施工，地表没有受到扰动，大部分地方保存了根株及表土。由于根株的萌芽、土中种子发芽，在回水变动区的坡面上，很快地就恢复了幼木林，如上所述，因为蓄水实验树林的地上部分曾一度坏死，但是除了浸水时间较长的回水变动区的下部之外，大部分地区都由根部萌芽再生，再次形成幼木林。

（3）工程上的安排。工程上的安排也是必要的。例如，在日本以前的工程中，都像其面川水库一样，将最高洪水位以下的森林全部砍伐，但是从回水变动区的植被恢复来看并不见得好。砍伐后，森林表土中的种子一齐发芽，但是有很多树种的种子要解除休眠需要一定的温度。胶树、红芽柏等先锋物种的埋土种子，在采伐迹地的日照高温和大温差的环境下，被解除休眠。如果是在气温下降的秋冬季节砍伐，来年春天对土中种子的发芽影响不大，但是如果在春夏砍伐很快就会发芽。如果在埋土种子发芽后就立即进行蓄水实验，发芽的个体将大部分枯死，在水位回落后也难以维持物种的多样性。

所以希望在工程安排中下功夫，使得能够顺利地实现自然恢复。

（四）后期补偿措施应到位

如前述，河流的流量、季节性、物理化学特征、水温、地形、栖息地多样性等这些特征的变化限制了流域物种的分布和丰度，并维持着生态系统的完整性。而流量为河流的一项重要的水文特征。它的变化自然会对河流和流域的生物物种的分布和丰度带来影响。

罗马尼亚的几条河流研究结果分析这种影响。

在被选择的河流研究对象中，必须满足以下关系，才有可比性。首先，对在地理上十分接近，而且从地问学的观点看又几乎相似的那些建了大坝的与未建坝的河流的状况进行比较；其次，对已经筑坝的同一条河流的水库上下游河段进行比较；再次，对一般条件相似，但流量不同的河流与其支流进行比较。

所选择的罗马尼亚南喀尔巴阡的两条河流进行了比较。即：阿尔杰什河流与其支流瓦尔山河。

在防洪和水电开发工程建成之前对两条河中的动物群进行了研究，这些丰富的动物群是由能净化山区河流的一些典型物种组成的。

1967年，在瓦尔山河上建了一座引水建筑物和水坝，而且在月平均流量的最低水位时也能有80%的下泄补偿流量，这种良好的状况保持了将近20年，直到水库彻底淤积。1965年，阿尔杰什河上的维德拉鲁大坝（H=165 m）在没有补偿流量的情况下交付使用，同时在水轮机回水到坝下游约15km的地方形成了水库跌差。由于亲流的物种几乎完全绝迹，所以动物群变得格外贫乏，而且使含植物的动物存活也十分艰难。

结论：在某些有补偿流量和无补偿流量的河流上水生动物的增减是很显著的。

又如罗马尼亚蒂米什河流域 S=5795 km^2；平均流量 Q=38.4 m^3/s。该河水未被污染，很少受到水电工程的影响，是一个天然状态下的流域，河里有数十种有价值的鱼种，而且有些是珍贵鱼种或一种具有特殊、科学意义的物种。例如鲍属类动物等，由于受到强烈的地理变化而因此成为研究物种演变的有价值的研究对象。

瓦尔山河流域面积 S=347 km^2；平均流量 Q=4.39 m^3/s，该河中仅有一种地方性物种，这种物种不仅在罗马尼亚，而且在整个多瑙河流域也是重要的。

在这两条河流中，要想保护物种，使其河中动物组成维持大体不变，就不仅要求水利工程保持下泄量占天然径流 70%~80% 的补充流量（枯水量，甚至是 100% 的下泄量），而且对水质（如：溶解氧，水温，有机含量等）也有一定要求。这些条件实际上排除了在需要进行物种保护地区的上游建造大型水利工程的可能性。

但是，经过研究发现了一种有趣的现象。在帝米什河上，有一座建于20世纪中叶的考斯台大坝，建造该坝的目的是为了将水引入贝格航运渠道。考斯台坝位于该河中下游之间的范围，而且没有补偿流量。因此，在枯水期和平水期就没有水量下泄。然而，即使在最早的年份1989年在距大坝数百米的下游，由于河床中存在许多泉眼而重新出现了水流。在坝下游约10km的河段上，河状正常。由于存在永久性的水流，使得丰富的多种鱼类动物（35种），及水生无脊椎动物得以生存。在这条河段的上游，有些物种已幸存了120多年。虽然上、中河段的动物群交换已完全中断，但总体上来说，考斯台坝的存在并没有影响帝米什河中、下游河段特别丰富的状况。

第五章　生态河道治理技术

河流是人类文明的起源，它不仅孕育了人类文明，而且滋润着人类文明的不断成长，但人类傍水而居的生活方式不断改变着河流的自然演变规律，逐步突破了河流所能承载的极限，以致给人类带来极大的灾害。河流有共性也有各自独特的个性，由于河流流域地貌、地质、大气环境、水文特性、下垫面条件的不同，造成了每条河流都有其不同的来水来沙特性和河床演变特性，同时也构造了不同的人文习惯，从而形成了各种类型的河流。因此，在人类与河流共处的过程中，人们根据每条河流的洪水规律和洪灾特点、水沙特性和演变规律、人文习惯和河流肩负的使命，确立了河流综合治理的目标和河道整治方向，创造了多种治理措施以防止或减轻洪水灾害，使其变害为利，造福人民。

第一节　国内外典型河流河道治理现状

如前所述，国内外不同河流的河道整治由于河流自身特性的不同，人文特征的不同，河流肩负的使命各有差异，因而其河道整治目的也不尽相同，所采取的整治方略（方案）、工程坝工型式也各具特点。本节就对国内外经典河流河道的治理现状进行论述。

一、密西西比河河道整治现状

(一) 密西西比河概况

密西西比河是北美洲最长的河流，发源于美国明尼苏达州西北部海拔501m的艾塔斯卡湖，若以其支流密苏里河为河源，全长6021 km。密西西比河水系主要包括干流、上密西西比河、东部支流俄亥俄河、西部支流密苏里河、阿肯色河、怀特河和雷德河，其中，密苏里河是密西西比河的最大支流，全长4126 km。

密西西比河习惯上分为三段。上密西西比河是指从源头艾塔斯卡湖至明尼阿波利斯和圣保罗河段，全长1010 km，接纳明尼苏达河等支流；中密西西比河是指明尼阿波利斯和圣保罗至凯罗河段，长1373 km，两岸先后汇入齐珀瓦河、威斯康星河、得梅因河、伊利诺斯河、密苏里河和俄亥俄河；下密西西比河是指凯罗以下河段，长1567 km，主要支流有怀特河、阿肯色河、亚祖河和雷德河等。

密西西比河干流流经中央低地，中游河段河面宽阔，下游河道迂曲，河宽2500 ~ 3000 m，水势平稳。虽然从1875年开始对密西西比河河口实施双导堤整治以后，河口每年向海延伸的速度有所减缓，但由于上游来的泥沙不断在河口堆积，自1898年以来，河口三角洲平均每年仍向海内延伸30 m，形成宽约300 km、面积达37000 km^{2}的三角洲。三角洲地区地势低平，河堤两岸多沼泽、洼地，河口分成6个汊流向外伸展，形如鸟足，有“鸟足三角洲”之称。

(二) 密西西比河的河道治理工程措施

密西西比河的治理始于19世纪初，主要以防洪为主，兼顾航运、发电、灌溉。主要工程措施是在干流上游清除暗礁、堵塞支汊，建梯级闸坝改善航道；在中游修建防洪堤、丁坝群、护岸以及疏浚，缩窄河道，提高航深；在干流下游筑堤防洪，裁弯取直，建分洪道、分洪区，稳定河床河岸；在河口修导流堤；在支流建综合利用水库。

密西西比河上游河道治理最早采取的措施是清除碍航的沉木等碍航物体，此后又修筑丁坝来束窄航道提高航深1.8 m。1930—1940年间，修建了一系列梯级闸坝，使洪水期流速不致过高，枯水期水深仍能保持 2.7 m。

密西西比河中游河道相对上游和下游是比较稳定的。这段河道的治理主要是防洪和提供足够的航运水深。此段采用丁坝群束窄河宽至 460m，至 1973 年，几乎整个中游河段的一岸或两岸都修建了堤防和护岸。

下游为蜿蜒型河道，为了固定河道、控制洪水，从 1719 年开始修筑堤防，随后不断延长加高。密西西比河下游的航运始于 1705 年，是一条美国中部内陆平原物资出海的骨干航道，通过近 100 多年来的整治逐步提高通航水深；改善下游航道的主要措施是裁弯取直，护岸，修建丁坝、顺坝、导堤以及疏浚河道。20 世纪 30—40 年代实施了系统的人工裁弯，并进行大规模护岸，1929—1942 年下游孟菲斯至安哥拉修建颈裁工程 16 处，使河道缩短 245 km，河道减短 30%。

先前的密西西比河河口每年向墨西哥湾推进 150 m，为保证河口的航道通畅，从 1875 年起采纳詹姆士的建议，采取以整治为主，整治与疏浚相结合的原则，用双导堤束水，增加流速，再适当进行疏浚，成功地治理了南水道和西南水道。

（三）河道整治效果

密西西比河 1928—1976 年间修建混凝土块沉排护岸 996 km，丁坝 261 km，大规模的护岸工程固定了河道，确保了防洪安全，间接护岸工程一丁坝群的修筑稳定了河槽，虽然河流仍有迁徙，但非常缓慢，它限制了河曲带，加速了床沙移动。

1929—1942 年密西西比河下游孟菲斯至安哥拉共进行颈缩裁弯 16 处，多处裁弯后缩短河道 244.6 km；1932—1955 年进行陡槽裁弯 40 处，缩短流程 37 km。由于裁弯加上其他措施，初期效果很显著，控制了河势，降低上游洪水位，加大泄洪能力，减少弯道险工段，缩短堤线，缩短了洪峰的传播时间，确保了防洪安全；裁弯缩短河道，航程大量缩短，促进了航运事业；弯道的裁直，有利于泥沙运动；增加了可开垦土地和土地利用率。

一系列的治理措施，使密西西比河全水系形成了四通八达的航道网，密西西比河中下游航道最小水深达 2.74 m，干流下游为 3.65 m，航道最小宽度 91.4m。同时，大规模的防洪工程建设增强了防洪安全。尽管如此，密西西比河的洪水并未完全得到控制，1993年洪灾损失约180亿美元，9个州的525个县被宣布为重灾区；并且随着洪泛区经济的发展，洪灾损失也会越来越严重。

河道治理措施增加了防洪安全，改善了航道，但也带来一些不利方面，如裁弯措施使河道裁弯后流速加大，增大了上行船只的航运阻力，增加了下游河道泥沙淤积，且容易导致不当弯曲，有些堤防或护岸需重建。1942年大规模裁弯工程结束后，20年河道主流线长度仅有4 km之差。但现在该河段又向弯曲发展，河道长度又在增加，降低洪水位的效果逐渐减小。另外，四通八达的航运增加了对河岸的侵蚀、河水的污染和泥沙的淤积。目前，航运与其他活动的相容性成为密西西比河管理的一个重要课题。

虽然密西西比河也属于典型的冲积性河流，其河床演变特点极像我国的长江中下游河道，游荡摆动幅度远不比黄河。即便如此，其实施裁弯取直工程的后果（增加下游河道淤积，20年后效果的消失和部分河段更进一步的弯曲等）也是值得我们深思的。

二、阿姆河河道整治状况

（一）阿姆河概况

阿姆河是中亚最长、水量最大的多沙河流，发源于阿富汗与克什米尔地区交界处兴都库什山脉北坡海拔约4900 m的冰川，源头名瓦赫基尔河，进入土库曼斯坦始称阿姆河。干流流经阿富汗、土库曼斯坦、乌兹别克斯坦等国，汇入咸海。全长2540 km，流域面积46.5万 km^2，河口地区年平均流量1330m^3/s，年径流量430亿 m^3。

（二）工程实施情况及整治效果

为实施阿姆河下游河道的整治规划，政府组建了右岸比鲁尼河务局和左岸乌尔根奇河务局，负责土雅姆水库下游200多km长河段的河道治理工程实施。原规划要在250 km长的游荡性河段修建255道对口丁坝，河道整治宽度600 m，对口丁坝间距为800～2150 m。其中1986年报道已建成130道，总长度达105 km，在30道口坝上完成了抛石，整治工程修建后，大洪水时仍可漫滩。目前，规划的工程未全部完成的主要原因是苏联解体后资金短缺，已建的有些工程大多也是半成品。

规划设计修建对口丁坝的目的只是起到规顺流路的作用，不起挑流作用，充分利用洪水期大水趋直的河势演变特点，保护河岸，增大了丁坝的间距，节省工程投资。据介绍，阿姆河目前河道整治工程相对完善的河段长30多km，该段河道在修建了对口丁坝以后，河道游荡范围已由5~6 km缩窄至600~800 m，河势较为稳定，经1998年丰水年考验，在最大流量5200 m^3/s、中水流量3000~4000 m^3/s持续时间一个多月的长时间冲刷情况下，坝头冲深18~20 m，坝头裹头堆石虽坍塌下沉，但仍可起导流作用。在枯水流量为700~800 m^3/s时个别坝头的下游侧发生坐弯，引起丁坝坝身坍塌现象，但没有因此造成垮坝。

为了深入了解阿姆河的河流特性、河道整治的实际情况和整治效果，2000年11月黄委会组成专门的考察团对阿姆河的河道整治进行了实地考察，其中在右岸比鲁尼河务局管理河段内，现场查勘了104号、106号、108号、110号、122号丁坝（右岸工程坝号均为双号）及该河段整治工程的控导效果，并现场了解了洪水期的坝头冲刷情况。

对口丁坝限制了水流的宽度，在坝裆形成较大的回流漩涡区，从而促进了泥沙在坝裆间的落淤。坝间滩地淤积大量泥沙，抬高了滩面。滩地淤高，主槽刷深，使滩槽高差增大，形成高滩深槽，使得小水不出槽，有利于控导主流，排洪输沙。不利的是，坝头处水流较为集中，坝体受到强大的淘刷作用，其冲刷深度一般比下挑丁坝增加15%~20%。但是丁坝使主流远离河岸，防止了河岸的崩塌。上挑丁坝下游侧所受的水流回流作用较小，工程下游侧一般破坏较轻。在阿姆河两岸有广阔的河漫滩地，堤防以内无人居住，因而防洪任务不像黄河那样重大，再加上水利资金缺乏，洪水期一般不去抢险，洪水过后再行修整。

中亚灌溉研究所和当地河务局对采用上挑丁坝、正挑丁坝还是下挑丁坝存在不同看法。河务局的同志认为上挑丁坝不好，正挑丁坝较好，因此河务局把108号坝修成了正挑丁坝，作为试验坝，该试验坝建成几年，一直靠河较好。另外，河务局认为中亚灌溉研究所规划的河道整治宽度统一定成600 m不妥，因为从实际洪水来看，大洪水期，河道不只是下切，还有展宽。

另外，中亚灌溉研究所在对护岸工程中7个典型丁坝和纵向堤段研究中发现，修建26～30m的短丁坝是远远不足以防止河岸冲刷的，此时，丁坝坝头会冲刷和下蛰，在丁坝和大堤间形成涡漩，并造成其下游侧的冲刷。而长丁坝则可以避免在丁坝和大堤间形成涡漩水流，并且丁坝坝头一定要堆石保护。

三、黄河河道整治状况

（一）黄河流域特征

黄河发源于青藏高原巴颜喀拉山北麓、海拔4500m的约古宗列盆地。流经青海、四川、甘肃、宁夏、内蒙古、山西、陕西、河南、山东等九省区，于山东垦利县注入渤海。干流河道全长5464km，落差4480 m。流域面积79.5万 km^2(包括内流区42万 km^2)，加上下游受洪水影响的范围共约91.5万 km。

黄河流域幅员辽阔，地形复杂，东临海洋，西居内陆高原，东西高差显著，流域内气候变化极为明显。冬季受蒙古高压控制，盛行偏北风，气候干燥严寒，降水稀少；夏季西太平洋副热带高压增强，暖湿的海洋气团进入流域境内，蒙古高压渐往北移，冷暖气团相遇，多集中降水。全流域多年平均年降水总量为3701亿 m^3。年降水量地区分布的总趋势是由东南向西北递减，年内分配不均匀，夏季降水多，冬季降水最少。

黄河多年平均天然径流量为580亿 m^3，仅占全国河川径流总量的2.1%。天然径流量的地区分布很不均匀。天然径流量的年内分配也不均匀，干流各站汛期（7—10月）天然径流量约占全年的60%，非汛期约占40%。汛期洪水暴涨暴落，冬季流量很小。

随着国民经济发展及黄河流域大量蓄水、引水、提水工程的修建，20世纪80年代黄河河川径流年耗用量已达280亿～290亿 m^3，其中城市工业及农村人畜耗水约为11亿 m^3，其余都为农业灌溉耗水，黄河径流的利用率已达84.2%，远远高于国际上公认的40%的警戒线。

内蒙古托克托县河口镇以上为黄河上游，河道长3472 km，水面落差3496 m，流域面积42.8万 km^2，流经低山丘陵、湖盆草原地区和宁蒙平原。

区间汇入的较大支流有43条。

河口镇至河南省郑州市附近的桃花峪为中游，河道长1206 km，水面落差890 m，区间流域面积34.4万km^2，区间汇入的较大支流有30条，绝大部分来自水土流失严重的黄土丘陵沟壑区，支流呈羽状汇入黄河，产汇流条件好，是黄河洪水泥沙的主要来源地区之一，特别是粗泥沙的主要来源地区。禹门口至三门峡间，黄河流经汾渭地堑，河谷展宽，其中禹门口至潼关河段是宽浅散乱的游荡性河道，并有汾河、渭河两大支流相继汇入。三门峡至小浪底是黄河干流最后一个峡谷河段，有伊洛河和沁河汇入。黄河中游来沙量占全河总沙量的90%，河口镇至龙门、龙门至三门峡、三门峡至桃花峪区间，是黄河下游大洪水的三个主要来源地区。

自桃花峪以下为下游，河道长786 km，落差94 m，流域面积2.3万km^2，较大入黄支流有天然文岩渠、金堤河及大汶河3条。黄河下游河道是在长期排洪输沙的过程中淤积塑造形成的，河床普遍高出两岸地面。桃花峪至高村河段长206.5 km，是冲淤变化剧烈，水流宽、浅、散、乱的游荡性河段。高村至艾山河段长194 km，堤距及河槽逐渐缩窄，是游荡向弯曲过渡的河段。艾山至利津河段长282 km，是河势比较规顺、稳定的弯曲性河段，利津以下的黄河河口段，长约104 km，属弱潮多沙、摆动频繁的陆相河口。

历史上暴雨洪水和冰凌洪水造成的水灾遍及全河的上、中、下游，但主要在下游。下游防洪，一直是治黄的首要任务。新中国成立以来，开展了大规模的防洪工程建设，至20世纪末，初步建成了“上拦下排、两岸分滞”的防洪工程体系，其中大力开展河道整治，兴建控导工程，对护滩保堤、稳定河势起到了至关重要的作用。目前，陶城铺以下弯曲河段，河势得以控制；高村至陶城铺过渡性河段，河势基本得到控制；高村以上的游荡性河段，缩小了游荡范围。下游河道整治工程经受了1958、1973、1976、1977、1982、1996年等各种大洪水的考验。

（二）整治措施及整治工程形式

黄河下游河道整治措施是以整治工程为主，以裁弯、疏浚为辅。整治工程以传统的丁坝、垛和护岸三种坝工形式为主。其中丁坝占80%以上，垛为辅，坝垛之间必要时修筑护岸。近些年，黄委会还试验性地修建了桩坝及整体护岸工程。

“以坝护弯，以弯导流”是黄河下游游荡性河道整治所采用的工程布局形式。按照以弯导流的原则来布设工程，可以使上游不同方向的来流通过迎流入弯、经过弯道调整形成单一流势。弯道在调整流势的过程中逐渐改变水流方向，使出弯水流流势平稳且方向稳定，顺势向下一河湾方向运行。在运行过程中若河槽单一顺畅，进入下一河湾将十分顺利；若河槽不顺，存有沙洲或滩岸阻挡，只要水流强度大，也会冲刷沙洲或滩岸，塑造新的河槽，送流直达下一河湾。

以坝护弯是实现以弯导流必不可少的工程措施。以弯导流要求弯道凹岸具有很强的控导流势的能力，以坝护弯可以实现整体作战的效力。众所周知，黄河的来水来沙特性，河床组成物质的极度可动性，单靠一道丁坝去单兵作战是很难达到目的的，要么跑坝失控，要么入袖夺河，这些情况历史上曾出现过。

根据整治原则，游荡性河道整治是以中水为主，洪、枯兼顾，流路设计按中水考虑。在确定了设计流量、设计河宽、排洪河槽宽度及各河湾要素变化范围后，即可拟定治导线。治导线由整治河段进口开始逐弯拟定，直至整治河段末端。第一个弯道的规划设计十分重要，首先应分析来流方向，然后再弄清该河湾河岸边界条件，根据来流方向、现有河岸形状及导流方向规划第一个弯道。若凹岸已有工程，则根据来流及导流方向选取能充分利用的工程段落规划之。治导线的圆弧线相切于现有工程各坝头或滩岸线。按照设计河宽缩短弯曲半径，绘出与其平行的另一条圆弧线；接着确定下一弯的弯顶位置，并绘出第二个弯道的治导线；再用公切线把上弯的凹（凸）岸治导线与下弯的凹（凸）岸治导线连接起来，直至最后一个河湾。

治导线拟定后通过对比分析天然河湾个数、弯曲系数、河湾形态、导流能力、已有工程利用程度等论证治导线的合理性，进而依照治导线确定工程位置线的位置及长度，按照已有的整治经验，两岸工程的合计长度达到河道长度的80%左右时，一般可以初步控制河势，投资也可节省。

黄河属堆积性平原河流，水流具有弯曲的特性，受河岸平面形态的影响，水流方向易于改变，河道整治工程采用“上平下缓中间陡”的形式，实现以弯导流，控导流向，使水流平顺进入下一个弯道。

经过多年的探讨，黄河下游工程平面形式，以凹入型为最合理的形式，它不仅能控制河势，而且还具有较强的送流能力，对不同来流方向适应能力强，且既能迎流、又能送流，对河势有很强的控能力。凹入型的工程平面形式有两种，一种为单一弯道，一种为复合弯道，两种不同的平面形式对河势控制能力及送流效果也有一定的差异。单一弯道工程出流方向不太稳定，下游河湾着流部位变化范围相对较大；复合弯道的形态符合水流流态，并且能通过调整送流段弯曲半径，改善送流条件，提高送流效果，下游河湾着流范围也较小。不过从近些年河势变化情况看，黄河下游有些控导工程不同时期调整的结果，使弯道成为4～5个甚至更多个半径的多弯复合弯道，水流的变化，主流顶冲部位的上提下挫，使弯道送流方向不一，影响了其导、送流效果。

“上平下缓中间陡”即是复合弯道的组合形式，是多年来治河经验的总结。也就是弯道上段弯曲半径要大，以迎多种来流方向；中段弯曲半径要小些，以便在较短的距离内改变流向；下段弯曲半径要较中段稍大，以便稳定送流出弯。

根据河湾水流的特点，丁坝的布置一般遵循“上密、下疏、中适度”的原则。丁坝抗流能力强，易修易守，常布置在弯道中下段。垛迎托水流，对来流方向变化的适应性强，一般布置在弯道上部，以适应不同的来流。护岸工程是一种防护性工程，一般修在两垛或两坝之间，用以防止正流或回流淘刷。

第二节　河道生态基流研究

河流是地球生命的重要组成部分，是人类生存和发展的基础。河流是地球上多种生态系统中最基本的存在形式之一，是水分循环的重要路径，对全球的物质、能量的传递与输送起着重要作用。历史上人类及其社会生态系统的发生发展与河流相互依存，密不可分。河流不仅具有供水、发电、航运、水产养殖等经济价值；同时还具有维持水生生物栖息地、提供生物多样性、调节气候、补给地下水、调蓄洪水、排水、排盐、输沙、稀释降解污染物等生态与环境功能。维护河流系统健康，就是要在水资源开发利用过程中，把河流系统作为一个有机整体，兼顾河流的经济、环境和生态功能，使三者协调发展。但是，长期以来，人们对水资源的利用主要考虑农业、工业和生活用水等方面的国民经济效益，而在维护河流与流域健康的需水方面则没有得到足够的重视。水资源不合理的开发利用加速了水体功能的衰减过程，使生态环境更为脆弱，水旱灾害趋于频繁，河流系统的结构和功能遭到破坏。为缓解生态环境的恶化，解决生态环境问题，维持河流健康发展，河道中常年都应保持一定的生态基流量。

一、河道生态基流概念界定

国外对河流生态基流相关的研究较多，多使用枯水流量（low flow）、最小河流需水量（minimum in stream flow requirements）、最小可接受流量（minimum acceptable flows，MAFs）、基本生态需水（basic ecological water requirement）、生态可接受流量范围（ecology acceptable flow regime，EAFR）、环境需水（environmental in stream flow requirements）等术语。

在我国，河道生态基流至今尚没有明确统一的定义，不同学者根据研究对象的具体情况，提出了众多与河道生态基流研究相关的概念。例如，生态需水、环境需水、生态环境需水、河流生态基流量等等。

因研究对象和研究目的不同，不同的学者使用不同的概念并给予其不同的界定，出现对同一概念有多种不同的认识。同时，在研究对象上，出现研究的生态系统类型和尺度也不同，如干旱区生态系统、水生生态系统、陆地生态系统等多种类型。又如在水生生态系统中，有对河道生态需水的研究、有对流域生态需水的研究、有对湖泊生态需水的研究，也有仅对湿地生态需水的研究，等等。这些概念的共同点都是维持生态系统发挥正常功能或生态环境健康发展需要的水量。但从具体内涵而言，河流生态基流与上述生态需水量、环境需水量、生态环境需水量等有所不同。而应加以区分对待。在研究河流生态基流时，只有明确概念的内涵，才能对生态基流做出科学合理的诊断，其研究结果才具有实际应用价值。

对于一条常年性河流，具有流动的足够的水量是维持河流生态环境功能的最基本条件，如果发生河道断流，原有的水生态环境遭受到严重破坏，即使再次恢复过流，河流系统也很难恢复到原来的水生生态系统，甚至一些本地特有的物种将从此灭绝。河流断流，还将引起周边生态系统的恶化。因此，为了防止河道萎缩或断流，维持河流、湖泊基本的生态环境功能，河道中常年都应保持一定比例的基本流量。河道生态基流的概念正是基于此而提出。

采用河道生态基流的概念，并将河流生态基流的概念界定为保障河流生态系统基本结构的完整性或主要的生态系统服务功能的正常发挥所需要的最小流量。实质上，河道生态基流是指一定时段内应保持的基本流量，强调年内枯水期生态流量的保障，在实际中通常与闸坝生态调度相结合，是水库、闸坝进行综合调度的基础。

一般地，生态基流有广义和狭义之分，这里所讨论的是狭义的生态基流，即在特定时间和空间条件下，为了保证河流健康所预留的、满足一定水质要求的最小流量。西北部干旱半干旱区流量年内、年际变化较大，若以年为单位计算的恒定的生态基流通常难以满足流域生态系统的正常要求。同时，大量水利工程的修建，改变了河流天然水文情势，造成流域湿地萎缩，对河流的生物繁衍生息造成了一定的影响。另外，对于季节性河流，需重点考虑其枯水期的生态基流，因为其汛期的水量通常占全年水量的60%~70%，汛期河流的生态基流基本能够保证，而枯水期，由于河流本身水量较少，加上工农业用水的需求，水资源供需矛盾剧烈，极易造成河流在枯水期发生断流，因此，枯水期保证一定的生态基流是重点，这一点对于北方河流尤为重要。

二、河道生态基流内涵

健康的河流需要维持良好的自然功能，主要包括水文功能、环境功能、景观娱乐功能和生态功能，其中最基本的是水文功能，同时还需要能够满足社会、经济、生活对水资源的基本需求。而这些功能的实现主要依靠水的流动来完成。流量是河流水文要素中最活跃的要素，是河道水生态系统中起决定性作用的因素。河流生态系统以流量作为基本环境，一定的流量是河流生态系统健康的首要条件和必要因素。从流量对流域生态系统功能的作用机制与影响效应来看，研究和确定河流生态基流的目的在于遏止河道断流或流量减少而造成的生态系统恶化，最终实现河流生态系统的健康发展。因此，河流生态基流具有显著的时空特性。在时间上，应强调枯水期流量的保障，在空间上，应重视生态脆弱性较大或者是生态系统服务功能受流量变化影响较大的河段。

河流生态基流内涵包括以下几个方面：

(1) 保持天然河道自然形态结构的完整性及其正常的演化过程的生态流量，包括输送泥沙，维护河床形态的正常演化（如河床比降、平滩流量等），保障水力畅通，维系河道与洪泛区水体之间的动态连接。流量减少的最直接影响是流速降低、水深变小和水面面积减小。流速降低导致水流挟沙能力减弱，容易造成河床淤积，过水断面面积减小，改变河床形态。

(2) 维持水生生物的正常发育、栖息与繁衍的生态流量。流量为河流中生物的生存提供了丰富的营养物质，流量的大小、持续时间等为鱼类的产卵、繁殖创造了有利的条件。流量的变化在不同空间尺度上改变了栖息地，同时影响了物种的分布和丰富度以及水生群落的组成和多样性。水生生物的健康发展基于河流系统对其栖息环境的整体维护，而流量维护着水生生物的生存与栖息环境。流量的减少会导致低水流量时间变长，进而改变水生栖息地的环境，对物种分布和丰富度产生长期影响。一般而言，河流生态基流应能保障本河流中原有的主要鱼类、大型无脊椎动物、水生植物及水生微生物等的生存及栖息环境。

(3) 维持与河道相连的湿地环境流量，包括湿地保证水生植物生长的最小流量、保证水生动物需水的最小流量、保证生物栖息地的最小流量、保证湿地土壤的最小流量，以及保证湿地休闲娱乐景观的基流。

(4) 维持大气水、地表水与地下水三者之间水量转换的流量。包括保证水面蒸发的基础流量、维持地表水与地下水水力联系，河水补给地下水的基流。

(5) 河口的生态基流，对于入海河口处，为了防止海水入侵，河道中应有足够的水动力，为此而需要的水量也可作为基流而给予足够的考虑。

(6) 维持河流自净能力的最小流量，在考虑区域经济发展需求的前提下，允许河流容纳一定量的污染物，同时还要保证满足河流水环境功能的水质要求，为此需要河流具有一定的流量，以保持河流自净作用来降解污染物。

三、河道生态基流研究内容

（一）河流生态系统演变过程

每一条河流的形成、演变都是一个自然过程，有其自身发展的规律。河流生态系统始终处于一种动态的演进过程中，由于人类对河流系统的过度开发利用导致河流生态系统演变过程发生了根本性变化，产生了对生态系统健康极其不利的影响。河流生态系统的演变过程大致可以分为以下4个阶段。

1. 原生状态期

这一阶段，对河流的治理开发仅限于以确保河流防洪安全为主要目标，河流治理手段以清淤疏浚为主，河流原貌未出现大的改变，河流生态系统的整体性未受到损害，系统处于一种原始的、基准的状态。

2. 急剧破坏期

这一时期，由于注重河流在供水、灌溉、养殖方面给人们带来的直接的、有形的效益，忽视了河流生态系统给人类带来的长远的、隐形的损害，各方面用水需求越来越大，水资源供需矛盾尖锐，大量生态用水被挤占，河床萎缩加剧，洪涝威胁加大，水质污染加重，造成河流生态系统结构破坏，服务功能下降。

3. 水质改善恢复期

这一时期，政府注重水环境的改善，兼顾经济效益、社会效益和生态效益的发挥。把河流治理的重点放在污水处理和河流水质保护上，以水质化学指标达标为目标，通过强化污水处理和控制污水排放，推行清洁生产。在城市，河流整治注重园林景观建设，忽视了生态景观建设，更多的是把河流生态建设理解为水质的恢复和沿河种草植树等工作，而不是河流生态系统结构与功能的全面恢复和改善。

4. 生态系统恢复期

这一阶段，河流管理工作重点由单纯改善水质拓展到河流生态系统的修复，以修复河流生态系统健康为目标，把河流水质恢复的内涵扩大为河流生态恢复，把河流管理的范围从河道及其两岸的物理边界扩大到河流生态系统的生态尺度边界，河流管理的对象不仅是具有水文特性和水力特性的河流，而是具有生命特性的河流生态系统。

(二) 生态系统保护目标识别与确定

河流生态系统不仅具有维持人的生产与生活活动的经济服务功能，包括生活用水、农业用水、工业用水、发电、航运、渔业等；而且还具有维持自然生态过程与区域生态环境条件的生态服务功能，包括泥沙的推移、营养物质的运输、环境净化及维持森林、草地、湿地、湖泊、河流等自然生态系统的结构与过程及其他人工生态系统的功能。对于河流生态系统的保护。要紧密结合河流所具有的具体生态系统功能而进行目标的识别与确定。

1. 河流生态服务功能

河流所具有的生态服务功能如下：

(1) 输送泥沙，疏通河道。

水具有流动性，能冲刷河床上的泥沙，达到疏通河道的作用。例如，河流水量减少，径流降低，导致泥沙沉积，河床抬高。湖泊变浅，使调蓄洪水和行洪的能力大大降低，入海河口区大量淤积，破坏了河口三角洲生态环境的平衡。

(2) 维护地球生命系统的稳定与平衡。

从全球生态看，人类生存的合适环境——大气的组分、地球表面的温度、地表沉积层的氧化还原电势，以及 pH 都是由生物生长和代谢控制，目前这种适合于人类生活的环境条件，在地球的早期并不存在，只是在古生代及其以后地球上生物大量出现和逐渐发展，在生物与大气地理环境的相互作用过程中逐渐形成的。例如，现在地球大气中氧的含量为 21%，供给人们自由呼吸，这归功于植物的光合作用，如果没有植物的光合作用，大气中的氧含量会由于氧化反应而逐渐下降，并最终消耗殆尽。生态系统中的植物通过光合作用固定太阳能，使光能通过绿色植物进入食物链。为所有物种包括人类提供生命维持物质。碳是一种重要的生命物质，有机体干重的 49% 都是由碳构成。陆地和水体的绿色植物和藻类通过光合作用固定大气中的 CO_2，释放 CO_2 将生成的有机物质储存在自身组织中。这些有机物质经过一定时间的储存和转换，然后被微生物分解，重新以 CO_2 形式释放到大气中。同时

CO_2又是重要的温室气体，生态系统对全球CO_2浓度的升高具有巨大的缓冲作用。正是河流、湖泊等水体滋养着流域植物的生长，维持着CO_2的固定和有机质的生产。

(3) 营养物质的运输。

水的营养物质的运输是全球生物地球化学循环的重要环节，如碳、氮、磷，也是海洋生态系统营养物质的主要来源，全球碳循环对维系近海生态系统高的生产力起着关键的作用。河流是陆地上水循环的重要通道，所有物质循环离不开水循环的作用，因此，维持河流与地下水、大气水之间的连通性、流动性及其交换性显得十分重要。

(4) 净化环境。

河流是陆地上携带污染物的重要通道，水提供或维持了良好的污染物质物理化学代谢环境，提高了区域环境的净化能力。同时，水体中生物从周围环境吸收的化学物质中，主要是它所需要的营养物质，但也包括它不需要的或有害的化学物质。在这个循环过程中，同时伴随着污染物的迁移、转化、分散、富集的过程，因而污染物的形态、化学组成和性质也发生了变化，最终达到了净化环境的作用。一些水体植物能有效地吸收污染物，水体中许多植物包括挺水、浮水、沉水植物，能够在组织中富集重金属的浓度比周围水体高出10万倍以上。又如，酚类污染物可以被生态系统中的微生物分解成水和二氧化碳，供植物生长需要，植物死后，残体内的酚又被微生物分解。另外，进入水体生态系统的许多污染物质吸附在沉积物的表面，而某些水体特别是沼泽和洪泛平原缓慢的水流速度有助于沉积物的沉积，污染物黏结在沉积物上，所以就随同沉积物积累起来，也有助于与沉积物结合在一起的污染物储存、转化。但同时，河流具有一定的自净能力。在一定的时间和空间范围内，如果污染物质大量排入天然水体并超过了水体的自净能力，就会造成水体污染。实际上，废水或污染物质进入水体后，立即产生两个互相关联的过程：一是水体污染过程；二是水体自净过程。水体污染的发生与发展，亦即水质是否恶化，要视这两个过程的强度而定。维持河流系统功能完整性就需要保持河流一定的自净能力。

(5) 涵养流域植被，稳定水文循环。

在河流集水区内发育良好的植被具有调节径流的作用。植物根系深入土壤，使土壤对雨水更具有渗透性。有植被地段比裸地的径流较为缓慢和均匀。一般在森林覆盖地区雨季可减弱洪水，干季在河流中仍有流水。湖泊湿地在水文调节与洪涝和干旱灾害的预防与减轻中具有重要的作用。凡有发育良好植被的地段，由于植被和枯枝落叶层的覆盖，可以减少雨水对土壤的直接冲击，保护土壤减少侵蚀，保持土地生产力；并能保护海岸和河岸，防止湖泊、河流和水库的淤积。

(6) 补给地下水。

河流生态系统是地下水的主要补给源泉，对维持地下水的平衡起着重要的作用。补充地下水量是指河道中的水在重力作用下透过河床渗透补给地下水的水量。补充地下水量有可能为负值，在这种情况下，河道中的水体不但不能补充地下水，反而需要地下水透过河床补充河道，以满足河道的生态需水要求。

(7) 提供生境，维持生物多样性。

生物多样性是指从分子水平到生态系统水平的各个组织层次上的不同的生命形式。包括三个层次的概念：物种的多样性、遗传的多样性和生态系统的多样性。生态系统是生物多样性的载体，它对于维护生物多样性具有不可替代的作用。河流生态系统为各种水生生物提供生境，尤其是与河流相连通道—湿地更是野生动物栖息、繁衍、迁徙和越冬地。一些水体是珍稀濒危水禽的中转停歇站，还有一些水体养育了许多珍稀的两栖类和鱼类特有种。

(8) 研究、教育与美学功能。

随着全球水资源的短缺，越来越多科学家投身于水资源利用研究，水已成为重要的科学研究领域。同时，各种类型的湖泊、河流还是对人们实行教育，特别是环境教育的基地。随着人类物质生活水平的提高，人们对自然生态系统提供的休闲、娱乐和美学享受服务要求也越来越迫切。水作为一类观赏的“自然风景”的“灵魂”，其娱乐服务功能是巨大的。水体生态系统是人类文明的发源地，其景观构成的特点也决定了它是人类休闲娱乐活动的重要场所。水体—陆地的镶嵌格局使其具有显著的景观异质性：水生生态系统和陆地生态系统的结合、上游森林草地景观和下游的湿地景观，使其具有景观多样性；流动的水体和稳固的岸体构成了景观动与静的和谐与统一。因此，它带给人类的休闲娱乐功能不仅表现为各种娱乐活动而且在于带给人们的安静性、运动性、持续性和舒适性的美学享受和精神体验。水体的休闲娱乐功能主要表现为两个方面：

观赏功能即美学享受服务：这一功能主要是由流域水体与沿岸陆地景观组合而提供，如急流险滩、峡谷曲流、瀑布风光、河岸景致、河漫滩、江心洲风光以及湍湍流水声等，它们在景观上的时空动态变化为人们带来视觉及精神上的满足和享受，从而减轻了现代人类的各种生活压力，改善了人们的精神健康状况，重建天人合一的理想生态境界。

娱乐功能：水体生态系统能够提供的娱乐活动可以分为两类：一类是依靠水体的休闲娱乐活动如划船、滑水、游泳、渔猎和漂流等；另一类是沿河岸进行的娱乐活动如露营、野餐、远足休闲和摄影等。这些娱乐活动既有强身健体的功用，又有消闲放松的作用，是人类娱乐生活的重要组成部分。

2. 河流经济服务功能

河流所具有的经济服务功能如下：

(1) 水产品生产。

生态系统最显著的特征之一就是生产力。河流生态系统中，自养生物(高等植物和藻类等) 通过光合作用，将 CO_2、水和无机盐等合成有机物质，并把太阳能转化为化学能，储存在有机物质中；异养生物对初级生产的物质进行取食加工和再生产，进而形成次级生产。河流生态系统通过这些初级生产和次级生产，生产丰富的水生植物和水生动物产品，同时，通过河流中的水产养殖，为人类的生产、生活提供原材料和食品，为动物提供饲料。

(2) 水源供给。

这是河流生态系统最基本的服务功能。河流与人类的关系极为密切，因为河流暴露在地表，河水取用方便，是人类可依赖的最主要的淡水资源，也是可更新的能源。河流水主要用于生活饮用、工业用水、农业灌溉等方面。

(3) 内河航运。

河流生态系统承担着重要的运输功能。作为一种最为古老的交通方式，内河航运在人类文明历史长河中扮演了重要角色，也以其环保和资源节约优势带动经济社会的发展，然而，随着铁路、公路、航空、管道等运输方式的兴起，内河航运在交通运输体系中的地位有所下降。但是，水运具有能耗省、运量大、安全好，对环境影响小等特点，与其他运输方式相比，水运是最可持续发展的资源节约型、环境友好型的低碳绿色运输方式，应该加以开发利用。

(4) 水力发电。

河流因地形地貌的落差产生并储蓄了丰富的势能。水能是一种取之不尽、用之不竭的、可再生的清洁能源，水力发电对环境冲击较小。除可提供廉价电力外，水力发电还有控制洪水泛滥、提供灌溉用水、改善河流航运，有关工程同时改善该地区的交通、电力供应和经济，特别可以发展旅游业及水产养殖等多种优点。世界上有24个国家依靠水电为其提供90%以上的能源，有55个国家依靠水电为其提供40%以上的能源。中国的水电总装机居世界第一，年水电总发电量居世界第四。

通过上述对河流生态服务功能和经济功能的分析，结合生态系统服务功能和生态适宜性评价，确定生态保护方向。通过生态影响因子的敏感性分析，确定生态保护指标阈值，明确生态保护目标的优先序，构建渭河生态系统健康评估的指标体系，并对渭河生态健康现状进行评价。

(三) 河流生态系统的主要特征

1. 河流生态系统的组成特征

生态系统是指一定空间中的生物群落(动物、植物、微生物)与其环境组成的系统，其中各成员借助能量交换和物质循环形成一个有组织的功能复合体。从大类划分，生态系统首先是由非生物部分与生物部分组成，非生物部分是由无机物质组成的，包含有气象、地貌、地质、水文、水质等条件，它是生物部分的环境，是生命支持系统。在生态学中，具体的生物个体和群体生活地区内的生态环境称为“生境”。由形形色色的生物组成的生物部分，在生态学中按照不同的功能和地位分为生产者、消费者和分解者三类。

河流生态系统的物理结构按纵向可分为上游、中游、下游及河口区；按照横向可分为河床(水生物区)、水交换区(两栖区)和受水影响的河岸区。其中横向组成有着与纵向组成同样重要的功能。根据河流生态系统的横向组成，可以将它看作是包括水生生态系统、湿地及沼泽生态系统、河岸陆地生态系统等在内的一系列子系统组合而成的复合系统。其中河岸湿地及沼泽和河岸陆地组成了河岸带，二者的区别在于湿地及沼泽或常年积水或周期性的被水流淹没，而河岸陆地则是除湿地及沼泽外河道水流所能影响到的河岸区域。由于河岸湿地及沼泽和河岸陆地系统之间没有明显的界线。因此，河流生态系统也可以简单地分为河流水生生态系统和河岸带生态系统。

河流水生生态系统也就是狭义上的河流水生态系统，它是由生活在河流水体的水生生物及其依存的水环境组成的生态系统。通常水生生态系统介于河流两岸变动水边界之间，往往具有较为明显的边界。河流水生生态系统的环境因水具有流动性，广大水域比较均匀而较少变化，使许多水生生物具有广泛的地理分布，系统的类型也因此而比陆地少。河流水生生态系统具有很强的输导能力，它不仅通过输入与输出把各个不同的陆地生态系统乃至与海洋生态系统联系起来，使自然界形成一个自然整体，而且河流还为人类提供了各种生态服务功能，并把自然生态系统与人工生态系统（农田、城市等）连为一体，因此它是一类十分重要的淡水生态系统。

2. 河流生态系统的结构特征

河流生态系统是指河流内生物群落和河流环境相互作用的统一体。与其他水域生态系统一样，具有一定的营养结构、生物多样性、时空结构等基本结构。作为一个特定的地理空间单元，河流生态系统有着自己鲜明的特点。一个完整的河流生态系统应该是动态的、开放的、连续的系统。它应该是从源头开始、流经上游和下游，并最后到达河口的连续整体。这种从源头上游诸多小溪至下游大河及河口的连续，不仅是指河流在地理空间上的连续，而更重要的是生物过程及非生物环境的连续。河流连续体概念是以北美自然未受扰动的河流生态系统的研究结果为依据发展而来。尽管如此，它仍是河流生态学中最重要的概念，代表着河流生态学取得的重大进步。其重要性表现在：第一，它第一次试图沿着河流的整个长度来描述各种河流群落的结构和功能特征。第二，明确地提出河流生态系统纵向的梯度规律，认为河流群落能够改变自己的结构和功能特征，使之适应非生物环境，非生物环境从源头到河口呈现一种连续的梯度。第三，在一定程度上影响了其后一批河流概念包括序列不连续体概念，连续性日益受到人们的注意。

河流连续体概念概括了沿河流纵向有机物数量和时空变化、水体摄食功能类群的结构和资源的分配，使得河流生态系统特征的预测成为可能。根据这一概念：在源头或近岸边，生物多样性较高；在河中间或中游因生境异质性高生物多样性最高；在下游因生境缺少变化而生物多样性最低。针对法国南部 Adour River 的一项研究说明其植物物种丰富度变化与河流连续体概念一致，在山区上游河段由于生境条件极端一物种丰富度低，在中游河段由于生境复杂多样且干扰适度，物种丰富度高，下游河段由于长期的洪水过程以及生境单一，物种丰富度低。

随着洪水脉冲理论的提出以及河流连续理论的不断完善，人们对河流生态系统的研究也从纵向变化逐渐扩展到横向和垂向的范围。Ward 提出的四维框架模型来描述河流生态系统，将河流生态系统的结构特征用纵向（上游下游）、横向（洪泛区—高地）、垂向（河道基底）和时间分量（每个方向随时间变化而变化）来描述：

从纵向来看，河流包括上游、中游、下游，从河源到河口均发生物理、化学和生物的变化。其典型特征是河流形态多样性。①上、中、下游生境的异质性。地球上的大江大河大多发源于山地高原，流经峡谷和丘陵，穿过冲积平原到达河口。上中下游所流经地区的气象、水文、地貌和地质条件有很大差异，其流态、流速、流量、水质以及水文周期等呈现不同的变化，造成河流上中下游有多种异质性很强的生态因子描述的生境，形成了极为丰富的流域生境多样化条件。这种条件对于生物群落的性质、优势种和种群密度以及微生物的作用都产生重大影响。②河流纵向形态的蜿蜒性。蜿蜒性是自然河流的重要特征，弯曲程度的不同造成了不同的河流形态，形成主流、支流、河湾、沼泽、急流和浅滩等丰富多样的生境。由于流速不同，在急流和缓流的不同生境条件下，形成丰富多样的生物群落，即急流生物群落和缓流生物群落。急流生物为了在高流速中生存，或具有适于游泳的流线型的体型，或具有适于钻入石缝以防被冲走的扁平体型。有的生物可以持久附着在固体上（如淡水海绵）：有的具有吸盘和钩作为吸附器（如网蚊）；有的下表面具有黏着性（涡虫）等。

从横向变化来看，大多数河流由河道、洪泛区、高地边缘过渡带组成。河道是河流的主体，是汇集和接纳地表和地下径流的场所及连通内陆和大海的通道。洪泛区是河道两侧受洪水影响、周期性淹没的高度变化的区域。包括一些滩地、浅水湖泊和湿地。洪泛区可拦蓄洪水及流域内产生的泥沙，吸收并逐渐释放洪水，这种特性可使洪水滞后。洪泛区光照及土壤条件优越，可作为鸟类、两栖动物和昆虫的栖息地。同时湿地和河滩适于各种湿生植物和水生植物的生长。这些植物可降解径流中污染物的含量，截留和吸收径流中的有机物，具有过滤或屏障作用。河道及附属的浅水湖泊按区域可划分为沿岸带、敞水带和深水带，其中分别有挺水植物、漂浮植物、沉水植物、浮游植物、浮游动物及鱼类等不同类型的生物群落。高地边缘过渡带是洪泛区和周围景观的过渡带。河岸的植物提供了生态环境，并且起着调节水温、光线、渗漏、侵蚀和营养输送的作用。

在垂向上，河流可分为表层、中层、底层和基底。在表层，由于河水流动，与大气接触面大，水气交换良好，特别在急流、跌水和瀑布河段，曝气作用更为明显，因而河水含有较丰富的氧气。这有利于喜氧性水生生物的生存和好气性微生物的分解作用。表层光照充足，利于植物的光合作用，因而表层分布有丰富的浮游植物。表层是河流初级生产最主要的水层。在中层和下层，太阳光辐射作用随水深加大而减弱，水温变化迟缓，氧气含量下降，浮游生物随着水深的增加而逐渐减少。由于水的密度和温度存在特殊关系，在较深的深潭水体，存在热分层现象，甚至形成跃温层。由于光照、水温、浮游生物（其他生物的食物）等因子随着水深变化而变化，导致生物群落产生分层现象。河流中的鱼类，有在营养底层生活的，还有大量生活在水体中下层。对于许多生物而言，基底起着支持（如底栖生物）、屏蔽（如穴居生物）、提供固着点和营养来源（如植物）等作用。另外，大部分河流的河床材料都是透水的，即由卵石、砾石、沙土、黏土等材料构成的河床。具有透水性能的河床材料，适于水生和湿生植物以及微生物生存。不同粒径卵石的自然组合，又为鱼类产卵提供了场所。同时，透水的河床又是联结地表水和地下水的通道。这些特征丰富了河流的生境多样性，是维持河流生物多样性及河流系统功能完整的重要基础。

在时间上，随着时间的推移和季节的变化，河流生态系统的结构特点及其功能也呈现出不同的变化。由于水、光、热在时空中的不均匀分布，河流的水量、水温、营养物质呈季节变化，水生生物活动及群落演替也相应呈明显变化，从而影响河流生态系统功能的发挥。自然条件下，河流水流泥沙运动实现了水体和河漫滩之间的景观镶嵌体的变化。以河漫滩为例，河道的横向和垂向冲刷将产生河道迁徙和废弃，形成包括侧向汊道、死水区、牛轭湖、漫滩池塘和沼泽等在内的各种栖息地环境。并且这些栖息地环境在河道水流的作用下随时间变化不断演变。由于栖息地条件的变化。河流水生生物也处于不断的演替过程中。在水生生物的生态环境中，生物的发育和成长从几周到数年不等，而水生生物群落的演变需要数千年。

第三节　河道水环境生态修复常用技术与方法

一、强化一级处理

污水经一级处理工艺和二级处理工艺组成的污水处理系统处理后，实现了无害化稳定，出水水质可达到排放标准的规定要求。但是，在经济欠发达的地方，实现这一目标的代价太昂贵。即使投巨资建成这类污水处理系统，日常运转费用也是沉重的负担。所以许多地方往往先建成一级污水处理设施运行，待有经济实力后再续建二级污水处理设施，提高出水水质。然而，普通一级处理工艺对有机污染物的降解率偏低，BOD_5仅为30%左右，难以满足水环境的要求。为此，开发出了强化一级处理工艺，以提高有机污染物的降解率。常见的强化方法有水解（酸化）工艺、化学絮凝和AB法的A段工艺等。经过强化的一级处理，污水中有机污染物的降解率提高到50%以上；悬浮固体的去除率可提高到80%以上。

在普通一级处理工艺基础上，增加强化措施的投资不多，却提高了污染物去除率，并有效削减了后续处理工序的污染负荷，节省了能耗。

（一）普通一级处理

污水一级处理属于物理处理方法范畴，有筛滤、重力分离等工艺单元，主要设施是格栅、沉沙池和初沉池，去除污水中漂浮物、悬浮状固体污染物和少量有机污染物。出水水质达不到地表水环境质量标准，还须进行二级处理。可以说一级处理是二级处理的预处理。某些无毒浑浊废水以及低浓度有机污水，经一级处理后也可直接用于种植业灌溉或排放。

1. 格栅

污水处理流程中，筛滤用来拦截污水中粗大的漂浮物和悬浮状杂物，以保护后续处理设施正常运转。筛滤的构件包括平行棒、条、网或穿孔板，其中平行的棒或条构成件称格栅，由金属网或穿孔板构成件为筛。污水提升站前集水井进口处或处理厂前端安装的筛滤设施多是格栅。格栅有粗细之分，常用的多是偏粗格栅，栅条间隙为 10 ~ 40 mm；细格栅栅条间隙为 3 ~ 10 mm。

格栅拦截的污物称谓栅渣，由人工或机械清除。人工清渣的栅条间隙为 25 ~ 40 mm，机械清渣的栅条间隙为 16 ~ 25 mm。

格栅安装的倾角 α 为 45° ~ 75° ，一般多用 α =60° ；过栅流速一般采用 0.6 ~ 1.0 m/s；过栅水头损失一般为 0.2 ~ 0.3 m。

人工清渣的工作平台，应高出栅前设计最高水位 0.5m；平台应设置栏杆，过道宽不小于 1.2 m，应便于搬运栅渣。

2. 沉沙池

污水流过格栅后进入沉沙池，因而沉沙池也应设置在泵站前，以减轻对泵和管道的磨损；也是设置在初次沉淀池前的构筑物，可减轻沉淀池的负荷及改善污泥处理构筑物结构。

沉沙池的功能是借助重力从污水中分离相对密度大的无机颗粒，如沙粒、碎粒矿物质；也有一些有机颗粒，如籽种、碎骨等。这些颗粒物的表面一般附着黏性有机物，是极易腐败的污泥，应通过沉降被去除。

沉沙池按池内水流方向分为平流式、竖流式、涡流式以及曝气沉沙池等几种，其中常用的是平流沉沙池和曝气沉沙池。平流沉沙池虽占地面积较大，但构筑物结构简单，运行维护方便。

（二）强化一级处理

经过格栅→沉沙池→初沉池→出水的这种普通一级处理的水质，由于有机污染物的降解率较低，不允许直接排出《地表水环境质量标准》(GB 3838—2002）中最低类，即 V 类地表水环境。如果没有后续处理，难有排放出路。为此，研发了几种提高一级处理出水水质的有效方法，形成了强化一级处理污水的新工艺。

常见的强化一级处理方法有水解（酸化）工艺、化学絮凝工艺和AB法A段工艺等几种。

二、生物膜法

生物膜法和活性污泥法降解有机污染物的原理一样，同是利用好氧微生物进行生化反应，使水质得以净化。两种方法差别仅是微生物在反应器中存在的方式有所不同。生物膜法中微生物附着在固体滤料表面生成的生物膜上，污水与生物膜接触后得到微生物的降解，所需氧气直接来自大气。在活性污泥法中，微生物以绒粒形式分散、悬浮在曝气池的混合液中，对有机物进行代谢而降解，所需氧气由人工提供。

（一）生物膜技术概述

生物膜降解有机物的过程是：污水以适当的流速流经滤料，在其表面逐渐生成生物膜，栖息在生物膜上的微生物摄取污水中有机物为食物，代谢后污水得到稳定。这种生物膜净化污水的技术起源于土壤自净原理。当污水中有机物滞留在土壤表层，在适宜条件下，如温度、光照、大气等，大量繁殖的好氧微生物将其氧化分解成无机物，使水质净化。这种生化反应仅在土壤表层进行，占地面积大，而且受气候影响。20世纪初滴滤池得到公认后，出现了多种形式的生物膜技术，成为好氧生物处理有机污水的另一重要途径而被广泛应用。

生物膜法具有的几个特征是：固着在滤料表面上的微生物对污水水质、水量变化有较强适应能力，生物反应稳定性较好；由于微生物固着在固体表面，即使增殖速度较慢的微生物也能生长繁殖，从而构成了生物相对丰富的稳定生态系统；因高营养级的微生物存在，有机物代谢时较多的转化为能量，合成的新细胞即剩余污泥量较少；由于固着在固体滤料表面上的微生物较难控制，因而运行的灵活性较差；也由于载体材料的比表面积小，BOD容积负荷有限，因而空间效率较低；加之自然通风强度较差，在生物膜内层易形成厌氧层，也缩小了净化的有效容积。

国外运行经验表明，在处理城市生活污水时，生物滤池的处理效率低于活性污泥法。50%的活性污泥法处理厂，BOD_5的降解率高于91%；50%的生物滤池处理厂，BOD_5的降解率为83%；相应的出水BOD，分别为14 mg/L和28 mg/L。

因微生物固着生长，无须回流接种，所以一般生物滤池无二次沉淀池的污泥回流。但是，为了稀释原污水和保证对滤层的冲刷，一般生物滤池，尤其是高负荷滤池及塔式生物滤池，常采用出水回流。

根据生物膜与污水的接触方式不同，生物膜法可分为填充式和浸没式两类。在填充式生物膜法中，污水和空气沿固定的填料或转动的盘片表面流过，与其上生长的生物膜接触，典型工艺是生物滤池和生物转盘。在浸没式生物膜法中，生物载体完全浸没在水中，通过鼓风曝气供氧。如载体固定，称谓接触氧化法；如载体流化，像附着有生物膜的活性碳、陶粒等小粒径介质悬浮流动于曝气池内，则谓生物流化床。

生物滤池是生物膜法中常用的工艺设施，有普通生物滤池（即低负荷生物滤池）、高负荷生物滤池和塔式生物滤池。生物滤池适用于温暖地区和小城镇的污水处理。

（二）生物滤池净化机理

污水通过布水装置滴流到滤池表面，一部分被吸附在滤料表面上，成为膜状附着水层；另一部分以薄层水流过滤料，从上向下流动，最后排出池外，成为净化水。

空气从滤料孔隙不断向流动水层扩散，给流动水层提供了溶解氧；向下流动的污水中又含有丰富的有机物质。因此，流动水层具有好氧微生物生长繁殖的良好条件。

吸附在滤料表面上的膜状水，逐渐形成了一层微生物栖息膜，即称谓生物膜，理想膜的厚度为2～3 mm。生物膜成熟的标志是：生物膜沿滤池深度垂直分布、生物膜由细菌和各种微生物组成生态系统、有机物降解达到了稳定状态。从开始布水到生物膜成熟，须经过潜伏和生长两个阶段。在15～20℃温度条件下，城市污水经历两阶段的时间大约是50 d。

有机污染物降解发生在生物膜表层约2 mm厚的好氧性生物膜内，里面栖息着大量细菌、真菌，它们是有机物得以降解的主要微生物；还有原生动物如钟虫、独缩虫等，以及后生动物线虫、滤池蝇为代表的昆虫，形成了食物链。通过细菌的代谢活动，有机物被降解，使附着水层得到净化。流动水层与附着水层接触后，流动水层中有机污染物传递给附着水层，也使流动水层在向下流动的过程中逐步得到净化。好氧微生物的代谢产物 H_2O 及 CO_2 等，通过附着水层传递给流动水层而后随水排放。

生物膜成熟后，微生物仍不断增殖，厚度不断增加，超过好氧层厚度后，其深层呈厌氧状态，形成厌氧膜层，厌氧代谢产物 H_2S、NH_3 等通过好氧膜排出膜外。当厌氧膜厚到一定程度，代谢物过多，好氧层的生态遭到破坏，生物膜呈老化状态而自然脱落，再增长新的生物膜。生物膜成熟初期，微生物代谢机能旺盛，净化功能最好；当膜内出现厌氧状态，净化功能下降；当生物膜脱落时，生物降解效果最差。影响生物滤池净化功能的重要因素：一是供氧状况，滤料形状对滤池通风至关重要，选用球形、表面较粗糙的滤料，因其球间孔隙比较大，而且比表面积也比较大，通风良好，吸附力强；二是有机物浓度状况，低负荷滤池，污水与生物膜接触时间长，有机物降解程度高，污水净化较彻底。又由于有机物负荷低，微生物常需要内源代谢，因而微生物增殖缓慢、生物膜增厚减缓，污泥量较少。

三、土地处理

污水土地处理是在人工控制条件下，将污水投配到土地上，利用土壤—微生物—植物构成的生态系统，借助天然能源，使污水稳定化、无害化和资源化的处理工艺。污水土地处理系统，是在历史悠久的污水灌溉农田基础上发展起来的生物处理技术，已成为污水二级处理的代用技术得到迅速发展，尤以湿地处理系统的效益突出而倍受重视。

(一) 土地处理概述

污水土地处理可分为旱地处理和湿地处理两类：旱地处理有慢速渗滤、快速渗滤、地表漫流和地下渗滤等工艺；湿地处理有天然湿地和人工湿地等工艺。

旱地处理的净化机理基本与生物膜法相同。污水流过土壤时，污水中悬浮物和胶体物被土壤颗粒截留，在土粒表面形成了生物膜，膜上好氧细菌利用土壤空隙中的氧气，将污水中有机物转化成无机物而稳定；也由于沉淀和吸附作用，使水质得以净化。

湿地处理的净化机理大体与好氧塘类似。污水中悬浮固体沉淀于水底，胶体和溶解物分散于水中。由于湿地水较浅，大气复氧充足，水中微生物的代谢作用活跃，加之水生植物吸收利用，使有机氮的代谢产物氨氮降解较快，几乎与 BOD 的降速一致。污水在湿地停留 5 ~ 7 d，可去除 SS 的 75% ~95%、BOD_5 的 70% ~ 90%、细菌总数的 90% ~ 98%，以及绝大部分蛔虫卵。

利用土地处理污水就是利用土壤微环境和植物根际微环境，供好氧和兼性微生物分解代谢有机污染物，土壤颗粒拦截、吸附悬浮污染物和植物摄取营养污染物。土地处理系统设计时应注意以下几点：对微生物、植物和土壤有危害的工业废水或含有毒有害物质的污水，不能采用土地处理；只能利用河滩荒地、岸外坑塘洼地和垃圾填埋场等废地对污水进行处理；防止污染地下水和重金属在土壤中积累。

土地处理污水的主要优势是耗能少、运行费用低，操作管理简易；主要缺点是占地面积大。污水土地处理与污水灌溉的主要区别是：

1. 土地处理方面以净化污水为目的，利用土壤—植物根系净化水质，对水质和水量有要求，需要预处理、应当采用适当负荷，采取有效管理以保证处理效果，能够终年运行，可以对出水收集利用，对周围环境需要监测。

2.污水灌溉方面以利用水肥资源为目的，以灌溉制度和农田灌溉水质标准控制水量和水质，无设计参数，不能终年运行，出水不收集回用，无专设的环境监测系统。

总之，污水灌溉侧重污水利用，而土地处理则侧重污水净化。

(二) 旱地处理工艺

1. 慢速渗滤

该工艺适用于透水性能较好的壤土和沙质壤土、蒸发量小、气候比较湿润的地区。污水经喷洒或地表布水于种有植物的土壤表面，在缓慢流动中垂直下渗，植物可充分摄取污水中营养物质，土壤可拦截过滤，微生物可分解有机污染物。在土壤—微生物—植物系统共同作用下，污水得到净化。慢速渗滤的特征是：

(1) 慢速渗滤场投配的污水一般不产生地表径流，污水与降水共同满足植物生长需要，并且蒸散量、渗滤量大体平衡。渗滤水经土层进入地下水的过程是间歇性且极其缓慢。

(2) 种植植物是系统的重要组成部分，能直接利用污水的水肥资源，可获得的生物量大，经济价值高。植物以经济作物为主。

(3) 处理系统中水和污染物的负荷较低，去除率较高，再生水水质好，渗滤水补给地下水不产生二次污染。

(4) 受气候和植物限制，冬季、雨季、作物播种和收割期不能投配污水，需要贮存设施。

(5) 以深度处理和利用水肥物质为主要目标的慢速渗滤法，要求预处理的程度高，一般采用一级处理甚至二级处理水进入该系统，并对工业废水的成分加以限制。

(6) 适宜慢速渗滤的场地，要求土层厚度大于 0.6 m、地下水埋深大于 1.2 m、土壤渗透系数应在 0.15~1.5 cm/h 之间、地表坡度小于 30%。

2. 快速渗滤

污水快速渗滤处理是将污水有控制地投配到土地表面，污水在良好透水性土层里下渗，借过滤、沉淀、吸附和土层中处于厌氧、好氧交替状态的微生物代谢和硝化、反硝化等反应得到净化。适用于透水性良好的沙砾、沙土和砾壤土等场地处理污水。

快速渗滤法类似于间歇式砂滤地，周期性的布水和落干。污水布于土层表面后很快渗入地下，回灌地下水是快滤处理污水的目的之一；另一目的是回收利用渗滤水。用于回补地下水时不设集水系统；处理水再生利用时，需设地下集水系统或浅井群收集。快速渗滤的特点是：

(1) 布水和干化反复进行，以保持土壤高渗透率；

(2) 利用距民居区有一定距离的河滩、荒地；

(3) 为减少污水中悬浮固体堵塞土层孔隙，保持较高渗透速率，一级处理为预处理最低要求；

(4) 土层渗透率应大于 0.5 cm/h;

(5) 地下水埋深应大于2.5 m;

(6) 地表坡度宜小于10%。

3. 地表漫流

污水地表漫流处理系统是将污水有控制地投配到土壤渗透性差、具有一定坡度、生长牧草的土地表面，在沿坡面以薄层水缓慢流动过程中不断被沉淀、吸附、氧化分解等物理生化反应所净化。大部分出水以地表径流汇集而排放，少部被蒸散、入渗而消耗。适用于透水性较差的土壤，如黏土、亚黏土等，且地形比较平坦，又有均匀坡度，一般为2%～8%坡度的地块。用喷洒或漫灌方式布水，均匀的顺坡下流至集水沟。地面上种植非食用性植物，提供根际微环境发生微生物代谢反应，并防止土壤被冲刷而流失以及沉淀不充分等缺陷。

地表漫流方式可用来处理浓度高的有机废水。当场地和气候等条件适宜时，该工艺可终年运行。地表漫流系统的特征如下:

(1) 对预处理的要求较低，通常用一级处理或细筛处理即可;

(2) 在污水浓度较低的情况下，污水和污泥可合并处理，可省去污泥处理系统;

(3) 由于地表土壤和淤泥层成分的溶出，出水水质不及渗滤型土地处理系统优良。

(三) 湿地处理工艺

湿地是指一年内绝大部分时间，土地被地表浅水层所淹没，能维持大型水生植物生长的生态系统。天然湿地是地球上气象和地貌共同作用的产物，是地球上陆地生态系统中的子系统，以鲜明的生命活性和独特的生物群落为特征。人工湿地是模拟天然湿地特性人造的湿地，与天然湿地的最大区别是具有负荷的可控性，使处理污水的能力向预期目标发展。

污水进入湿地系统后，污水中有机污染物和悬浮固体物通过生物群落分解，植物吸收和水力沉降等途径共同作用而去除。应用湿地生态系统处理污水，其净化效率优于好氧塘，尤其对常规污水处理厂难以去除的营养元素有良好的处理。

1. 人工湿地处理系统特征

(1) 人工湿地处理优点。

①人工湿地对污水中有机污染物的去除效率高，BOD_5降解率达85%~95%，COD_{cr}降解率大于80%，对TN、TP的去除率分别达到60%和90%。

②基建费和运行费因构筑物比较简单、机电设备少，一般只需常规二级处理的1/5~1/2。

③对污水的负荷冲击适应能力强，适合管理水平不高、规模较小的村镇污水处理。

④可间接产生其他效益，如绿化、收获经济作物、保护野生生物等。

(2) 人工湿地处理缺点。

人工湿地工艺的不足之处是：占地面积也较大，需要经过2~3个植物生长季节，形成稳定的植物和微生物生态系统后，污水的净化效果才能达到设计要求。

2. 人工湿地类型及构成

人工湿地按水流方向可分为地表流湿地、潜流湿地和垂直流湿地三类。

地表流人工湿地与天然湿地近似，水在生长稠密的水生植物丛中水平流动，具有自由水面。有机污染物的去除，依靠植物水下部分的茎、秆上生物膜来完成，因而难以充分利用生长在填料表面的生物膜和生长丰富的根系对污染物发挥降解作用。处理效能较低，环境卫生较差。夏季滋生蚊蝇，产生臭气；冬季易表面结冰，失去处理能力。

潜流人工湿地的污水虽在填料层和植物根际水平流动，但无自由水面。因而可充分利用填料表面生长的生物膜、丰富的植物根系以及表面土层等条件分解、吸收和截留污染物，提高了湿地处理污水的能力；同时保温性能好，气候影响小，处理水的水质比较稳定。垂直流人工湿地是综合了地表流和潜流两类工艺的特性，使污水在填料床中基本自上向下渗流，充分发挥生物降解和渗滤作用而净化污水。由于构筑物复杂，目前并未多用。

人工湿地处理设施的构成，包括预处理设施、湿地床设施和水质水量监控设备三部分。预处理一般有格栅、沉沙池、提升泵、沉淀池或酸化水解池等工艺单元，其作用是保障后续工艺的正常运行。湿地床是核心工艺单元，床块是具有1%～8%缓坡的长方形地块，地表流湿地床的长宽比大于3，长度大于20 m。潜流湿地床的长宽比小于3。芦苇湿地床的有效深度一般为0.6 m~0.8 m。湿地床由基层、水层、植物和动物及微生物五种非生物和生物构成完整的生态系统。基层即填料层，由表层土壤、中层沙砾和下层碎石组成。

第四节　放淤固堤技术研究

一、施工阶段质量控制

由于放淤固堤工程施工工艺不太复杂，质量便于控制，监理人员进行质量控制主要从以下几方面进行。

(一) 基础清理

放淤固堤工程的基础清理，主要清除基面和堤坡表层的草皮、树根、建筑垃圾等杂物，清理范围应大于淤区宽度的0.3 m，承建单位应按施工堤线长度每20~50 m测量一个点次，监理抽检按承建单位自检数目的1/3进行。监理人员抽检合格后，方可开始放淤。

(二) 围堤、格堤工程

监理人员应重点控制围堤、格堤工程施工质量，要参照碾压式土方的施工要求进行，压实度按0.85掌握。围堤断面须满足要求，以防止围堤溃决、塌方、漫溢事故发生，造成淹渍农田村庄。

(三) 淤区工程

监理人员要定期抽验土质、机械数量和性能。尾水含沙量控制在3kg/m^3以内。淤区泄水口的位置及高程应根据施工情况进行调整。淤区的高程，在竣工验收时，高程偏差控制在0～0.3 m。淤区的宽度应严格按照以下规定：淤区宽度小于50 m时，允许偏差为 ±0.5 m；淤区宽度大于50 m时，允

许偏差为 ±1m；淤区的平整度控制在 500 m^2 范围内，高差小于 0.3 m。

（四）淤区包边盖顶

土质符合设计要求，包边厚度允许误差为 ±5 cm，包边压实度按 0.85 掌握。

（五）排水工程

应尽量利用当地的自然排水沟（渠）系统，如排水确有困难的，应首先修通排水沟，或者结合群众灌溉需求，公民共同修筑排水渠道，使淤区排水畅通。

（六）附属工程

排水沟、植草、植树的施工，监理人员也要按规范严格要求。

二、放淤固堤工程施工工艺流程

放淤固堤工程施工工艺流程大致如下：

（一）施工准备

（1）编制施工工艺流程和开工报告。
（2）场地布置。
（3）技术交底。
（4）机械设备。
（5）施工放样。
（6）三通一平。
施工准备完成之后，就进行报送放样资料，申请开工。

（二）施工阶段

（1）基础处理。
（2）格堤、围堤。
（3）淤沙工程。
（4）包边盖顶。

报送工序报验单，申请阶段检验。

工程验收。

三、放淤固堤工程施工程序

放淤固堤工程施工程序大致如下：

(1) 施工阶段。

审查承包人质量保证体系情况，审查施工工艺流程，检查机具、人员、试验设备是否进场，检查是否达到开工条件。

(2) 批准承包人单位工程开工报告。

(3) 基础、堤坡表面清除杂草、树根等杂物。

(4) 格堤、围堤压实度达到0.85。

(5) 淤沙工程抽验土质数量、性能，控制尾水含沙量在3 kg/m^3以内，排水通畅。

(6) 黏土包边盖顶控制。

(7) 旁站、测量、试验等方法逐层逐段检验合格后签认，并进入下道工序。

(8) 工程验收。

①检查承包人放淤数量、压实、平整、高程、几何尺寸是否符合要求，组织工程验收。

②检验合格由工程师签认，资料汇总归档。

第六章　运用植物进行的河道生态治理

地球陆地表面生长着各种各样的植物，生长在河流及其两岸的植物种类尤为丰富。植物为人类及其他动物、微生物提供生存、发育必需的物质、能量、栖息地和适宜的环境，是地球上生命存在和发展的基础。河流是地球的血脉，是人类文明的摇篮。河流不仅为人类带来丰富的物质资源，还为人类提供便捷、廉价的航运条件，河流与人类的生活、生产息息相关。但随着人口的增加、经济的发展，人类对河流的干预不断增强，河流生态系统遭受的胁迫也日益严重，河岸植被急剧减少，取而代之的是硬化河岸，从而削弱了水域与陆域的联系，降低了水体自净能力，导致河流生态系统退化，威胁河流的健康生命。植物作为河流生态系统的重要结构组分，在固土护坡、保持水土、水质净化、塑造河流景观等方面具有极其重要的功能。因此，采用植物措施对受损河道进行生态修复，重建河道生态环境，恢复河流健康，实现人与自然的和谐，达到“水清、流畅、岸绿、景美”的治河目标具有十分重要的现实意义。

第一节　运用植物进行河道生态治理的原理

关于利用植物措施应用技术进行河道生态建设的基本原理目前没有相关论述，但是生态恢复与重建的相关生态学原理可以作为植物措施应用技术的原理。目前，有关恢复（Restoration）与重建（Reconstruction）的科学术语很多，如修复（Rehabilitation）、改造或改良（Reclamation）、改进（Enhancement）、修补（Remedy）、更新（Renewal）和再植（Revegetation）等，这些术语从不同角度反映了恢复与重建的基本意图。所谓生态恢复与重建是指根据生态学原理，通过一定的生物、生态以及工程的技术与方法，人为地改变和切断生态系统退化的主导因子或过程，调整、配置和优化系统内部及其与外界的物质、能量和信息的流动过程及其时空秩序，使生态系统的结构、功能和生态学潜力尽快地、成功地恢复到一定的或原有的乃至更高的水平。生态恢复过程一般是由人工设计和进行的，并是在生态系统层次上进行的。这里需要说明的是，生态系统或群落在遭受火灾、砍伐、弃耕等后而发生的次生演替实质上也属于一种生态恢复过程，但它是一种自然的恢复。

林勇等认为退化生态系统恢复的基本原理主要有生态系统演替理论、种群间相互关系理论、干扰控制理论、景观结构与功能理论等。孙凡和冯沈萍论述了在三峡库区退耕还林（草）的恢复生态学7条原理，包括生态因子间的不可代替性和可调剂性规律、最小因子定律、耐性定律、种群空间分布格局原理、种群密度制约原理、边缘效应原理、群落演替原理。师尚礼对生态恢复理论与技术研究进行总结概括，认为生态恢复应遵循原理有：限制性因子原理、热力学定律、生态系统结构理论、生态适宜性原理、生态位原理、生物群落演替理论、植物入侵理论和生物多样性原理等。于辉等提出森林植被恢复重建应遵循物种的生态适应性和适宜性原理、共生原理、资源充分利用与密度效应原理、生态位（多样性）原理、协同效应与整体功能最优原理、生物调控原理、有害生物的可持续控制原理。

根据上述生态恢复与重建的许多原理，结合河道生态建设的理论基础，主要的植物措施应用技术应该依据以下7项基本原理。

一、生态演替原理

演替是生态学最古老的概念之一（Johnson）。它是群落动态的一个最重要的特征，是现代生态学的中心课题之一，是解决人类现在生态危机的基础，也是恢复生态学的理论基础。植物生态学中的演替（Succession）是“一个植物群落为另一个植物群落所取代的过程”，是植物群落动态的一个最重要特征。任何群落的演替过程，都是从个体替代开始，随着个体替代量的增加，群落的主体性质发生变化，产生新的群落形态。从微观（个体）角度看，这种过程是连续的、不间断的（大灾变除外），是一个随时间而演化的生态过程。从宏观（整体）看，这种演替都是有明显阶段性的，即群落性质从量变到质变的飞跃过程，从一定态到另一定态的演化过程。

生态系统的核心是该系统中的生物及其所形成的生物群落，在内外因素的共同作用下，一个生物群落如果被另一个生物群落所替代，环境也就会随之发生变化。因此生物群落的演替，实际是整个生态演替。生态演替过程可以分为3个阶段，即先锋期、顶级期和衰老期。

（一）先锋期

生态演替的初期，首先是绿色植物定居，然后才有以植物为生的小型食草动物的侵入，形成生态系统的初级发展阶段。这一时期的生态系统，在组成上和结构上都比较简单，功能也不够完善。

（二）顶级期

生态演替的繁盛期，也是演替的顶级阶段。这一时期的生态系统，无论在成

分上和结构上均较复杂，生物之间形成特定的食物链和营养级关系，生物群落与土壤、气候等环境也呈现出相对稳定的动态平衡。

（三）衰老期

生态演替的末期，群落内部环境的变化，使原来的生物成分不太适应而逐渐衰弱直至死亡。与此同时，另一批生物成分从外侵入，使该系统的生物成分出现一种混杂现象，从而影响系统的结构和稳定性。

演替指植物群落更替的有序变化发展过程。因而恢复和重建植被必须遵循生态演替规律，促进进展演替，重建其结构，恢复其功能，即充分合理地利用物种的群聚特征和种内竞争、种间竞争，在不同的植被演替阶段适时引入种内、种间竞争关系，促进植被的进展演替。

二、生物多样性原理

生物多样性是生命有机体及其借以生存的生态复合体的多样性和变异性，包括所有的植物、动物和微生物物种以及所有的生态系统及其形成的生态过程（田兴军）。生物多样性是人类赖以生存和发展的基础，保护生物多样性已成为世界各国关注的热点之一，它有利于全球环境的保护和生物资源

的可持续利用。在等级层次上，生物多样性包括遗传多样性、物种多样性、生态系统多样性和景观多样性。这4个层次的有机结合，其综合表现是结构多样性和功能多样性。人类的发展归根到底依赖于自然界中各种各样的生物。生物多样性对于维持生态平衡、稳定环境具有关键性作用，为全人类带来了巨大的利益和难以估计的经济价值。许多学者认为，生物多样性表现出生物之间、生物与其生存环境之间的复杂的相互关系，是生物资源丰富多彩的标志，它的组成和变化既是自然界生态平衡基本规律的体现，也是衡量当前生产发展是否符合客观的主要尺码。生态系统中某一种资源生物的生存及功能表达，均离不开系统中生物多样性的辅助和支撑，丰富的生物多样性是生态系统稳定的基础。在水土流失区生态系统遭到严重破坏，植物稀疏，物种单调生物种群稀少，群落组合单一。

生物多样性的自然发展，是对水土资源优化的促进；相反，生物多样性的逆行演替，将导致水土资源的退化。在排除人为不合理干扰的条件下，生物多样性总是朝有利于水土资源优化的方向发展。在河道生态建设中，植物种类选择和群落构建应尽量选择较多植物种类，避免物种单一。确定物种之间及其与环境之间的多种相互作用，以及各种生物群落、生态系统及其生境与生态过程的复杂性，从而达到系统的稳定性。

三、生态位原理

生态位（Ecological Niche）指种群在时间、空间的位置以及种群在群落的地位和功能。生态位是生物（个体、种群或群落）对生态环境条件适应性的总和。生态位是生态学中的一个重要概念，是种群生态研究的核心问题。按照 Hutchinson 的说法，有利于某一生物生存和生殖的最适条件为该生物的基础生态位，即假设的理想生态位，可以用环境空间的一个点集来表示。在这个生态位中生物的所有物理化学条件都是最适的，不会遇到竞争者、捕食者和天敌等。但是生物生存实际遇到的全部条件总不会像基础生态位那样理想，所以称为现实生态位。现实生态位包括所有限制生物的各种作用力，如竞争、捕食和不利气候等。

物种生态位既表现了该物种与其所在群落中其他物种的联系，也反映了它们与所在环境相互作用的情况。生态位理论和应用研究已经有较大进展，生态位理论的应用范围甚广，特别是在研究种间关系、群落结构、群落演替、生物多样性、物种进化等方面，另外在植被的生态恢复与重建过程也应用了生态位原理。河道生态建设中应用生态位原理，就是把适宜的物种引入，填补空白的生态位，使原有群落的生态位逐渐饱和，这不仅可以抵抗病虫害的侵入，增强群落稳定性，也可增加生物多样性，提高群落生产力。

四、物种生态适应性和适宜性原理

生态适应性是生物通过进化改变自身的结构和功能，使其与生存环境相协调的特点。在自然界中，每种植物均分布在一定地理区域和一定的生境中，并在其生态环境中繁衍后代维持至今。植物长期生长在某一环境中，获得了一些适应环境相对稳定的遗传特征，其中包括形态结构的适应特征。物种的选择是植被恢复和重建的基础，也是人工植物群落结构调控的手段。确定物种与环境的协同性，充分利用环境资源，采用最适宜的物种进行生态恢复，维持长期的生产力和稳定性。选择物种时，应遵从适宜性原理，引入符合人们某种重建愿望的目标物种。植物的生态适应性和适宜性是河道生态建设植物选种的关键一步，生态环境条件对植物的生长发育、抗性以及品质等都有重要影响。选择出既具备良好的生态适应性，又具有较好适宜性的物种，是植被恢复和重建的一个关键。

五、物种共生原理

自然界中任何一种生物都不能离开其他生物而单独生存和繁衍，这种关系是自然界中生物之间长期进化的结果，包括共生、竞争等多种关系，构成了生态系统的自我调节和反馈机制。一个系统内一个物种的变化对生态系统的结构和功能均有影响，这种影响有时在短时间内表现出来，有的则需要较长的时间。共生是指不同物种的有机体或系统合作共存，共生的结果使所有共生者都大大节约物质能量，减少浪费和损失，使系统获得多重效益，共生者之间差异越大，系统多样性越高，共生效益也越大。

在河道生态建设中要充分认识物种共生原理，借鉴天然植物群落中物种组成特点，在构建植物群落时应选用能够共生的物种，提高物种和生态系统的多样性，以期获得更高的互助共生的效益。

六、限制因子原理

限制因子（Limiting Factor）是指在众多的环境因素中，任何接近或超过某种生物的耐受性极限而阻止其生存、生长、繁殖或扩散的因素。任何生物体总是同时受许多因子的影响，每一因子都不是孤立地对生物体起作用，而是许多因子共同一起起作用。因此任何生物总是生活在多种生态因子交织成的复杂的网络之中。但是在任何具体生态关系中，在一定情况下某个因子可能起的作用最大。这时，生物体的生存和发展主要受这一因子的限制，这就是限制因子。例如，在干旱地区，水是限制因子；在寒冷地区，热是限制因子；在光能到达的海洋部分，矿物养分是限制因子等。任何一个生态因子在数量上和质量上存在一个范围，在该范围内，所有与该因子有关的生理活动才能正常发生。寻找生态系统恢复的关键因子及因子之间存在的相互作用，据此进行生态恢复工程的设计和确定采用的技术手段、时间进度。

从某种意义上说，河道生态建设中要利用限制因子原理，使其能为选种、栽培和水利工程建设等提供理论依据，如山丘区河道、平原区河道、沿海区河道的适宜植物选择和栽培技术等，尤其是沿海地区，植物种类的选择不仅要考虑植物的耐水湿特点，同时还要认识到植物的耐盐碱属性，因为沿海地区的高盐碱特点是许多植物生长的限制因子，了解限制因子的影响，从而提高植物措施应用技术的效果。

七、有害生物可持续控制原理

对有毒有害植物采用人工措施，降低种群密度和大小；对有害动物（包括昆虫）在调整植物种群结构、大小的同时，加强动物的管理和利用，通过人工调节食物链的各个环节，保持动物种群数量的动态平衡，使某一种群都处于其他种群的调节之下进而达到控制的目的；既不使有害生物的物种灭绝，又不使有害生物种群迅速扩张而发生危害，从而达到控制有害生物的目的。

河道生境兼具水、陆特点，可以为许多生物种类提供栖息地。植物措施应用后，不可避免伴有其他有害生物的出现，因此要对有害生物进行可持续控制。

第二节 河道生态治理中植物的选择技术

植物是河道生态建设的重要材料，在河道发挥生态功能方面具有独特的、不可替代的作用。不同的植物种类在耐水性、耐旱性、耐盐性、观赏性、抗病性和固岸护坡、水质净化等方面存在着显著差异，所以科学合理地选用适宜的植物种类对于应用植物措施进行河道生态建设是至关重要的。不同类型、不同功能的河道和河道的不同河段、不同坡位在土壤理化性质、河流坡降、水文地质、断面形式等方面也各不相同。因此，各地河道生态建设，应根据河道的主导功能和植物的生物生态学特性，因地制宜地选用优良的植物种类。本节就针对河道生态治理中植物的选择技术进行介绍。

一、河道植物种类选择原则

河道生态建设植物措施的应用要充分考虑河道特点和植物的生物生态学特性，并把两者有机地结合起来。植物种类的选择，应在确保河道主导功能正常发挥的前提下，遵循生态适应性、生态功能优先、乡土植物为主、抗逆性、物种多样性、经济适用性等基本原则。

(一) 生态适应性原则

植物的生态习性必须与立地条件相适应。植物种类不同，其生态习性必然存在着差异。因此，应根据河道的立地条件，遵循生态适应性原则，选择适宜生长的植物种类。比如，沿海区河道土壤含盐量较高，应选用耐盐性的植物种类才能生存，如木麻黄、柽柳、盐地碱蓬等，否则植物不易成活或生长不良。河道常水位附近土壤含水量较高，应选择耐水湿的植物种类，如水杉、银叶柳、蒲苇等。

(二) 生态功能优先原则

众所周知，植物具有生态功能、经济功能等多种功能。从生态适应性的角度看，在同一条河道内应该有多种适宜的植物。河道生态建设植物措施的应用主要是基于植物固土护坡、保持水土、缓冲过滤、净化水质、改善环境等生态功能，因此植物种类选择应把植物的生态功能作为首要考虑的因素，根据实际需要优先选择在某些生态功能方面优良的植物种类，如南川柳、狗牙根等具有良好的固土护坡效果。其次，根据河道的主导功能和所处的区域不同，兼顾植物种类的经济功能等，如山区河道可以选用生态经济植物杨梅、油桐等。

(三) 乡土植物为主原则

乡土植物是指当地固有的、自然分布于本地的植物。与外来植物相比，乡土植物最能适应当地的气候环境。因此，在河道生态建设中，应用乡土植物有利于提高植物的成活率，减少病虫害，降低植物管护成本。另外，乡土植物能代表当地的植被文化并体现地域风情，在突出地方景观特色方面具有外来植物不可替代的作用。乡土植物在河道建设中不仅具有一般植物的防护功能，而且具有很高的生态价值，有利于保护生物多样性和维持当地生态平衡。因此，选用植物应以乡土植物为主。外来植物往往不能适应本地的气候环境，成活率低，抗性差，管护成本较高，不宜大量应用。外来植物中，有一些种类生态适应性和竞争力特别强，又缺少天敌，如果使用不当，可能会带来一系列生态问题，如凤眼莲、喜旱莲子草等，这类植物绝对不能引入。对于那些被实践证明不会引起生态入侵的优良外来植物种类，也是可以采用的。

(四) 抗逆性原则

平原区河道，雨季水位下降缓慢，植物遭受水淹的时间较长，因此应选用耐水淹的植物，如水杉、池杉等；山丘区河道雨季洪水暴涨暴落、土层薄、砾石多、土壤贫瘠、保水保肥能力差，故需要选择耐贫瘠的植物，如构树、盐肤木、马等；沿海区河道土壤含盐量高，尤其是新围垦区开挖的河道，应选择耐盐性强的植物，如木麻黄、海滨木槿等。另外，河道岸顶和堤防坡顶区域往往长期受干旱影响，要选择耐干旱的植物，如合欢、野桐、黑麦草等。因此，根据各地河道的具体实际情况，选用具有较强抗逆性的植物种类，否则植物很难生长或生长不良。采用抗病虫害能力强的植物种类，能降低管护成本。

（五）物种多样性原则

稳定健康的植物群落往往具有丰富的物种多样性，因此要使河道植物群落健康、稳定，就必须提高河道的物种多样性。物种多样性能增强群落的抗性，有利于保持群落的稳定，避免外来生物的入侵。多样的植物可为更多的动物提供食物和栖息场所，有利于食物链的延伸。不同生活型的植物及其组合，为河流生态系统创造多样的异质空间，从而可容纳更多的生物。只有丰富的植物种类才能形成丰富多彩的群落景观，满足人们不同的审美要求；也只有多样性的植物种类，才能构建不同生态功能的植物群落，更好地发挥植物群落的生态作用，取得更好的景观效果。

（六）经济适用性原则

采用植物措施进行河道生态建设与传统治河方法相比，不仅具有改善环境、恢复生态、有利于河流健康等优点，还具有降低工程投资、增加收益之优势。为此，应选用种子、苗木来源充足，发芽力强，容易育苗并能大量繁殖的植物种类，同时选用耐贫瘠、抗病虫害和其他恶劣环境的植物种类，以减少植物对养护的需求，达到种植初期少养护或生长期免养护的目的。对于景观上没有特别要求的河道或河段，应多选用当地常见、廉价的植物种类，这样可以降低工程建设投资和工程管理养护费用。同时在河流边坡较缓处或护岸护堤地内，尽量选择能产生经济效益的植物种类，增加工程收益。

二、河道植物种类选择要点

（一）不同功能河道的植物选择

一般来说，河道具有行洪排涝、交通航运、灌溉供水、生态景观等多项功能。某些河道因所处的区域不同，同时可具有多项综合功能，但因其主导功能的差异，所采取的植物措施也应有所不同。

1. 行洪排涝河道

在设计洪水位以下选种的植物，应以不阻碍河道泄洪、不影响水流速度、抗冲性强的中小型植物为主。由于行洪排涝河道在汛期水流较急，为防止植被阻流及植物连根拔起，引起岸坡局部失稳坍塌，选用的植物的茎秆、枝条等，还应具有一定的柔韧性。例如，选用南川柳、木芙蓉、水团花等植物种类。

2. 交通航运河道

船舶在河道中航行，由于船体附近的水体受到船体的排挤，过水断面发生变形，因而引起流速的变化而形成波浪，这种波浪称为船行波。当船行波传播到岸边时，波浪沿岸坡爬升破碎，岸坡受到很大的动水压力的作用，使岸坡遭到冲击。在船行波的频繁作用下，常常导致岸坡淘刷、崩裂和坍塌。在通航河道岸边常水位附近和常水位以下应选用耐水湿的树种和水生草本植物，如池杉、水松、香蒲、菖蒲等，利用植物的消浪作用削减船行波对岸坡的直接冲击，保护岸坡稳定。

3. 灌溉供水河道

为防止土壤和农产品污染，国家对灌溉用水专门制定了《农田灌溉水质标准》。为保护和改善灌溉供水河道的水质，植物种类选择应避免选用释放有毒有害的植物种类，同时还应注重植物的水质净化功能，选用具有去除污染物能力强的植物，如池杉、水葱、芦竹等。利用植物的吸收、吸附、降解作用，降低水体中的污染物含量，达到改善水质的目的。

4. 生态景观河道

对于生态景观河道植物种类的选用，在强调植物固土护坡功能的前提下，应考虑植物本身美化环境的景观效果。根据河道的立地条件，选择一些固土护坡能力较强的观赏植物，如乌桕、蓝果树、木槿、美人蕉等。为构建优美的水体景观，应选用一些观赏植物，如黄菖蒲、水烛、睡莲等。

为保障行人安全在堤防（河岸）马道（平台）结合居民健身需要设为慢行（步行）道的区域，两边应避免选用叶片硬或带刺的植物，如刺槐、刺桐、剑麻等。

（二）不同河段的植物选择

一条河流往往流经村庄、城市（镇）等不同区域。考虑河道流经的区域和人居环境对河道建设的要求，将河道进行分段。

1. 城市（镇）河段

城市（镇）河段是指流经城市和城镇规划区范围内的河段。河道建设除满足行洪排涝要求外，通常有景观休闲的要求。

水是城之魂，河为魂之载。良好的河道水环境是城市的形象，是城市文明的标志，代表着城市的品位，体现着城市的特色。城市河道首先要能抵御洪涝灾害，满足行洪排涝要求，使人民群众能够安居乐业，使社会和经济发展成果能得到安全保护；其次是要自然生态，人水和谐，突出景观功能，使人赏心悦目，修身养性。城市河道两岸滨水公园、绿化景观为城市营造了休憩的空间，对提升城市的人居环境，提高市民的生活质量具有十分重要的作用和意义。因此，城市河道应多选用具有较高观赏价值的植物种类。如：垂柳、紫荆、鸡爪槭、萱草等，使城市河道达到“水清可游、流畅可安、岸绿可闲、景美可赏”。

另外，节点区域的河段，如公路桥附近、经济开发区、交通要道两侧等局部河段，对景观要求较高。可根据河道的主导功能，结合景观建设需要，多选用一些观赏植物，如香港四照花、玉兰、紫薇、山茶花等。

2. 乡村河段

乡村河段是指流经村庄的河段，一般不宜进行大规模人工景观建设。流经村庄的乡村河段，可根据乡村的规模和经济条件，结合社会主义新农村建设，适当考虑景观和环境美化。因此，应多采用常见、价格便宜的优良水土保持植物，如苦楝、榔榆、桑树等。

3. 其他河段

其他河段是指流经的区域周边没有城市（镇）、村庄的山区河段，如果能够满足行洪排涝等基本要求，应维持原有的河流形态和面貌；流经田间的其他河段，主要采取疏浚整治措施达到行洪排涝、供水灌溉的要求。这类河道应按照生态适用性原则，选用当地土生土长的植物进行河道堤（岸）防护。如枫杨、朴树、美丽胡枝子、狗牙根等。

（三）河道不同坡位的植物选择

从堤顶（岸顶）到常水位，土壤含水量呈现出逐渐递增的规律性变化。因此，应根据坡面土壤含水量变化，选择相应的植物种类。从堤顶（岸顶）到设计洪水位，设计洪水位到常水位，常水位以下，土壤水分逐渐增多，直至饱和。因此，选用的植物生态类型应依次为中生植物、湿生植物、水生植物。

1. 常水位以下

常水位以下区域是植物发挥净化水体作用的重点区域。种植在常水位以下的植物不仅起到固岸护坡的作用，而且还应充分发挥植物的水质净化作用。常水位以下土壤水分长期处于饱和状态。因此，应选用具有良好净化水体作用的水生植物和耐水湿的中生植物，如水松、菖蒲、苦草等。另外，通航河段，为了减缓船行波对岸坡的淘刷，可以选用容易形成屏障的植物，如菰、芦苇等。而对于有景观需求的河段，可以栽种观叶、观花植物，如黄菖蒲、水葱、窄叶泽泻等。

2. 常水位至设计洪水位

常水位至设计洪水位区域是河岸水土保持、植物措施应用的重点区域。在汛期，常水位至设计洪水位的岸坡会遭受洪水的浸泡和水流冲刷；枯水期岸坡干旱，含水量低，山区河道尤其如此。此区域的植物应有固岸护坡和美化堤岸的作用。因此，应选择根系发达、抗冲性强的植物种类，如枫杨、细叶水团花、荻、假俭草等。对于有行洪要求的河道，设计洪水位以下应避免种植阻碍行洪的高大乔木。有挡墙的河岸，在挡墙附近区域不宜种植侧根粗壮的大乔木。

3. 设计洪水位至堤（岸）顶

设计洪水位至堤（岸）顶区域是河道景观建设的主要区域，起着居高临下的控制作用。土壤含水量相对较低，种植在该区域的植物夏季可能会受到干旱的胁迫。因此，选用的植物应具有良好景观效果和一定的耐旱性，如樟树、栾树、构骨冬青等。

4. 硬化堤（岸）坡的覆盖

在河道建设中，为了满足高标准防洪要求，或是为了节约土地，或是为了追求形象的壮观，或是由于工程技术人员的知识所限，有些河段或岸坡进行了硬化处理。为减轻硬化处理对河道景观效果带来的负面影响，可以选用一些藤本植物对硬化的区域进行覆盖或隐蔽，以增加河岸的“柔性”感觉。常用的藤本植物有云南黄馨、中华常春藤、紫藤、凌霄等。

三、河道生态建设植物种类推荐

根据植物种植试验结果，总结出在亚热带地区河道生态建设中可以选用的、适宜不同河道类型，不同坡位的植物种类，为各地河道生态建设植物选择提供借鉴和参考。

(一) 山丘区河道推荐植物

(1) 设计洪水位至堤（岸）顶的植物有：

乔木树种：枫香、湿地松、苦槠、构树、樟树、乌桕、女贞、黄檀、白杜、三角槭、蓝果树、鸡爪槭、油桐。

灌木树种：木芙蓉、木槿、杨梅、夹竹桃、紫穗槐、马棘、胡枝子、美丽胡枝子、牡荆、柚、柑橘、中华常青藤、凌霄、孝顺竹。

草本植物：狗牙根、高羊茅、黑麦草、假俭草、结缕草、中华结缕草、沿阶草、萱草、紫萼、铁线蕨。

(2) 常水位至设计洪水位的植物有：

乔木树种：枫杨、水杉、池杉、南川柳、银叶柳、构树、垂柳、乌桕、女贞、野桐、白杜、三角槭、水竹。

灌木树种：胡枝子、美丽胡枝子、水团花、细叶水团花、海州常山、小叶蚊母树、盐肤木、硕苞蔷薇、黄槐决明、山茱萸、白棠子树、木芙蓉、木槿、小蜡、野桐、马棘、牡荆、孝顺竹。

草本植物：狗牙根、假俭草、荻、芒、芦竹、斑茅、虉草、牛筋草、异型莎草、美人蕉。

(3) 常水位以下的植物有：

池杉、芦苇、芦竹、香蒲、水烛、菰、菖蒲、黄菖蒲、金鱼藻、黑藻、苦草、菹草。

山丘区河道常水位以下的岸坡常采用硬化处理，但也有一部分河道或河段采用复式断面没有硬化处理。对于这些河道和河段常水位以下还具有种植植物的条件。

(4) 边滩和沙洲的植物有：

乔木树种：枫杨、水杉、池杉、南川柳、银叶柳。

灌木树种：水团花、细叶水团花、海州常山。

草本植物：芦苇、芦竹、五节芒、芒、斑茅、荻、蒲苇。

在不影响行洪或有足够的泄洪断面的前提下，为了改善河道生态环境，在边滩和沙洲可以种植一些耐水淹、抗冲刷的植物种类。

（二）平原区河道推荐植物

（1）常水位至岸顶的植物有：

乔木树种：水杉、池杉、垂柳、樟树、苦楝、朴树、榔榆、桑树、女贞、喜树、重阳木、合欢、棕榈、水竹、高节竹。

灌木树种：黄槐决明、枸骨冬青、木芙蓉、南天竺、木槿、紫荆、紫薇、紫藤、小蜡、夹竹桃、牡荆、美丽胡枝子、中华常春藤、云南黄馨、孝顺竹。

草本植物：狗牙根、假俭草、黑麦草、芦苇、荻、斑茅、萱草、美人蕉、蒲苇、千屈菜。

（2）常水位以下的植物有：

乔木树种：池杉、水松、水紫树。

草本植物：水烛、芦苇、薏苡、菰、藤草、水葱、菖蒲、黄菖蒲、野灯心草、睡莲、荇菜、金鱼藻、石龙尾、菹草、眼子菜。

（三）沿海区河道推荐植物

沿海区河道形成的时间不同，其土壤含盐量也不同。刚刚围垦形成的河道土壤含盐量很高，通常在0.6%以上，有些河道甚至达到1%以上。针对河道含盐量的差异，分3个梯度水平推荐相应的植物种类。

1. 土壤含盐量在0.3%以下

（1）设计洪水位以上的植物。

乔木树种：木麻黄、旱柳、中山杉、墨西哥落羽杉、邓恩桉、女贞、白榆、白哺鸡竹。

灌木树种：海滨木槿、柽柳、海桐、夹竹桃、石榴，桑树、单叶蔓荆、厚叶石斑木、紫穗槐。

草本植物：紫花苜蓿、狗牙根、五叶地锦、匍匐剪股颖。

（2）常水位至设计洪水位的植物。

乔木树种：木麻黄、旱柳、中山杉、墨西哥落羽杉、邓恩桉、女贞。

灌木树种：海滨木槿、柽柳、夹竹桃、桑树、单叶蔓荆、紫穗槐、美丽胡枝子。

草本植物：狗牙根、紫花苜蓿、白茅、芦苇、芦竹。

(3) 常水位以下的植物。

芦苇、芦竹、海三棱藤草等。

2. 土壤含盐量 0.3% ~ 0.6%

(1) 设计洪水位以上的植物。

乔木树种：木麻黄、旱柳、弗栎、绒毛白蜡、洋白蜡。

灌木树种：柽柳、海滨木槿、南方碱蓬、夹竹桃、海桐、滨柃、蜡杨梅、秋茄、苦槛蓝。

草本植物：盐地碱蓬、狗牙根、紫花苜蓿、白茅。

(2) 常水位至设计洪水位的植物。

乔木树种：木麻黄、旱柳、弗栎、绒毛白蜡、洋白蜡。

灌木树种：柽柳、海滨木槿、滨柃、蜡杨梅、秋茄、苦槛蓝、木芙蓉。

草本植物：盐地碱蓬、狗牙根、白茅、芦苇、芦竹。

(3) 常水位以下的植物有芦苇、芦竹、海三棱藤草等。

3. 土壤含盐量 0.6% 以上

(1) 设计洪水位以上的植物。

乔木树种：木麻黄、弗栎。

灌木树种：柽柳、海滨木槿、滨柃、秋茄。

草本植物：盐地碱蓬、狗牙根、白茅。

(2) 常水位至设计洪水位的植物。

乔木树种：木麻黄、弗栎。

灌木树种：柽柳、海滨木槿、滨柃、秋茄。

草本植物：盐地碱蓬、狗牙根、白茅、芦苇、芦竹。

(3) 常水位以下的植物有芦苇、芦竹、海三棱藤草等。

第三节　河道生态建设植物群落构建技术

河道植物群落作为河流生态系统的一个重要组成部分，具有重要的生态功能、美学功能和社会经济功能。只有健康稳定的植物群落才能使河道生态建设植物措施发挥出应有的生态效益、经济效益和社会效益。构建健康稳定的植物群落是河道生态建设植物措施应用的关键技术，包括植物种类配置、种植密度、岸坡修整和加固、种植方式等诸多方面的内容。

一、河道植物种类配置

（一）配置原则

植物种类配置是河道植物群落设计的重要步骤。河道生态建设植物种类的配置必须遵循一定的原则，才能构建出健康稳定的群落，最大限度地发挥植物措施的作用。河道植物种类配置应以保证水利工程（设施）安全为前提，避免对原有水利工程（设施）的破坏。河道生态建设植物种类配置应坚持以下原则。

1. 乔灌草相结合原则

乔灌草相结合而形成的复层结构群落能充分利用草本植物速生、覆盖率高及灌木和乔木植株冠幅大、根系深的优点，增大群落总盖度，更好地发挥植物对降雨的截流作用，减少地表径流，减弱雨水对地面的直接溅击作用，同时增加了空间三维绿量，更有利于改善河道生态环境。

2. 物种共生相融原则

根据生态位理论、互利共生理论，合理选择植物种类。选用的植物应在空间和营养生态位上具有一定的差异性，避免种间激烈竞争，保证群落的稳定。在自然界中，有一些植物通过自身产生的次生代谢物质影响周围其他植物的生长和发育，表现为互利或者相互抑制。河道生态建设选用的植物种类应在河道植物群落中具有亲和力，既不会被群落中其他植物种类所抑制而不能正常生长，也不会因为其自身的过快生长而抑制其他植物种类的正常生长。

3. 常绿树种与落叶树种混交原则

常绿树种与落叶树种混交可以形成明显的季相变化，避免冬季河道植物色彩单调，提高河道植被的景观质量。同时，林下光环境的季节变化有利于提高林下生物多样性。

4. 深根系植物和浅根系植物相结合原则

深根系植物种类和浅根系植物种类相结合形成立体的地下根系结构，不仅能有效地发挥植物固土护坡、防治水土流失的功能，而且还能提高土层营养的利用率。注意在堤防护坡上不应选用主根粗壮的植物，避免植物根系生长过快或死亡对堤防安全运行造成不利影响。

5. 阳性植物与阴性植物合理搭配原则

在群落的上层和边缘应配置阳性植物，下层和内部配置阴性植物。阴性植物与阳性植物的合理搭配，可以提高群落的光能利用效率，减少植物间的不利竞争。

6. 固土护坡功能优先原则

植物合理配置的主要目的是满足固岸护堤、保持或增加河道岸坡稳定的基本要求。在注重植物发挥保持水土作用的同时，还要考虑植物配置的景观效果和为动物提供良好栖息地等生态功能。

7. 经济实用性原则

减少河道工程建设投资是河道生态建设植物措施应用的主要优点之一。因此，在植物种类的配置上，应充分考虑各地经济的承受能力，尽量选用本地物种，节约工程建设投资和工程养护费用，力求植物配置方案经济实用。

（二）配置方法

植物种类配置应根据河道具体的立地条件、功能及生态建设要求来确定。植物配置应“师法天然”，仿照相同立地和气候类型条件下自然植被植物种类组成和空间结构进行配置。根据群落演替理论、生物多样性与生态系统功能理论，针对不同类型、不同功能河道选用适宜的植物种类进行群落配置。

河道常水位以下：主要配置水生植物，也可以配置耐水淹的乔木树种，如池杉、水松等。水生植物分为挺水植物、浮叶植物、漂浮植物、沉水植物等4种类型。沿河道常水位线由河岸边向河内可依次布置挺水植物、浮叶植物、沉水植物。由于河道水体的流动性，一般不配置漂浮植物。但对于相对封闭的河道、池塘和湖泊，水面上可以布置漂浮植物，增加景观和净化水质的作用。在河道生态建设中，主要配置一些挺水植物。挺水植物根据植株的高度进行配置。沿常水位线由岸边向河内，挺水植物种类的高度应形成梯次，以形成良好的景观效果。挺水植物可采用块状或带状混交方式配置。

河道常水位至设计洪水位：该区域是河道水土保持的重点。应根据河道的立地条件和气候特点，确定构建的植物群落类型。立地条件较好的地段可采用乔灌草结合，土壤条件较差的地段采用灌草结合。接近常水位线的位置以耐水淹的湿生植物为主，上部以中生但能耐短时间水淹的植物为主。物种间应生态位互补、上下有层次、左右相连接、根系深浅相错落，并以多年生草本、灌木和中小型乔木树种为主。

河道设计洪水位至堤顶：该部位是河道水土保持、植物绿化的亮点，是河道景观营造的主要区域。配置的植物以中生植物为主，树种以当地能自然形成片林景观的树种为主，物种应丰富多彩，类型多样，适当增加常绿植物比例。

河滩和沙洲：在有足够行洪断面的前提下，河滩和沙洲植物配置以乔灌草结合为主。配置的植物种类应耐水淹、抗水冲、根系发达。若受河道行洪要求限制，应以种植灌草为主，确保不影响河道安全泄洪。

二、河道植物群落营造技术

（一）岸坡修整与加固

在采用植物措施进行河道岸（堤）坡防护前，应对河道岸（堤）坡进行必要的修整，清除坡面上的碎石及杂物。建设范围内的一些本地野生草本植物和树木应进行保护。对长势强健且生长密集的植物予以保留，对于分布零散的病、弱植株进行清除。对有害植物，如加拿大一枝黄花、葎草等，必须彻底清除。

河道岸（堤）坡修整要顺应周围地形和环境，要顺势而为、力求自然化，不要大面积翻动坡面土壤，以减少坡面水土流失和岸（堤）坡的不稳定性。

如果河道岸（堤）坡较陡，应把坡度适当放缓，以满足岸（堤）坡整体稳定的要求。若岸（堤）坡土层较薄或砂砾石较多，应考虑适当添加客土整体覆盖，以保证植物的成活和正常生长。但在堤防上种植植物，必须注意堤防的安全与堤身的稳定，尤其是植物刚刚种植后的1~2年内，必须加强汛期堤防的安全观测和植物生长状况观测，避免产生大面积滑坡坍塌等危及堤防安全现象。

河道岸（堤）坡整体稳定是采用植物措施进行岸（堤）坡防护的前提条件。因此，对于河道岸（堤）坡较陡的河段或河道转弯的凹岸处，应对坡脚采用木桩、干砌石、生态混凝土等工程措施进行防护。

(二) 岸坡土壤要求

河道岸（堤）坡种植土应疏松、不含建筑垃圾和生活垃圾等杂物。土壤种植层须与地下层连接，无水泥板、石层等隔断层，以保持土壤毛细管、液体、气体的上下贯通，利于植物正常生长。草本植物要求土深15 cm土层范围内大于1 cm的杂物石块少于3%；树木要求土深50 cm土层范围内大于3 cm的杂物石块少于5%。若发现土质不符合要求，需要引进适量客土进行更换。换土后应充分压实，以免因沉降产生坑洼，影响岸（堤）坡的稳定和引起植物倒伏。

(三) 苗木要求

1. 苗木规格

为节省河道建设投资，提高植物成活率，除对景观有特殊要求的河道或河段外，苗木规格不宜太大。乔木树种胸径一般控制在4 cm左右为宜。灌木规格视种类而定，基径一般在2 cm左右为宜。有条件的地方，可采用地径2~4 cm的容器苗。沿海区河道由于土壤含盐量高，为了提高植物的成活率，苗木规格还应更小。陆生草本植物一般用种子直播。水生草本植物规格视种类而定，如芦竹5~7芽/丛、黄菖蒲2~3芽/丛、水葱15~20芽/丛等。

2. 苗木起运

原则上起苗要在苗木的休眠期。落叶树种从秋季开始到翌年春季都可进行起苗；常绿树种除上述时间外，也可在雨季起苗。春季起苗宜早，要在苗木开始萌动之前起苗，若在芽苞开放后起苗，会大大降低苗木的成活率；秋季起苗在苗木枝叶停止生长后进行，这时根系在继续生长，起苗后若能及时栽植，翌春能较早开始生长。

起苗时应尽量减少伤根，远起远挖，苗木主侧根长度至少保持20 cm。由于冬春干旱，圃地土壤容易板结，起苗比较困难。因此，起苗前4～5天，圃地要浇水，这样既便于起苗，又能保证苗木根系完整，不伤根，还可使苗木充分吸水，提高苗体的含水量。挖取苗木时应带土球。起苗时，根部要带土球，土球直径为地径的6~12倍，避免根部暴露在空气中，失去水分。裸根苗要随起随假植，珍贵树种还可用草绳缠裹，以防土球散落，影响成活率；需长途运输的苗木，苗根要蘸泥浆，并用塑料布或湿草袋套好后再运输。运输要遵循“随挖随运”的原则。运输时带土球的苗木应土球朝前，树梢向后，并用木架将树冠架稳。当日不能种植的苗木，应及时假植，对带土球苗木应适当喷水以保持土球湿润。

(四) 种植方法

乔木、灌木和水生草本植物一般采用植苗，其他草本植物一般采用种子撒播。在这里重点介绍树木的种植方法。

1. 种植穴挖掘

根据施工设计图挖乔、灌木的种植穴。种植穴的大小和深度依据苗木规格而定，应略深于苗木根系。一般乔木树种种植穴宽度和深度不小于60 cm × 60 cm × 50 cm，灌木或小乔木树种不小于40 cm × 40 cm × 30 cm。土质较差的河岸，应加大种植穴的规格，并清理出砾石等不利于植物生长的杂物。

2. 栽植修剪

对拟种乔灌木根系应剪除劈裂根、病虫根、过长根。种植前对乔木的树冠应根据不同种类，不同季节适量修剪，一般为疏枝、短截、摘叶，总体应保持地上部分和地下部分水分代谢平衡。对灌木的蓬冠修剪以短截为主。较大的剪、锯伤口，应涂抹防腐剂。

3. 苗木栽植

苗木种植的平面位置和高程必须符合设计规定，树身上下应垂直，根系要舒展，深浅要适当。种植深度要求：乔木与灌木裸根苗应与原根茎土痕齐平；带土球苗木土球顶部应略高出原土。填土一半后提苗踩实，再填土踩实，最后覆上虚土。较大苗木为了防止被风吹倒，应立支柱支撑。苗木栽好后，第一次的浇水量要充足，使土壤与根系能紧密结合，浇水后若发现树苗有歪倒现象应及时扶直。

对于沿海区河道，由于土壤含盐量高，在选择耐盐植物的同时，应采用辅助措施提高植物成活率。可在种植穴底，铺设10cm左右的稻草、木屑、煤渣等盐隔离层，也可在种植穴内将少量的化学酸性肥料和较大量的有机物质（如砻糠、泥炭、木屑、腐叶土及有机垃圾）与原土混合，有利于改善树木根部生长环境，提高树木的抗盐性。在河道岸坡土壤含盐量较高不适宜种植灌木和乔木植物时，可先种植草本植物改良土壤，以后再种植树木。

4. 栽植时间

落叶树种的栽植一般应在春季发芽前或在秋季落叶后进行；常绿树种的栽植应在春季发芽前或在秋季新梢停止生长后进行。

第四节　河道植物管理与养护技术

与“硬化”工程措施相比，应用植物措施进行河道护岸护坡，具有工程建设投资少、养护费用低和生态效益显著等特点。从长远来看，植物措施护岸护坡维护简单，甚至可以免维护。但在植物种植初期，还是需要养护，尤其是遇到恶劣气候（高温、干旱）更应加强养护。应根据植物生境条件和植物特性，因地制宜，有针对性地进行科学管理养护。通过对土壤、水分、病虫等方面的综合管理，增强植物抵抗病虫害的能力，促进植物生长发育，保证河道植物健康成长。

一、栽后管理关键技术

随着我国生态环境保护意识的不断增强和对河道生态建设的日益重视，采用植物措施进行河道护岸护坡也越来越多地被各地广泛应用。由于一些河道建设工程，特别是某些重点工程，往往要求在较短的时间内呈现较好的生态景观效果，这就需要对植物进行科学地选择、移栽和种植，同时也要注重新移栽苗木的初期管理与养护。苗木移栽后的根系与移栽前相比损伤较大，再生能力较差，若养护不当容易导致苗木生长较差，严重的可直接死亡。因此，苗木移栽后的管护是否到位是植物措施在河道生态建设应用中成败的关键。

(一) 水分保持技术

已经移植或经过断根处理的苗木，在移植过程中，根系会受到较大的损伤，吸水能力大大降低，导致树体常常因供水不足、水分代谢失去平衡而枯萎，甚至死亡。因此，保持树体水分代谢平衡是移栽苗木养护管理和提高移植成活率的关键。

包干技术就是用草绳、蒲包、苔藓等保湿、保温材料严密包裹树干。该技术大多用于乔木树种，也用于一些枝干较大的灌木。经包干处理后，一是可避免强光直射和干风吹袭，减少数干、树枝的水分蒸发；二是可储存一定量的水分，使枝干保持湿润；三是可调节枝干温度，减少高温或低温对枝干的伤害。目前，有些地方采用塑料薄膜包干，此法在树体休眠阶段效果较好，但在树体萌芽前应及时拆掉，因为塑料薄膜透气性能差，不利于枝干的呼吸，尤其是高温季节，往往会因内部散热难而灼伤枝干、嫩芽或隐芽，对树体造成伤害。

在植物种植初期，若突遇高温、暴晒天气，为缓解因植物体内水分大量蒸发而影响代谢平衡，可以对植物个体采取适当的遮阳避晒措施。通常不提倡使用，但是一些名贵珍稀植物、观赏树种等，可以搭简易遮阳棚以降低温度，减少植物体内的水分蒸发。

另外，移栽初期，苗木根系吸水能力一般较差，为了避免植物地上部分(特别是叶面)因蒸腾作用而使体内过度失水，影响体内水分代谢平衡，在条件允许的情况下可及时对苗木进行喷水。通常，喷水要求细而均匀，喷洒植物体地上各个部位，在保持体内代谢平衡的前提下而提高根系的吸水能力。

(二) 促发新根技术

移栽后根系的生长情况决定移栽苗木的成活率及后期长势，因而有必要采取各种措施促进新根的生长。

1. 控制水分

新移植苗木的根系吸水功能减弱，对土壤水分需求量较小，因此要控制土壤湿润程度。若土壤含水量过大，会影响土壤的透气性能，抑制根系的呼吸，不利于植物发根，严重时会导致树木因烂根而死亡。所以应严格控制土壤浇水量，移植时第一次浇水要充分，以后应视天气情况、土壤质地，谨慎浇水，同时还要慎防喷水时过多水滴进入根系区域。另外，要防止种植穴积水。种植时留下的浇水穴，在第一次浇水后应填平或略高于周围地面，以防下雨或浇水时积水。

2. 保护新芽

新芽萌发，对根系具有刺激作用，能促进根系的萌发。因此，应注意保护移植后树体所萌发的新芽，让其抽枝发叶，待树体成活后再行修剪整形，对于没有景观要求的河道一般不对植物进行修剪整形；同时应加强喷水、遮阳（一般不提倡遮阳）、防治病虫等养护工作，保证嫩芽与嫩梢的正常生长。

3. 土壤通气

保持土壤良好的透气性，有利于新根萌发。有条件的地方要做好松土工作，以防土壤板结。一般在河道迎水岸坡不提倡松土，尤其是在汛期，不能实施松土工作，避免岸坡水土流失。另外，土壤离子浓度的高低也会影响新根的生长。例如，对于盐度较高的区域，除了选择耐盐性较高的植物种类外，可采取一定辅助措施，如带大土球、补充客土、增加隔盐层等，维持根系与土壤离子浓度的平衡，保证新根发育。增加隔盐层是指在种植穴底部覆盖炉灰渣、砻糠、锯末、稻草等，通常炉灰渣以 20 cm 以上为宜，锯末或树皮以 10 cm 或砻糠以 5 cm 为宜，在使用隔盐层时要注意用土层把根系与隔盐层分开，以防烧坏根系。

（三）树体保护技术

新移植苗木，抗性较弱，一般易受自然灾害、病虫害、人为活动和畜禽的危害，因此需要采用有效技术措施对树体外部器官进行合理的保护。

1. 植株固定支撑技术

苗木移植初期，根系扎入土层较浅，植株稳固效果较差，如山丘区河道，其坡面土层一般较薄，植物根部埋深有限，植株容易失稳倒伏；而沿海地区河道风力较大，往往会造成新移栽植株失稳倒伏。因此，苗木种植后，在条件允许的情况下，应采用适当的固定支撑技术对植物进行支撑固定，慎防倾倒。通常采用细竹竿或其他木棍，利用正三角桩的方式将植株加固、稳定，支撑点以树体高度的2/3处为好，并加垫植株保护层，以防伤皮。对种植密度较高的乔木，也可采用细竹竿或其他木棍简易平行加固。

2. 植物枝干防冻技术新植苗木的枝梢、根系萌发迟，年生长周期短，积累的养分少，因而组织不充实，往往易受低温危害。对于一些特别容易受到冻害影响的植物，如杨梅、重阳木等，应采用适宜措施做好防冻保温工作。主要措施包括：对植物根系可采取增加适量地表覆土，或利用植物凋落物（如树叶、干草等）进行地面覆盖；对枝干可采用白石灰涂刷进行防冻保护。上述措施的实施时间，一般应在入冬寒潮来临之前。

此外，在畜禽容易破坏的区域，应在河道植物外围设置竹篱等进行隔离保护；在人类活动比较集中的区域，植株枝条、树干等易遭到干扰，可在外围种植密集小灌木，形成绿色隔离带；同时，还应设置警示牌，做好宣传、教育工作，形成人与自然和谐相处的良好氛围。

二、日常管理维护技术

按照植物配置设计方案完成种植后，应对河道植物进行定期管理维护，主要包括：除草、整形修剪和病虫害防治等。但由于植物所处的河道坡位不同、植物种类和群落模式不同，日常管理维护的重点和措施也有所不同。位于河岸坡顶的植物，整形与修剪就比较重要，能够保持较好的生长势和景观效果；位于坡面上的植物，由于坡度较大，如果没有景观建设需要一般不进行整形与修剪。无论是坡顶还是坡面，一般不进行除草，否则，不利于岸坡水土保持。如果岸坡杂草过多，严重抑制树木正常生长，仅对植物附近抑制其正常生长的杂草进行清除，无需全坡面清除。在特别高温干旱的季节，应重视植物浇水管理，以保持土壤湿润，促进植物生长。在各地河道建设中，可以根据当地的实际情况有选择地运用日常管理维护技术。

（一）病虫害防治技术

河道植物在生长发育过程中，容易遭受各种病虫害，轻者造成生长不良，失去固土护坡作用和观赏价值，重者植株死亡，造成经济损失和岸坡水土流失。因此，防治病虫害，要以防为主，早发现，早控制，有效保护河道植物，使其减轻或免遭各种病虫害威胁。

1. 病虫害主要症状及识别

多数植物都会遭受害虫的影响，这些害虫种类繁多，为害以后会在植物上留下明显的症状，因此可以根据症状来大致判断病虫害的种类，从而有针对性的采取防治措施。受病虫害影响的常见症状有以下 10 种。

(1) 缺刻和穿孔。

大部分食叶害虫食害植物的叶子后，会留下食害的痕迹。根据食害方式的不同，痕迹也不同：一类害虫采用啮食方式为害，留下的痕迹为穿孔，如蓑蛾类、叶甲类、蝗虫类、蜗牛等；另一类害虫采用蚕食方式为害，为害后会在叶片上产生缺刻，如刺蛾、天蛾、尺蛾等大多数鳞翅目害虫的幼虫、叶蜂类等。部分病原菌危害叶片也可形成穿孔，但病健处有明显痕迹。

(2) 虫粪和排泄物。

害虫取食后必然会排出虫粪或排泄物，不同害虫的排泄物是不同的。食叶害虫食害后会排出粪便，蛾类、蝶类等鳞翅目害虫的粪便是粒状的，而且根据粪粒的大小，可以判别虫体的大小；叶甲、蜗牛的粪便是条状的。蛀干害虫的粪便形状各有特点，天牛是木粉状或木丝状；木蠹蛾是堆粒状；蝙蝠蛾呈粪包状；白蚁可筑成条状或片状的泥被。刺吸性害虫的排泄物因不同的种类而异，蚧虫、蚜虫、粉虱、木虱等能排出大量无色透明的液体，而网蝽、蓟马等能在叶背面排出褐色块状的排泄物。

(3) 斑点。

经刺吸性害虫抽吸树液后，破坏了植物的营养生理，并在寄主植物的叶片上出现斑点。不同种类的刺吸性害虫能形成不同的斑点，如蚧虫为害后，由于它长期定位吸汁，会产生黄色或红色的斑块；叶蛹为害后，叶片上会出现成片的红褐色或黄白色的小斑点；网蝽、蓟马为害后，叶片上会出现黄色或白色的点状斑；叶蝉为害后，叶面会出现黄白色的不规则小斑。

(4) 卷叶。

有些害虫为害以后会使叶片产生卷曲现象，如榆卷叶蚜、海棠卷叶蚜、海桐蚜等；而有的害虫有卷叶为害的习性，如棉大卷叶螟、金钟卷叶蛾能把叶片卷成松散筒形；蔷薇卷叶象虫、沙朴卷叶象虫能把叶片卷成实心筒形等。

(5) 缀叶。

有些种类害虫有缀叶为害的习性。常见缀叶为害的害虫有樟丛螟（又名栗瘤丛螟）和枫香丛螟，这类害虫常几条或几十条群集为害，并能吐丝缀叶，所以从外观上可见嫩枝和叶片结织成虫巢。

(6) 虫瘿和伪虫瘿。

有些刺吸性害虫为害后，可刺激植物组织形成虫瘿或伪虫瘿。如秋四脉绵蚜、榉四脉绵蚜、杭州新胸蚜等害虫为害后，会出现囊状虫瘿；蔷薇瘿蜂、紫楠瘿蜂等为害后，会出现球状虫瘿；朴盾叶木虱为害后会形成管状伪虫瘿；柳刺皮瘿螨为害后会出现成丛的不规则虫瘿。

(7) 潜痕。

有些害虫有潜叶为害的习性，由于它们潜入叶肉食害，会使叶片上出现不同形状的潜痕。能潜叶为害的害虫有潜叶蛾，如柑橘潜叶蛾、樟潜叶细蛾；潜叶蝇，如蔷薇潜叶蝇、菊潜叶蝇；潜叶甲，如女贞潜叶跳甲、枸杞潜叶甲。

(8) 枯梢。

有些害虫或病原菌为害河道植物后会引起植物梢部营养输导功能丧失，造成枯梢。如蔷薇茎蜂产卵后能使蔷薇、月季的嫩枝弯曲枯萎；紫薇切梢象虫为害后能切断紫薇嫩梢造成枯梢，桃食心虫、松切梢小囊蛀食后会使桃梢、松梢枯死；落叶松枯梢病、茶树枯梢病等引起梢部枯死。

(9) 落叶和整株枯死。

受天牛、白蚁、蝙蝠蛾、松干蚧等蛀干害虫为害后，由于植株的输导功能被严重破坏，使生长势衰弱，所以造成植株叶子变小、早落，产生枯枝或全株枯死。

(10) 病害。

蚜虫、蚧虫、木虱等刺吸性害虫的排泄物中含有大量碳水化合物，这是烟煤病生活的良好基质，所以这些害虫为害后可诱发烟煤病。另外，盾蚧的寄生可诱发膏药病，瘿螨的为害能形成毛毡病。

2. 化学药剂的选择

由于河道植物生长在水边，有的靠近村庄、道路和居民区，农药的使用容易造成水体和空气污染，应尽量根据不同病虫的危害特点，选择和使用高效低毒新型化学药剂及生物农药，如吡虫啉、灭幼脲、阿维菌素、白僵菌、绿僵菌、苦参碱、印楝素、烟碱、鱼藤酮菊酯类农药等，减少对环境的污染和对人体健康的危害。同时可通过药剂使用方法的改进增强药效，减少农药的使用量，减少对生态环境的污染。在饮用水水源保护区的河道植物禁止使用有毒杀虫化学药剂。

3. 化学药剂安全使用技术

用农药控制河道植物病虫害应尽量做到用药量要少，施药质量要高，防治效果要好，不发生药害，对有害生物不产生抗药性，对人畜、天敌及水生动物安全无害等，所以应遵循以下 5 方面原则。

(1) 对症下药。

要根据不同的防治对象、不同的时期选用适宜的农药品种、剂型和合适的浓度进行施药，这样才能收到良好的效果。否则，不但效果差，还会浪费农药，延误防治时机，甚至对农作物造成药害。例如，防治树木上的红蜘蛛，应在冬季清理落叶前喷洒 0.8～1 度的波美度石硫合剂，降低越冬虫口基数。春梢和秋梢抽生后若发现为害，则可用 40% 水胺硫磷稀释 1000～2000 倍喷雾。随着科学技术的发展，农药的新品种、新剂型不断涌现，要合理使用农药，还必须了解所使用农药的性能及使用方法，以便根据不同的防治对象，选用不同的农药。

(2) 适时用药。

必须根据病、虫情的调查和预测预报，抓住有利时机，适时用药，这样才能发挥农药应有的效果。最好在幼 (若) 虫期用药，此时害虫的抗药力较弱，又未造成大的危害。如防治食心虫等蛀食性害虫，应在幼虫蛀入芽或枝条之前喷施药液，若已蛀入芽或枝条再防治，则防治效果较差。

(3) 适量配药。

任何种类农药均须随着防治对象、生育期和施药方法的不同按标签上的推荐用量使用，不得任意增减。超过所需的用药量、浓度和次数，不仅会造成浪费，还容易产生药害，以致引起人畜中毒，加快抗药性的产生，过多杀伤害虫的天敌和加重对环境、农副产品残留污染等等。如果低于防治所需的用药量、浓度和次数，就达不到预期效果。因此，配药要适量，切不可随意增减。

(4) 合理混用、交替用药。

长期单一使用某一种或某类农药，易使害虫或病菌产生抗药性。合理混用农药不仅能兼治多种病虫害，省药省工，还可防止或减缓害虫或病菌产生抗药性。如将克螨特、双甲脒等杀螨剂分别与杀灭菊酯、溴氰菊酯等拟菊酯类农药混用，可有效地杀灭红蜘蛛和多种树木上的有害昆虫。在树木的整个生长季节，即使防治同一种病或虫，也不宜擅用同一种农药，而应几种农药交替使用，以提高防治效果，减缓病虫产生抗药性的速度。如拟菊酯类农药，在一个生长季节只能用 1 ~ 2 次，如使用次数过多则加速害虫产生抗药性。

(5) 注意安全。

操作人员在配药、喷药时必须做好个人防护，防止农药污染皮肤，在中午高温时，不要喷毒性高的农药，连续喷药时间不能过长。在操作现场要保管好药液，防止人畜误食中毒。凡使用农药之前，必须阅读有关说明，了解使用剂量、使用浓度以及有关注意事项，确保安全，减少或避免药害。各种农药在施用后分解速度不同，为保证城市居民安全，残留时间长的品种应及时隔离并树立警示标志，此外还要注意防止污染附近水源、土壤等。

(二) 整形与修剪技术

整形修剪可以调节和控制植物的生长、开花和结果，缓解生长与衰老更新之间的矛盾，调整叶片养分的关系，使增高生长与增粗生长保持一定比例，同时可以塑造河道植物树形，达到景观优美效果。整形修剪适宜于景观河道和对景观要求较高的河段，例如城镇河段、居民住宅区河段、公园河段等。整形修剪一般针对种植在坡顶上的植物，这些区域与人们距离较近，特别是坡顶为道路或人行道时，需要更加注意植物形态。整形的植物主要是一些灌木植物，如红叶石楠、小叶黄杨等，而修剪则大多为高大乔木，如泡桐。坡面植物一般不需要进行人工整形修剪。

1. 整形修剪原则

整形修剪可以调节树势，保持合理的树冠结构，形成优美的树姿，塑造特色景观。整形修剪应遵循以下四方面原则。

(1) 树冠与树体比例适宜原则。

为使观赏植物达到理想的效果，在整形修剪过程中，应遵循适宜的比例与尺度。树干与树冠的比例，一般控制在树冠高占全树的 1/2 ~ 2/3。

冠宽与树体高的比例不同，所产生的景观效果也存在显著差别。当宽：高为 1∶1 时，给人以端正感；当宽：高为 1∶1.414 时，给人以豪华感；当宽：高为 1∶1.732 时，给人以轻快感；当宽：高为 1∶2 时，有种俊俏感；当宽：高为 1∶2.36 时，给人以向上感。

(2) 主侧枝适宜控制原则。

在整形修剪时，应根据主、侧枝间的生长特点，以及树龄、树种的特性，做到整形修剪与植物的分枝规律相统一，使主侧枝分布协调。

主轴分枝的植物，为使主枝间的生长势平衡且保持树冠均匀，应采用“强主枝重剪，弱主枝轻剪”的原则，促使形成高大通直的树冠。若要调节侧枝的生长势，则采取“强主枝轻剪，弱主枝重剪”的原则。

合轴分枝的植物，如紫薇，应采用“摘除顶端优势”的方法，把一年生顶枝短截。剪口下要留壮芽，去掉 3 ~ 4 个侧芽，保证壮芽生长良好。这种修剪方法可扩大树冠，增加花枝数量，促进植株内外开花。但幼树期应以培养中心枝为主，合理选择和安排侧枝，达到骨干枝明显。

假二叉分枝的植物多为木犀科、石竹科植物。该类植物枝端顶芽自然枯死或被抑制，造成侧枝的优势，主干不明显，因此容易形成网状的分枝形式。应除去部分芽，保留壮芽，以培养高的树干。

多歧分枝的植物，如夹竹桃，由于顶芽生长不充实，整形修剪应采用“扶芽法”，重新培养中心主枝。此类植物的花芽数量与其着生角度有关，角度适中时，开花多，结果多。对成型乔木树种主要修除徒长枝、病虫枝、交叉枝、并生枝、下垂枝、残枝以及根部萌蘖枝等。对衰老树木可采取重度修剪，以恢复其树势。

(3) 遵循顶端优势原则。

根据植物的顶端优势，控制树形，以促进开花。如针叶树种，顶端优势强，可对主枝附近的竞争枝进行短截，控制其生长，保证中心枝的顶端优势。阔叶树种一般顶端优势弱，树冠呈圆球状，一般通过短截、回缩和束枝来调整主侧枝的关系，促进花木生长，使整体树形良好。然而，阔叶树种的幼树顶端优势强于老树，所以幼树应轻剪，使之快速成形；老树应重剪，使其萌发新枝，增强树势。

(4) 遵循树木生长发育期原则。

整形修剪可调节植物生长发育的关系，使养分供应到所需的部位。由于植物的用途不同，其整形修剪的目的和方式也不同，如河岸植物为行道树的，要不同于花果植物，而常绿植物则又有所差异。

行道树类：幼年期应以快生长、高树干、促进旺长为目的；成形后，保证骨干枝的增高生长，重剪可促进生长。

花果树类：幼树时要防早衰，重视夏季修剪，以轻剪为主；成形后，扩大树冠的同时又要保证开花，还要培育各级骨干枝，维持树体平衡，应严格控制徒长枝、竞争枝和扰乱枝；成年后，应培养永久性枝组，并留足预备枝，使成年枝和预备枝交替开花，增加观赏价值；对于老、衰树，应在促进根系生长的基础上剪干更新。剪梢、摘心可使枝条的伸长得到抑制，促使营养向中短枝运输，达到开花多的目的。

常绿树类：各个季节的修剪应遵循一定的规律，修剪的强度也应有所不同。一般原则是：

轻剪则剪去枝条的1/4；中剪则剪去枝条的1/2；重剪要剪去枝条的3/4。在旺盛生长以前要重剪，进入旺盛生长期后依据树形需要适当修剪。

2. 整形修剪方式

整形修剪的方式主要有人工式、自然式和人工混合式两种类型。

(1) 人工式的整形修剪。

人工式的整形修剪一般是按照景观园林的具体要求，将树冠剪成各种特定的形态，如多层式、螺旋式、圆球式、半圆式或倒圆式、悬垂式、u字形、扇形、叉形等，以达到美观的效果。

(2) 自然式和人工混合式。

自然式和人工混合式是指在树冠自然生长的基础上，进行适当的人工塑造，如杯状、头状和丛生状等。

3. 整形修剪类型

不同的修剪、整形措施会带来不同的效果，因此不同植物种类要因其修剪整形的要求采取不同类型，乔木类植物的整形修剪不同于灌木类和藤本类植物的整形修剪。

(1) 乔木类。

乔木类主要有剪枝和截干。剪枝包括疏剪和剪截。疏剪是对树上的枯枝、病虫枝、交叉枝、过密枝从基部全部剪掉，以改善冠内通风透光条件，避免或减少膛内枝产生光脚现象。疏剪时，切口处必须靠节，剪口应在剪口芽的反侧，呈45° 角倾斜，剪口应平整。如果簇生枝与轮生枝需要全部去掉的，应分次进行，以免伤口过多，影响树木生长。剪截主要对枝条先端的一部分枝梢进行处理，促发侧枝，并防止枝条徒长。生长期一般轻剪，休眠期一般重剪。截干是对茎或比较粗大的主枝、骨干枝进行截断，这种方法有促使树木更新复壮的作用。为缩小伤口，应自分枝点上部斜向下锯，保留分枝点下部的凸起部分，这样伤口最小，且易愈合。为防止伤口因水分蒸发或病虫害侵入而腐烂，应在伤口处涂保护剂，或用蜡封闭伤口，或包扎塑料布等加以保护，以促进愈合。

(2) 灌木类。

为了充分体现灌木类的观赏价值，根据各灌木种类的花期不同，进行相应的整形修剪。

春季开花，花芽（或混合芽）着生在二年生枝条上的花灌木，如碧桃、迎春花等是在前一年的夏季高温时进行花芽分化，经过低温阶段后于翌年春季开花，因此应在花残后、叶芽开始膨大尚未萌发时进行修剪。修剪的部位依植物种类及纯花芽或混合芽的不同而有所不同。碧桃、迎春花等可在开花枝条基部留2~4个饱满芽进行短截。

夏秋季开花，花芽（或混合芽）普遍生长在当年生枝条上的花灌木。应在休眠期进行重剪，仅留二年生枝基部2~3个饱满芽，其余全部剪除，促使多发枝、发壮枝。

花芽（或混合芽）着生在多年生枝上的花灌木，如紫荆，虽然花芽大部分着生在二年生枝上，但当营养条件适合时多年生的老干亦可分化花芽。对于这类灌木中进入开花年龄的植株，修剪应较小，在早春可将枝条先端枯干部分剪除，在生长季节为防止当年生枝条过旺而影响花芽分化可进行摘心，使营养集中于多年生枝干上。

花芽（或混合芽）着生在开花短枝上的花灌木，如西府海棠等。这类灌木早期生长势较强，当植株进入开花年龄时，多数枝条形成开花短枝，而且连年开花。这类灌木一般不进行大修剪，可在花后剪除残花；夏季生长旺时适当摘心，抑制其生长，并对过多的直立枝、徒长枝进行疏剪。

一年多次抽梢，多次开花的花灌木，如月季，可于休眠期对当年生枝条进行短截或回缩强枝，同时剪除交叉枝、病虫枝、并生枝、弱枝及内膛过密枝。寒冷地区可进行强剪，必要时进行埋土防寒。生长期可多次修剪，也就是花后在新梢饱满芽处短截（通常在花梗下方第 2 芽至第 3 芽处），剪口芽很快萌发抽梢，形成花芽开花，花谢后再剪。

观赏枝条及绿叶的灌木，应在冬季或早春进行重剪，以后轻剪，促使多萌发枝叶。耐寒的观枝植物，可在早春修剪，以便冬枝充分发挥观赏作用。

(3) 藤本类。

其整形修剪主要由生长发育习性决定，主要类型有棚架式、凉廊式、篱垣式、附壁式和直立式，目前用于河道藤本植物的主要为附壁式和直立式。

附壁式：只要将藤蔓引于墙面即可自行靠吸盘或吸附根而逐渐布满墙面，常见的植物有扶芳藤、常春藤等。修剪时应注意使壁面基部全部覆盖，各蔓枝在壁面上分布均匀，避免互相重叠交错。此方式修剪与整形最容易出现的问题就是基部空虚，不能维持基部枝条长期茂密。对此，应采取轻、重修剪以及曲枝诱引等综合措施加以纠正。

直立式：对于一些茎蔓粗壮的种类，如紫藤等，可以修剪整形成直立灌木式。

（三）其他管护技术

利用植物措施进行河道生态建设，尽管河道两岸土壤水分较充足，坡位较高处土壤含水量仍然较高，但在某些区域（特别是设计洪水位以上至坡顶）的土壤含水量则相对较低。因此，在某些特殊情况（如长期干旱导致植物落叶、枯萎）下，则需要对植物进行适当浇水。水分是植物的基本组成部分，它能维持细胞膨胀使枝条伸直，叶片展开，花朵丰满、挺立、鲜艳，并使植物充分发挥固土护坡作用和观赏美化效果。若土壤含水量不足，地上部分植物停止生长，土壤含水量低于7%时，根系将停止生长，且因土壤离子浓度增加，根系发生外渗现象，会引起根系失水而死亡。植物在不同的生长期内，对水分的需求量也不同，早春植株萌发前需水量不多；枝叶盛长期，需水较多；花芽分化期及开花期，需水较多；结实期要求水分较多。

另外，对于某些河道植物，尤其是引种的树种，难以适应严寒冬季和早春树木萌发后遭受晚霜之害，往往冻害会使植株枯萎死亡。为防止冻害发生，可通过加强栽培管理，增强树木抗寒能力，保护根茎和根系，裹草绳或涂白保护树干等措施。

第七章　城市河流生态建设

如今，人们认识到新时期城市水利的功能已不同于以往单纯的防洪排涝，在传统的防洪排涝基础上又被赋予了市政建设、环境保护、水体自净、城市生态建设、景观娱乐、文化内涵发掘和旅游资源开发等方面的综合性功能。很多城市以水决定城市发展的布局，充分体现了城市水利是城市发展的命脉、是城市血液的基础地位。城市水利工作的这种转变，涉及水利、生态、环境、经济、社会、文化、管理等诸多自然科学和社会科学，是一个有机联系的系统工程，是一个全新的领域——城市生态水利。本章就城市河流的生态建设进行具体的分析与探讨。

第一节　城市河流生态需水量计算

一、生态需水量的概念

生态需水研究是近年来国内外广泛关注的热点，涉及生态学、水文学、环境科学等多个学科。现阶段生态需水的概念还未得到统一，其研究主体不明确，在实际应用中存在不同的理解。诸多学者根据研究对象的具体情况对其进行界定，因此出现了不同的定义。

1976年，Tennant等提出了Tennant法，该方法奠定了河道生态需水量的理论基础，对后期的研究有很大的促进作用。1993年，Covich强调了在水资源管理中要保证恢复和维持生态系统健康发展所需的水量。1995年，Falkeiunark将绿水的概念从其他水资源中分离出来，提醒人们要注意生态系统对水资源的需求不仅仅只满足人类的需求。1998年，Gleick明确给出了基本生态需水的概念，即提供一定质量和一定数量的水给自然生境，以求最少改变自然生态系统的过程，并保证物种多样性和生态完整性。在其后续研究中将此概念进一步升华并同水资源短缺、危机与配置相联系。在国内，研究的生态需水更广泛，涉及了水域（河流、湖泊、沼泽、湿地等）、陆地（干旱区植被）、城市等诸多生态系统，不同研究者的研究侧重点不同，生态需水的定义也不同。真正具有普适性的生态环境需水定义，是2001年钱正英等在《中国可持续发展水资源战略研究综合报告》及各专题报告中提出的，即：从广义上讲，生态需水是指维持全球生态系统水分平衡包括水热平衡、水盐平衡、水沙平衡等所需用的水。狭义的生态环境需水是指为维护生态环境不再恶化，并逐渐改善所需要消耗的水资源总量。这一定义得到了众多学者的肯定与支持。综合国内外学者观点，作者认为城市河流生态需水量是指维护河流自身生态系统健康所需水量，具体说是指提供一定质量和数量的水给天然生境，以求最小程度地改变生态系统，保护物种多样性和生态系统的完整性。

二、城市河流生态需水量的计算方法

河流生态需水量包括河道内和河道外的需水量。河道内生态需水主要指功能生态需水，功能生态需水是指为了维持生态系统某项功能或几项功能所需要的最小水量，其中包括维持生物多样性生态需水、冲沙生态需水、稀释污染物需水与景观文化需水等。河道外的需水是指河道范围以外的生态系统需水，如周边绿地灌溉、需要从河道取水的农业灌溉等。

（一）城市河流内生态需水量计算方法

1. 蒙大拿法

（1）计算方法。

蒙大拿法建立了河流流量和水生生物、河流景观及娱乐之间的关系，见表7–1。它将年平均流量的百分比作为生态流量。

表 7–1　河流流量与鱼类、野生动物、娱乐相关的环境资源关系

第一列	第二列	
栖息地等定性描述	推荐的流量标准（年平均流量百分数，%）	
	一般用水期（10 月 ~ 翌年 3 月）	鱼类产卵育幼期（4~9 月）
最大流量	200	200
最佳流量	60~100	60~100
极好	40	60
非常好	30	50
好	20	40
开始退化的	10	30
差或最小	10	10
极差	< 10	< 10

注：表中的栖息地是指与鱼类、野生动物、娱乐相关的环境资源；年平均流量为多年平均天然流量。

由表 7–1 可以看出：

① 10% 的平均流量：对大多数水生生命体来说，是建议的支撑短期生存栖息地的最小瞬时流量。此时，河槽宽度、水深及流速显著地减少，水生栖息地已经退化，河流底质或湿周有近一半暴露，旁支河道将严重地或全部脱水。要使河段具有鱼类栖息和产卵、育幼等生态功能，必须保持河流水面、流量处于上佳状态，以便使其具有适宜的浅滩水面和水深。

②对一般河流而言，河流流量占年平均流量的 60%~100%，河宽、水深及流速为水生生物提供优良的生长环境，大部分河流急流与浅滩将被淹没，只有少数卵石、沙坝露出水面，岸边滩地将成为鱼类能够游及的地带，岸边植物将有充足的水量，无脊椎动物种类繁多、数量丰富；可满足捕鱼、划船及大游艇航行的要求。

③河流流量占年平均流量的 30%~60%，河宽、水深及流速一般是令人满意的。除极宽的浅滩外，大部分浅滩能被水淹没，大部分边槽将有水流，许多

河岸能够成为鱼类的活动区，无脊椎动物有所减少，但对鱼类觅食影响不大，可以满足捕鱼、筏船和一般旅游的要求，河流及天然景色还是令人满意的。

④对于大江大河，河流流量占年平均流量的5%~10%，仍有一定的河宽、水深和流速，可以满足鱼类洄游、生存和旅游、景观的一般要求，是保持绝大多数水生生物短时间生存所必需的瞬时最低流量。

本方法的计算结果为生态流量。从表7–1第一列中选取生态保护目标所期望的栖息地状态，对应的第二列为生态流量占多年天然流量的百分比。该百分比与多年平均天然流量的乘积为生态流量。鱼类产卵育幼期的生态流量百分比与一般时期不同。

(2) 方法的特点和适用性。

①方法的特点。

蒙大拿法是依据观测资料而建立起来的流量和栖息地质量之间的经验关系。它仅仅使用历史流量资料就可以确定生态需水，使用简单、方便，容易将计算结果和水资源规划相结合，具有宏观的指导意义，可以在生态资料缺乏的地区使用。但由于对河流的实际情况作了过分简化的处理，没有直接考虑生物的需求和生物间的相互影响，只能在优先度不高的河段使用，或者作为其他方法的一种粗略检验。因此，它是一种相对粗略的方法。

②方法的适用性。

蒙大拿法主要适用于北温带河流生态系统，更适用于大的、常年性河流，作为河流进行最初目标管理、战略性管理方法使用，但不适用于季节性河流。

(3) 方法的应用。

蒙大拿法在美国是所有方法中第二个最常用的方法，是流量历史法中最为常用的方法，为16个州采用或承认，并在世界各地得到了应用。

一些学者在对美国维吉尼亚地区的河流的研究中证实：年平均流量10%的流量是退化的或贫瘠的栖息地条件；年平均流量20%的流量提供了保护水生栖息地的适当标准；在小河流中，定义年平均流量30%的流量接近最佳栖息地标准。

(4) 注意事项。

蒙大拿法作为经验公式，具有地区限制。因此，在其他地区使用时，需要对公式在本地区的适用性进行分析和检验。在使用该法前，应弄清该法中各个参数的含义。在流量百分比和栖息地关系表中的年平均流量是天然状况下的多年平均流量，其中某百分比的流量是瞬时流量。

2.90% 保证率年最枯月平均流量法

将 90% 保证率年最枯月平均流量作为生态流量，采用的流量为天然流量。此生态流量为维持河道基本形态、防止河道断流、避免河流水生生物群落遭到无法恢复的破坏所需的最小流量。

3. 流量历时曲线法

（1）流量历时曲线法利用历史流量资料构建各月流量历时曲线，将某个累积频率相应的流量（Q_p）作为生态流量。Q_p 的频率 P 可取 90% 或 95%，也可根据需要作适当调整。Q_{90} 为通常使用的枯水流量指数，是水生栖息地的最小流量，为警告水管理者的危险流量条件的临界值。Q_{95} 为通常使用的低流量指数或者极端低流量条件指标，为保护河流的最小流量。

(2) 这种方法一般需要 20 年以上的流量系列。

(3) 流量历时曲线法是水文学法中第二个广泛应用的方法。

4. 湿周法

(1) 计算方法。

该方法利用湿周作为栖息地质量指标，建立临界栖息地湿周与流量的关系曲线，根据湿周流量关系图中的拐点确定河流生态流量。当拐点不明显时，以某个湿周率相应的流量，作为生态流量。某个湿周率为某个流量相应的湿周占多年平均流量相应湿周的百分比，可采用 80% 的湿周率。当有多个拐点时，可采用湿周率最接近 80% 的拐点。

此生态流量为保护水生物栖息地的最小流量。

(2) 制约条件。

湿周法受河道形状影响较大，三角形河道湿周流量关系曲线的拐点不明显；河床形状不稳定且随时间变化的河道，没有稳定的湿周流量关系曲线，拐点随时间变化。

(3) 适用范围。

湿周法适用于河床形状稳定的宽浅矩形和抛物线形河道。

5. R2CROSS 法

(1) 计算方法。

美国科罗拉多州对该州自由流动的河流进行了大量调查研究，提出了不同尺度河流的浅滩栖息地的水力参数。其水力参数相应流量即为生态流量。它将河流平均深度、平均流速和湿周长度作为栖息地质量指标。该法可以用两类指标确定生态流量：一是湿周率，二是平均水深和平均流速。

这种方法认为，对于一般的浅滩式河流栖息地，如果作为反映生物栖息地质量的水力学指标，且在浅滩栖息地能够使这些指标保持在相当令人满意的水平上，那么也足以维护非浅滩栖息地内生物体和水生生境。

此生态流量为保护水生生物栖息地的最小流量。

(2) 限制条件。

①不能确定季节性河流的流量。

②精度不高：根据一个河流断面的实测资料，确定相关参数，将其代表整条河流，容易产生误差，同时计算结果受所选断面影响较大。

③标准单一：三角形河道与宽浅型河道水力参数采用同一个标准。

④适用的河顶宽度为 0.3~31 m，不适用于大中型河流。

(3) 适用范围。

R2CROSS 法适用于确定河宽为 0.3~31 m 的非季节性小型河流的流量，不能用于确定季节性河流的流量。同时，为其他方法提供水力学依据。

6. 生物空间需求法

(1) 计算方法。

①关键物种选择。

水生生物的生存空间是其生存的基本条件，生存空间的丧失将直接导致河流生态系统的严重衰退，因此河道的生态水量首先要保证生物的生存空间，河道水生生态系统中有多种生物，主要有藻类、浮游生物、大型水生植物、底栖动物和鱼类等，河道生态系统所有生物对生存空间的最小需求确定后，取其最大值即为河道生态系统对生物空间的最小需求。用下式表示：

$$\Omega e_{\min} = \max\left(\Omega e_{\min 1},\ \Omega e_{\min 2} \cdots\ \Omega e_{\min n}\right) \quad (7\text{–}1)$$

式中 $\Omega e_{\min}$ ——河道生态系统中生物对生存空间的最小需求；

$\Omega e_{\min i}$——第 i（i=l，2，…，n）种生物对生存空间的最小需求；

n——河道生态系统中的生物种类。

现阶段无法确定每类生物所需的最小空间，因此需选择河道生态系统的关键物种。鱼类和其他类群相比在水生系统中位置独特，一般情况下，鱼类是水生系统中的顶级群落，对其他种群的存在和丰度有着重要的作用，同时鱼类对生存空间最为敏感，因此可将鱼类作为指示物种，认为鱼类的生存空间得到满足，其他生物的最小空间也得到满足。即：

$$\Omega e_{\min} = \Omega e_{\min\ \text{鱼}} \tag{7-2}$$

②鱼类生存空间要素选择及最小空间要素取值。

描述鱼类生存空间的要素有水面宽率、平均水深、最大水深、横断面面积、横断面形态等。水面宽率为水面宽和多年平均天然流量相应的水面宽的比值，是河流生态系统食物产出水平的指标。平均水深是整个断面上的平均深度，代表生物在整个断面上的生存空间情况。最大水深是鱼类通道指标，要求断面的最大水深达到一定值，以保证鱼类通道的畅通。因此，选择水面宽率、平均水深和最大水深作为鱼类生存空间指标。

水面宽率、平均水深和最大水深的取值还有统一的标准。通过分析R2CROSS法中的数据和蒙大拿法野外试验统计数据发现：对于自由流动的大中型河流，最小生态流量平均水深应不小于0.30 m，湿周率应该大于等于70%；蒙大拿法野外试验统计分析表明，最小生态流量——10%的平均流量对应的平均水深是0.3 m，湿周率为60%。综合两种研究成果，对中型河流，最小生态流量对应的平均水深为0.3 m，水面宽率为60%~70%（适合于非分汊河流）。

为满足鱼类通道要求，河道断面最大水深必须达到一定值。国内外对鱼道的研究表明，鱼道所需的最小深度约是鱼类身高的3倍。由于缺乏鱼类身高的资料，需对鱼类对最大水深的需求进行粗估，中型河鱼类所需的最大水深的下限为0.6 m。中上游较小河流鱼类所需的最大水深的下限为0.45 m。

(2) 适用范围。

计算方法，在资料比较匮乏的中小河流可以用第6种计算方法来估算。后面有实例，请参考阅读。

(二) 城市河流外生态需水量计算方法

河流外生态需水的计算多出现在河流系统或流域生态需水的研究中。河道外生态需水量主要是维持河道外植被群落稳定所需要的水量，包括：天然和人工生态保护植被、绿洲防护林带的耗水量，主要是地带性植被所消耗降水和非地带性植被通过水利供水工程直接或间接所消耗的径流量；水土保持治理区域进行生物措施治理需水量；维系特殊生态环境系统安全的紧急调水量（生态恢复需水量）；调水区人民生存和陆生动物生存所需水量；维持气候和土壤环境所需水量。对于不同的河流生态系统，其生态需水理论及机制不同，并且跟各研究目标密切相关，因此在进行计算时会有所差别。目前的研究多侧重于单项研究，由于上述各项之间的重叠性，在区域生态需水总量的计算中，并不能简单机械地对上述各项相加减，而应把生态系统作为一个整体来考虑，通过分析水分在生态系统中的循环机制，建立生态需水耦合关系，并结合实际的保护目标来确定各单项和总量之间的关系。

河道外生态需水计算中，对于水土保持生态环境需水的研究相对比较成熟，一般采用水保法和水文法两种方法进行比较研究。水保法是依据水土保持试验站对水土保持措施减水减沙作用的观测资料，并结合流域产沙的冲淤变化，来计算水土保持措施减水量。水文法是利用水文泥沙观测资料，建立流域降雨径流产沙模型，来分析水土保持减水减沙效益。河道外生态需水中，对于植被需水的研究，国内外都开展了大量的工作。国外的研究主要是针对天然植被和人工植被，通过建立不同条件下植被生长过程需水模型，对土壤蒸发和植被蒸腾进行模拟，具有较为成熟的理论和方法。我国学者对河道外生态需水的研究主要是对区域生态需水的分类、分区及计算方法的探讨，对水分生态作用机制的研究则相对较少，而在对河道外生态需水进行计算时，采用的方法多为面积定额法，以植物耗水量（植被蒸腾量）代替生态需水量。植被是生态系统最基本的组成部分，是主要的生产者，在生态系统中起着主导作用。一定条件下，用植被生态需水来反映实际生态系统的生态需水，也是可以接受的。陆地植被生态系统中，主要水分消耗是满足植被生长期内的蒸散发，基本可反映植被生态需水。目前估算植被蒸散发主要采用计算植被参考作物的蒸散发潜力的方法。国内关于植被生态需水计算的方法有很多，目前运用得比较多的方法有彭曼公式法、潜水蒸发蒸腾模型、直接计算方法、间接计算方法、基于遥感和GIS技术的研究方法等。

（1）彭曼公式是通过计算作物潜在腾发量来推算作物生态需水量的，目前常用的是改进后的彭曼公式。该法计算的是在充分供水条件下获得的作物需水量，即植被的最大需水量，从理论上讲其并不是维持植物生长的最低生态需水量。但该方法理论较成熟完整，实际应用上具有较好的操作性。

（2）潜水蒸发蒸腾模型，是通过蒸发蒸腾模型（具有代表性的有阿维里扬诺夫公式和沈立昌公式），计算得出对应不同地下水位埋深的潜水蒸发量，用植被生态系统的面积与其地下水位埋深的潜水蒸发量相乘得到植被的生态需水量。

（3）直接计算方法计算的关键是要确定出不同生态用水植被类型的生态用水定额，而生态用水定额的计算对生态水文要素的很多参数要求较高，且工作量繁重，极大地限制了该方法在实际生产中的应用。

（4）间接计算方法都是以潜水蒸发蒸腾模型为基础而提出的，是用某一植被类型在某一潜水位的面积乘以该潜水埋深下的潜水蒸发量与植被系数，得到的乘积即为生态用水量，其中对植被系数的确定是该方法的关键。

（5）基于遥感和GIS技术的研究方法计算生态需水量，其主要思路为利用遥感与GIS技术进行生态分区，确定流域各级生态分区的面积及其需水类型和生态耗水的范围和标准（定额），以流域为单元进行降水平衡分析和水资源平衡分析，在此基础上计算生态需水量。

第二节　生态护岸技术

一、生态护岸的概念

生态护岸是指通过一些方法和措施将河岸恢复到自然状态或具有自然河岸“可渗透性”的人工型护岸，将护岸型式由传统的硬质结构改造成为可使水体和土体、水体与生物之间相互融合，适合生命栖息和繁殖的仿自然形态的护岸。它拥有渗透性的自然河床与河岸基底，丰富的河流地貌，可以充分保证河岸与河流水体之间的水分交换和调节功能，同时具有一定的抗洪强度。生态护岸是城市生态水利的重要组成部分，兼具安全与生态的综合任务。

二、生态护岸的发展趋势

生态护岸作为重要的河岸防护工程，已经在国外得到了广泛的应用，在我国，这些年生态护岸也被广泛应用到城市河道治理当中，是一种有别于传统护岸型式的新型护岸。随着社会经济及城市的发展以及城市生态文明建设的要求，河道的建设对护岸工程的要求也越来越高。因此，生态护岸在我国发展速度较快，植被护岸和其他类型的护岸结合使用，形成了各种不同的生态护岸，如土工植草固土网垫、土工网复合技术、土工格栅、空心砌块生态护面的加筋土轻质护岸技术等。

生态护岸不仅起到保护岸坡的作用，与传统硬质护岸相比，还拥有更好的生态性。同时，生态护岸还具有结构简单、适应不均匀沉降、施工简便等优点，可以较好地满足护岸工程的结构和环境要求。在堤防护坡方面，仍应坚持草皮护坡，堤外滩地植树形成防浪林带。滨海地区的海塘工程，只要堤外有足够宽的滩地，都要考虑以生物防浪为主的措施。因此，在工程效果得到保证、条件允许的地方，应注重生态护岸型式的推广与应用。

三、生态护岸的功能及特点

(一) 防洪效应

河流本身就是水的通道，但随着社会和经济的快速发展，河流、湖泊大量萎缩，水面积不断缩小，防洪问题显得更加突出。生态护岸作为一种护岸型式，同样具备抵御洪水的能力。生态护岸的植被可以调节地表和地下水文状况，使水循环途径发生一定的变化。

当洪水来临时，洪水通过坡面植被大量地向堤中渗透、储存，削弱洪峰，起到了径流延滞作用。而当枯水季节到来时，储存在大堤中的水反渗入河，对调节水量起到了积极的作用。同时，生态护岸中大量采用根系发达的固土植物，其在水土保持方面又有很好的效果，护岸的抗冲性能大大加强。

（二）生态效应

大自然本身就是一个和谐的生态系统，大到整个社会，小至一条河流，无不是这个生物链中不可或缺的重要一环。当采用传统的方法进行堤岸防护时，河道大量地被衬砌化、硬质化，这固然对防洪起到了一定的积极作用，但同时对整个生态系统的破坏也是显而易见的，混凝土护坡将水、土体及其他生物隔离开来，阻止了河道与河畔植被的水气循环。相反，生态护岸却可以把水、河道与堤防、河畔植被连成一体，构成一个完整的河流生态系统。生态护岸的坡面植被可以带来流速的变化，为鱼类等水生动物和两栖类动物提供觅食、栖息和避难的场所，对保持生物多样性也具有一定的积极意义。另外，生态护岸主要采用天然的材料，从而避免了混凝土中掺杂的大量添加剂（如早强剂、抗冻剂、膨胀剂等）在水中发生反应对水质和水环境带来的影响。

（三）自净效应

生态护岸不仅可以增强水体的自净功能，还可改善河流水质。当污染物排入河流后，首先被细菌和真菌作为营养物而摄取，并将有机污染物分解为无机物；水体的自净作用，即按食物链的方式降低污染物浓度。生态护岸上种植于水中的柳树、菖蒲、芦苇等水生植物，能从水中吸收无机盐类营养物，其庞大的根系还是大量微生物吸附的好介质，有利于水质净化，生态护岸营造出的浅滩、放置的石头、修建的丁坝、鱼道形成水的紊流，有利于氧从空气传人水中，增加水体的含氧量，有利于好氧微生物、鱼类等水生生物的生长，促进水体净化，使河水变得清澈、水质得到改善。

（四）景观效应

近10~20年来，生态护岸技术在国内外被大量地采用，从而改变了过去的那种“整齐划一的河道断面、笔直的河道走向”的单调观感，现在的生态大堤上建起绿色长廊，昔日的碧水漪漪、青草涟涟的动态美得以重现。生态护岸顺应了现代人回归自然的心理，并且为人们休憩、娱乐提供了良好的场所，提升了整个城市的品位。

四、生态护岸材料

随着经济社会的发展，生态护岸的材料从过去的硬质护坡材料到如今的生态护坡材料，也经历了长足的发展。本书大致将护岸材料分为三类，选取了一些典型材料进行介绍，并对其优缺点进行简要分析。

（一）植草、植树等护岸

1. 人工种草护坡

人工种草护坡，是通过人工在边坡坡面简单播撒草种的一种传统边坡植物防护措施。它多用于边坡高度不高、坡度较缓且适宜草类生长的土质路堑和路堤边坡防护工程。

优点：施工简单，造价低廉，自然生态。

缺点：由于草籽播撒不均匀、草籽易被雨水冲走、种草成活率低等，往往达不到满意的边坡防护效果，而造成坡面冲沟、表土流失等边坡病害，抗冲能力较差。

2. 液压喷播植草护坡

液压喷播植草护坡，是国外近十多年新开发的一种边坡植物防护措施，是将草籽、肥料、黏合剂、纸浆、土壤改良剂、色素等按一定比例在混合箱内配水搅匀，通过机械加压喷射到边坡坡面而完成植草施工的。

优点：

(1) 施工简单、速度快；

(2) 施工质量高，草籽喷播均匀、发芽快、整齐一致；

(3) 防护效果好，正常情况下，喷播一个月后坡面植物覆盖率可达70%以上，两个月后形成防护、绿化功能；

(4) 适用性广。

目前，国内液压喷播植草护坡在公路、铁路、城市建设等部门边坡防护与绿化工程中使用较多。

缺点：固土保水能力低，容易形成径流沟和侵蚀；因品种选择不当和混合材料不够，后期容易造成水土流失或冲沟。

3. 客土植生植物护坡

客土植生植物护坡，是将保水剂、黏合剂、抗蒸腾剂、团粒剂、植物纤维、泥炭土、腐殖土、缓释复合肥等一类材料制成客土，经过专用机械搅拌后吹附到坡面上，形成一定厚度的客土层，然后将选好的种子同木纤维、黏合剂、保水剂、缓释复合肥及营养液经过喷播机搅拌后喷附到坡面客土层中。

优点：可以根据地质和气候条件进行基质和种子配方，从而具有广泛的适用性，客土与坡面的结合可提高土层的透气性和肥力，且抗旱性较好，机械化程度高，速度快，施工简单，工期短，植被防护效果好，基本不需要养护就可维持植物的正常生长，该法适用于坡度较小的岩基坡面、风化岩及硬质土砂地、道路边坡、矿山、库区以及贫瘠土地。

缺点：要求在边坡稳定、坡面冲刷轻微、边坡坡度大的地方，长期浸水地区不适合。

4. 平铺草皮护坡

平铺草皮护坡，是通过人工在边坡面铺设天然草皮的一种传统边坡植物防护措施。

优点：施工简单、工程造价低、成坪时间短、护坡功能见效快、施工季节限制少。平铺草皮护坡适用于附近草皮来源较易、边坡高度不高且坡度较缓的各种土质及严重风化的岩层和成岩作用差的软岩层，是设计应用最多的传统坡面植物防护措施之一。

缺点：由于前期养护管理困难，新铺草皮易受各种自然灾害，往往达不到满意的边坡防护效果，而造成坡面冲沟、表土流失、坍滑等边坡灾害，导致需修建大量的边坡病害整治、修复工程。近年来，由于草皮来源紧张，平铺草皮护坡的作用逐渐受到了限制。

施工要点：

（1）种草坡面防护：草籽撒布均匀。在土质边坡上种草，土表面事先耙松。在不利于植物生长的土壤上，首先在坡上铺一层厚度为 5 cm~10 cm 的种植土，当坡面较陡时，将边坡挖成台阶，再铺新土，种植植物。

（2）铺草皮坡面防护：草皮尺寸不小于 20 cm × 20 cm。铺草皮时，从坡脚向上逐排错缝铺设，用木桩或竹桩钉固定于边坡上。

(3) 铺草皮要求满铺，每块草皮要钉上竹钉，草皮下铺一层8cm~10cm厚的肥土，并要经常洒水养护。平铺草坪，由于其特点，在边坡比较稳定、土质较好、环境适合的情况下有比较大的优势。

(二) 石材护岸

1. 格宾石笼 (护垫) 护坡

格宾石笼 (护垫) 是将低碳钢丝经机器编制而成的双绞合六边形金属网格组合的工程构件，在构件中填石构成主要起防护冲刷的作用。当水流的冲刷流速大于河道的允许不冲流速时，格宾石笼 (护垫) 不会在水流的冲刷下发生位移，从而起到抑制冲刷发生、保护基层稳定的作用，达到维持堤岸 (坝体) 稳定的工程目的。

格宾石笼 (护垫) 的抗冲能力主要来源于两个方面：一方面为格宾石笼 (护垫) 内部填充石料的抗冲能力，另一方面为钢丝网箱提供的限制填充石料位移的能力。

优点：具有很好的柔韧性、透水性、耐久性以及防浪能力等优点，而且具有较好的生态性。它的结构能进行自身适应性的微调，不会因不均匀沉陷而产生沉陷缝等，整体结构不会遭到破坏。由于石笼的空隙较大，因此能在石笼上覆土或填塞缝隙进行人工种植或自然生长植物，形成绿色护岸。格宾石笼 (护垫) 护坡既能防止河岸遭水流、风浪侵袭破坏，又保持了水体与坡下土体间的自然对流交换功能，实现了生态平衡；既保护了堤坡，又增添了绿化景观。

1983年，马克菲尔公司和美国科罗拉多大学做了详尽的格宾石笼 (护垫) 的抗冲刷模型和原型试验。利用抗冲流速表进行格宾石笼 (护垫) 的设计更加直观实用。

缺点：可能存在金属的腐蚀、覆塑材料老化、镀层质量及编织质量等问题。因此，在应用中应对材料强度、延展度、镀层厚度、编织等提出控制要求。

2. 干砌石护坡

干砌石护坡是一种历史悠久的治河护坡方法，一般利用当地河卵石、块石，采用人工干砌形成直立或具有一定坡度的岸坡防护结构。

这种护坡的最大特点是：结构形式简单、施工操作方便、工程造价低廉。另外，干砌石护坡具有一定的抗冲刷能力，适用于流量较大但流速不大的河道；对流速较大的河道，可在干砌施工时在石料缝隙中浆砌黏土或水泥土等，并种植草木等植物，可进一步美化堤岸。实际工程中多在常水位以下干砌直立挡土墙，用以挡土和防水冲刷。在常水位以上做成较缓的土坡，并种植喜水的本地草皮和树木。该护坡型式适用于城镇周边流量较大、有一定防冲要求的中小型河道。

3. 浆砌石护坡

浆砌石护坡是采用胶结材料将石材砌筑在一起，形成整体结构的护坡型式。在进行砌石的胶结材料选择时，可根据河道最大流速选择水泥砂浆或白灰砂浆。可用于大江大河（如长江、黄河使用较多）或流速大的堤防护岸。该护坡型式适用于城镇周边流量较大、有较强防冲要求的河道。

4. 卵石护岸

卵石是河流中自然形成的圆形或椭圆形的颗粒，由于其颗粒较小，一般用于流速较小、坡度较缓的水边或水下。其景观效果较好，多用于景观要求较高的水域。结合植物种植可凸显自然生态。缺点是抗冲性能差。

（三）人工材料护岸

1. 自嵌式挡土墙

自嵌式挡土墙是在干垒挡土墙的基础上开发的另一种结构。这种结构是一种新型的拟重力式结构，它主要依靠挡土块块体填土通过加筋带连接构成的复合体自重来抵抗动静荷载，起到稳定的作用。

特点：与传统的挡土墙结构相比，自嵌式挡土墙在施工方面具有非常大的优势，可以成倍地提高施工进度以及工程质量。同时，自嵌式挡土墙拥有多种颜色可供选择，可以充分发挥设计师的想象空间，给人提供自然典雅的景观效果。挡土墙为柔性结构，安全可靠，可采用加筋挡土墙结构，耐久性强，并且原材料及养护处处讲究环保，产品对人体无任何有害辐射。

2. 水工连锁砖

水工连锁砖的连锁性设计使每一个连锁砖块被相邻的四个连锁砖块锁住，这样保证每一块的位置准确并避免发生侧向移动。连锁砖铺面块能提供一个稳定、柔性和透水性的坡面保护层。混凝土块的形状与大小都适合人工铺设，施工简单方便。

特点：类型统一，不需要采用多种混凝土块，由于每块都是镶嵌在一起的，所以强度高、耐久性好。由于连锁砖属于柔性结构，适合在各种地形上使用，透水性好，能减少基土内的静水压力，防止出现管涌现象，可以为人行道、车道或者船舶下水坡道提供安全的防滑面层，并且面层可以植草，形成自然坡面。连锁砖施工方便快捷，可以进行人工铺设，不需要大型设备，维护方便、经济。

3. 加筋纤维毯

加筋纤维毯是主要用椰纤维与其他纤维材料复合而成的植生保水层，加上保水剂、植物物种、草炭、缓释肥料，上、下再结合 PP 或 PE 网形成多层结构，厚度在 4 cm~8 cm。其主要应用于山体岩土边坡以及公路、铁路边坡、流速不大的河道边坡等边坡的水土防护。

特点：将加筋纤维毯铺设在坡面上，然后固定，由于土壤表层被纤维毯覆盖，雨水对土壤的冲刷会大大降低，且该产品能给植物根系提供理想的生长环境（保温、更有利于吸水、防止表面冲刷、均衡种子的出芽率等），促使植物在不良的条件下生长良好，从而达到绿化且防止水土流失的效果。加筋纤维毯在应用时，不需要撤除，植物可以从纤维毯中生长出来。另外，它可以降解，降解后变成植物生长所需要的有机肥料，非常环保。

4. 浆砌片石骨架植草护坡

浆砌片石骨架植草护坡是指用浆砌片石在坡面形成框架，在框架里铺填种植土，然后铺草皮，喷播草种的一种边坡防护措施。通常做成截水型浆砌片石骨架，以减轻坡面冲刷，保护草皮生长，从而避免了人工种植草坪护坡和平铺草坪护坡的缺点。浆砌片石骨架植草护坡适用于边坡高度不高且坡度较缓的各种土质、强风化岩石边坡。

优点：由于砌石骨架的作用，边坡抗冲刷效果较好，与整体砌石的边坡相比具有较好的生态性。

缺点：人工痕迹较重，不够自然。

第三节　城市河湖防渗技术

一、国内河湖防渗发展概况

在新中国成立初期，城市河道治理往往偏重于水利灌溉、排水泄洪，因此这个时期的河道是硬质的、渠化的。在防渗时也是多用黏土、混凝土、三七灰土或者是浆砌石。随着土工合成材料的发展，防渗膜以其防渗效果好、经济和施工方便的优点越来越多地得到应用。

防渗膜是20世纪80年代兴起的新型合成土工防水材料，是继软PVC、氯磺化聚乙烯（CSPE）及丁基橡胶等高分子防渗漏材料之后的又一新型优质防水材料。防渗膜的应用开始于20世纪80年代中期，首先是在渠道防渗方面的应用，接着是HDPE防渗膜的出现。较早的防水防渗工程有河南人民胜利渠、陕西人民引渭渠、北京东北旺灌区和山西的几处灌区，使用防渗膜后效果很好，因此以后推广应用到水库、水闸和蓄水池等工程的防渗工程中。现在，防渗膜已经被广泛应用到各大工程的防渗工程中。

20世纪末，新型防渗材料膨润土防水毯引入国内，并逐渐国产化。其主要应用于市政、公路、铁路、水利、环保及工业与民用建筑中的地下防水施工等各类防渗工程中，先后在上海太平桥人工湖项目、郑州CBD中心湖防渗工程、大同文瀛湖水库防渗改造工程等项目中得到运用。2005年，圆明园防渗方案引发了防渗与生态关系的大讨论以及2008年防水毯在北京奥林匹克森林公园龙形水系项目中得到应用后，防水毯开始得到更大的关注。

随着科技和施工技术的进步，我国在垂直防渗技术上也有了很大的突破。近一二十年来，人们在研究渗流理论的同时，根据渗流机制，针对各类防渗工程，不断探索和改进了许多防渗效果优良的垂直防渗新技术、新材料、新工艺，并在国内外广泛应用。

二、防渗方案的选择

按防渗型式一般分为水平防渗和垂直防渗，按防渗材料分类主要分为黏土防渗、土工膜防渗、膨润土防水毯防渗、混凝土（或塑性混凝土）防渗墙防渗、水泥土搅拌桩防渗墙防渗、高玉喷射灌浆防渗、振动切槽防渗板墙防渗等。下面按照防渗型式逐一进行介绍。

(一) 水平防渗

根据所使用的材料，防渗可分为土料（如黏土）防渗、膜料（如土工膜）防渗、膨润土防水毯防渗、混凝土防渗等。本文收集了国内近年来河湖防渗的工程实例，以供参考。

1. 黏土防渗

黏土防渗可以保持一定的渗透水量，从而有利于维持水质和生态环境，适量的水渗透有助于维持局部的水循环。

优点：(1) 黏土对地层的变形适应性好；

(2) 利于大型机械作业，施工便利；

(3) 不阻隔湖体内外水的交换，有利于植物和生物的生长。

缺点：(1) 防渗黏土工程量大，且对土料要求严格，需勘察专门料场，增加了料场的征地费用，使土料满足需求的不确定性增加；

(2) 地表取土，破坏植被，影响环境；

(3) 土料运输强度大，施工时受征地、土料运输等情况影响较大，施工工期无保证；

(4) 增加外运土方量；

(5) 施工质量要求高，尤其是填土压实度要求严格。

2. 土工膜防渗

土工膜防渗技术是近年来国内外发展起来的一种将新材料、新工艺用于水工建筑物的防渗新技术，截渗性能好。

优点：(1) 防渗能力强、质轻、运输便利；

(2) 材料来源丰富，造价较低；

(3) 施工快捷便利。

缺点：(1) 土工膜渗透系数小（1×10^{-11} cm/s 级别），接近于不透水，不利于湖内水体与地下水的交换；

(2) 人工材料的大量使用，将可能发生水环境方面的不良影响；

(3) 容易破裂，土工膜强度较低，厚度也较薄，因此容易破裂；

(4) 容易脆裂，在低温环境下，性能恶化；

(5) 易老化，使用寿命短。

3. 膨润土防水毯防渗

膨润土防水毯是采用特殊针刺技术，将高钠基膨润土均匀地织在两层土工织物之间，形成的一种毯状防渗材料。由于钠基膨润土遇水有超强的膨胀特性，在自由状态下，遇水膨胀15~17倍，因此在受约束的条件下，膨润土防水毯遇水后可以形成一层无缝的高密度浆状防水层，渗透系数可以达到1×10^{-11} cm/s，可起到良好的防渗效果。每5 mm厚度的GCL膨润土防水毯相当于1m厚压实黏土的防渗效果。防水毯还是一种生态环保材料，不含水泥、化学添加剂等对环境有害的物质。膨润土防水毯具有良好的自愈性，可通过膨胀机理自动修复结构细小裂缝。该材料20世纪90年代进入中国后，已在奥运公园龙形水系、郑州CBD中心湖等项目中得到了成功应用。

优点：(1) 低透水性工程性能较好；

(2) 膨润土防水毯核心材料为膨润土，其是由凝灰岩或者火山岩在碱性介质下蚀变而成的，属于天然材料，不存在环保污染问题；

(3) 铺设施工比较简单；

(4) 有良好的自愈性。

缺点：

(1) 工程投资高；

(2) 接缝位置较多，施工技术要求高。

4. 混凝土防渗

混凝土防渗技术国内外发展较早，技术比较成熟。

优点：(1) 技术比较成熟，施工简单；

(2) 耐久性好。

缺点：(1) 施工接缝处理难度大，养护困难，容易出现裂缝；

(2) 渗流点不易查找；

(3) 对于较大湖面，工程造价高。

混凝土防渗技术近年来在造槽设备和工艺上有新的发展。

(二) 垂直防渗

垂直防渗技术的主要目的是阻断或延长渗径。近一二十年来，人们在研究渗流理论的同时，根据渗流机理，针对各类防渗工程，不断探索和改进了许多防渗效果优良的垂直防渗新技术、新材料、新工艺，并在国内外广泛应用。

垂直防渗技术按其作用机理及成墙原理，可分为置换 (填充) 及灌浆 (固结) 两大类；按墙体材料可分为刚性和柔性防渗墙。目前比较成熟的置换 (填充) 技术有射水法、抓斗法、锯槽法 (链锯法) 及板桩灌注法。比较成熟的灌浆 (固结) 技术有深层搅拌工法 (单头或多小头直径)、高压喷射技术、土砂固结技术、劈裂灌浆技术及 TRD 工法和 SWM 工法。下面介绍几种常用的技术方法。

1. 高压喷射灌浆技术

高压喷射注浆法始创于日本，它是在化学注浆法的基础上，采用高压水射流搅动和冲切原状地层，将水泥浆冲灌其中，使水泥浆与地层物质混合形成具有一定强度的固结体，从而达到防渗的目的。在喷射的过程中，喷嘴旋状角度大于 180° ，称为旋喷；小于 300° ，称为摆喷；定向喷射，称为定喷。

适用范围：适用于处理淤泥、淤泥质土、黏性土 (流塑、软塑和可塑)、粉土、沙土、黄土、素填土和碎石土等地基。对土中含有较多的大直径块石、大量植物根茎和高含量的有机质以及地下水流速较大的工程，需通过现场试验，取得处理效果后，再决定是否采用旋喷法。旋喷注浆法处理深度较大，我国目前处理深度已达 30 m 以上。

优点：该技术具有一定的地层适应性，且施工速度快，施工现场容易布置，临时工程费低，施工振动小、噪声低，特别是对于处理地下障碍物较多的地层，与其他技术相比更有其优势。

缺点：一般高压喷射高压区的有效半径不大于 0.5 m，0.5 m 以外为高喷扩散区，两区域材料差异较大。如果减小孔距，将明显增加工程投资。根据山东省高喷技术的实践，该项技术受土料岩性、施工工艺等条件的影响较大，孔与孔之间结合紧密与否不易检查，单孔斜度不易控制，处理效果往往不理想。平原水库坝基下伏主要为沙壤土、粉土、粉砂、裂隙黏土、淤泥质壤土、壤土夹姜石等，吃浆量较大，每平方米单价280元，工程总造价较高。

2. 混凝土防渗墙

混凝土防渗墙的施工技术与工艺起源于20世纪50年代的意大利，后来一些国家相继采用。中国于1958年开始研究出一整套混凝土防渗墙施工技术与工艺。在各类复杂地层中，如纯砂层、淤泥层、密集孤石层、水下抛填未经压实的砂砾石层，均成功地建成了混凝土防渗墙。

混凝土防渗墙根据成槽工艺不同，又可分为射水法、锯槽法、液压抓斗法等。射水成墙技术主要是利用高压泵通过成槽底部和周围的喷嘴形成高速水泥浆射流切割和破坏原地层的砂、土、卵石等结构，并通过成槽器上下往复的冲击运动切割修整槽孔孔壁，使之形成具有一定形状和规格的槽孔。孔内的沉渣和水土混合物通过泥浆泵反循环吸出孔外，然后在槽孔内利用导管进行水下混凝土的浇筑，形成完整的混凝土防渗墙，最小墙厚一般大于22 cm。液压抓斗成墙是在泥浆固壁的条件下，利用薄型抓斗机械在地层中抓孔成槽到设计深度，然后进行水下塑性混凝土浇筑到设计高程，形成一个单元墙段，各单元墙之间采用套管接头连接。目前，使用液压抓斗配合冲击钻建造薄防渗墙技术深度可达30余m。

适用范围：适用于任何复杂的土质地层。包括坚硬的花岗岩、软土层以及漂石层等。

优点：(1) 对周围环境所产生的噪声和污染影响比较小，甚至可以忽略。

(2) 可以适用于任何地层结构。

(3) 墙体深度和厚度可以得到较好的控制。

(4) 墙体连续性好，防渗效果好。

缺点：(1) 需要利用较多的临时设施以及有较大的施工作业面。

(2) 施工工序多，施工难度大，施工过程风险较高。

(3) 施工中，对槽孔稳定性要求较高，墙底端易出现粗颗粒落淤，影响墙体与相对不透水层的衔接可靠性，增加局部透水性。

(4) 工程总造价较高。

3. 水泥土搅拌法

水泥土搅拌法是利用水泥等材料作为固化剂，通过特制的搅拌机械，就地将软土和固化剂（浆液或粉体）强制搅拌，使软土硬结成具有整体性、水稳性和一定强度的水泥加固土，从而提高地基土强度和增大变形模量。根据固化剂掺入状态的不同，它可分为浆液搅拌和粉体喷射搅拌两种。前者是用浆液和地基土搅拌，后者是用粉体和地基土搅拌。

适用范围：适用于处理正常固结的淤泥、淤泥质土、素填土、黏性土（软塑、可塑）、粉土（稍密、中密）、粉细砂（松散、中密）、中粗砂（松散、稍密）、饱和黄土等土层。不适用于含大孤石或障碍物较多且不易清除的杂填土、欠固结的淤泥和淤泥质土、硬塑及坚硬的黏性土、密实的砂类土，以及地下水渗流影响成桩质量的土层。当地基土的天然含水量小于 30%（黄土含水量小于 25%）时，不宜采用粉体搅拌法。冬季施工时，应考虑负温对处理地基效果的影响。一般处理深度不超过 20 m。

优点：(1) 最大限度地利用了原土；

(2) 搅拌时无振动、噪声和污染；

(3) 对周围原有建筑物及地下沟管影响很小；

(4) 施工工期短、造价低廉、实用可靠。

缺点：(1) 在实际工程中，地基多数是由几种土质组合而成的多元结构，由单一土质构成的地基条件则很少，理论上对不同的土层应选择不同的施工参数，而实际施工时，由于单元墙体的成墙时间很短，而且是搅拌下沉或搅拌提升和喷浆是一气呵成的，使用不同施工参数进行施工难以实现。施工参数选择和施工过程控制如何适应地层的问题有待进一步研究解决。

(2) 设备定位的垂直度控制主要靠人为调控，既麻烦，精度也不高。

(3) 目前搅拌桩防渗墙的检测手段还不成熟，特别是单元墙体间的搭接质量还没有较好的检测方法，搭接处是否存在开叉现象也无法探明。

4. 振动切槽防渗板墙

振动切槽防渗板墙法为一种介入式垂直防渗方法。墙体材料为常规的塑性水泥砂浆。振动切槽成墙技术是从国外引进开发的一种新型、成熟的防渗技术，已在长江、赣江、松花江、黄河堤防加固等多项工程中使用。成墙机理是：利用大功率振动器将振管下端的切头振动挤入地层，在挤入和提升切头的同时，水泥砂浆从其底部喷出并形成浆槽，后续施工利用切头副刀在相邻已成浆槽内振动搅拌和导向，从而建成连续完整的板墙。

适用范围：可适用于砂、砂性土、黏性土、淤泥质土和含小卵石的砂卵石层等。成墙深度为 20 m。

优点:（1）防渗板墙垂直连续，墙面平整，无接缝、缩板、断板缺陷，完整性良好，防渗效果好。

（2）成槽与成墙同时完成，墙底不产生落淤，与相对不透水层结合性能良好。

（3）成墙材料常规、可控，墙体抗压强度、渗透系数等项物理力学指标可根据设计要求调整浆料配比；板墙厚度均匀，目前可达到 10 ~ 25 cm。

（4）对地层有挤密作用，对裂隙有附加灌浆作用。

（5）施工效率高（单套设备日均完成约 500 m^2）。

缺点:（1）工程造价较高；

（2）振动作用容易引起土壤液化，产生塌孔；

（3）对大的卵石、块石地层沉入困难；

（4）不能沉入基岩，深度受限制。

（三）选择防渗技术措施应考虑的因素

我国幅员广大，河湖防渗结构种类很多，各地应根据具体条件因地制宜选择。前述各种防渗结构的主要技术指标及适用条件，在选择防渗结构时可以参考。河湖防渗工程所需材料量大，因此应就地取材。所选用的防渗结构，要求达到：防渗效果好，最大渗漏量能满足工程要求；经久耐用，使用寿命较长；施工简易，质量容易保证；管理维修方便，价格合理。除此之外，设计时尚应综合考虑当地的气候条件、地形地质条件、防渗材料来源等影响因素。

第四节　城市河道蓄水建筑物设计

一、蓄水建筑物形式

在城市河道治理过程中蓄水建筑物的设计尤为重要，能够起到增加河道蓄水面积、改善上游及周边水环境、提高河道综合治理效果的作用。目前，城市河道蓄水建筑物的形式常见有堰、景观石坝、橡胶坝、水闸等，蓄水建筑物形式的选择主要与治理目标、河道性质、水位变化、蓄水高度、投资等因素有关。在进行河道蓄水建筑物建设时，不仅要考虑到建筑物的整体功能，还要考虑到建筑物与周围环境的融合性，从而选择合适的建筑物形式，在实现社会效益的同时，实现生态效益。

(一) 堰

堰是指修建在河道上既能蓄水又能排水的蓄水建筑物，常由土石砌筑而成。堰一般修筑不会太高，不会截断河道，但会改变河势或占用行洪断面，从而壅高上游水位。堰在我国古代水利建设史上发挥了巨大作用，四川成都都江堰、浙江宁波它山堰，迄今已千余年，历经洪水冲击，仍基本完好，仍然发挥着灌溉、泄洪等作用，堪称水利建筑史上的奇迹，与郑国渠、灵渠合称为中国古代四大水利工程。

在城市水利工程中，在考虑堰功能的同时，应更多地结合周边环境、交通和亲水要求，设计得更为美观。

由于堰是固定式，不能根据来水情况启闭泄水，因此堰前容易造成泥沙淤积，在多泥沙河道要谨慎选用或考虑冲沙措施。同时，固定的堰将形成堰前的死水区，对水质保护不利，换水时，堰顶高程水位以下的水置换效率差。因此，在设计中可以结合水闸一起设置或设计专门的放空管道，以利于有效地换水、冲沙及保护水质。

(二) 景观石坝

景观石坝是由较大自然石砌筑 (或堆砌) 而成的蓄水建筑物，它依靠块石自身重量来抵挡上游来水，起到蓄水作用。因其没有任何设备进行控制调水，所以常修建于无行洪要求或行洪要求不高的河道上。若修建在行洪要求较高的河道上，一般只能起到临时蓄水的作用，在河道行洪前需及时拆除，以保证行洪安全。景观石坝筑坝材料采用生态、环保的天然水冲石，筑坝高度较低，通常维持在 1~2 m，设计横断面常为梯形断面，以保证一定的稳定性。

(三) 橡胶坝

橡胶坝是由混凝土底板、坝袋、锚固件及充水(气)设备构成的蓄水建筑物。根据填充坝袋的介质，可以将橡胶坝分为充水坝和充气坝。两种坝型相比，充水坝的应用时间更长，造价相对也较低。橡胶坝在非汛期或者不需要挡水期可以进行水或气体的排放，恢复河道的正常运行，因此可以建在蓄水河道上，也可以建在行洪河道上。

橡胶坝的优点是：可设计为较大跨度，外形较美观，河道上没有启闭建筑物，因此对视线无阻挡，自重轻、抗震性能好，造价较低。

橡胶坝的缺点是：很容易出现破损现象，安全性、可靠性较差，使用寿命短。此外，橡胶坝充排水时间长，充水时间一般为1~2 h，排水时间为2~3 h，洪水期坍坝调度与蓄水难以协调，运行管理难度较大，特别是梯级橡胶坝运行管理不便。多泥沙河道上容易对坝袋造成磨蚀。充水式橡胶坝冬季冰冻期容易损坏坝袋，不能调节坝高，不易控制下泄流量，容易水流集中，引起河床局部冲刷，同时需配专人管理，冬天需破冰。

(四) 水闸

水闸是河道蓄水建筑物中常见的形式，具备拦洪、拦潮、蓄水、泄洪、冲沙等综合功能。水闸按照其功能可以分为分洪闸、排水闸、进水闸、节制闸，而按照闸室的结构形式可以分为开敞式、涵洞式、胸墙式。目前，建设水闸的目的多是蓄水和泄洪。非汛期关闭闸口，抬高水位，改善区域内水环境；汛期打开闸门，进行泄洪。由于水闸的主要作用是进行泄洪，所以多修建于防洪河道上。传统的水闸常为平板闸，近年来随着施工技术的改进和新材料、新技术的应用，气盾闸、翻板闸、液压升降闸等适应城市水利工程的新型闸门逐渐出现并得到推广。

1. 平板闸

(1) 直升式平板闸。

直升式平板闸是水利工程最常用的闸型。闸门开启将闸门竖直升出地面或最高水位以上，可以实现动水启闭，闸门启闭机结构简单，安全可靠，经济实用，检修方便。缺点是需要较高的启闭机平台，水闸启闭机平台上还需修建启闭机房，对视线及景观有较大的影响，但可以通过闸房造型设计将平板闸做得更美观。

(2) 升卧式平板闸。

升卧式平板闸开启时，闸门沿主轨运动逐渐由直立位置转 90° 而达到平卧位置。这种闸门在布置上可降低启闭机平台的高度。缺点是闸室段需要加长 (较直升式)，以满足闸门平卧要求。钢丝绳长期处于水下，容易锈蚀。闸门提起后污物挂在门上，影响景观。启闭机平台上还需修建启闭机房，对景观仍有较大的影响。

2. 翻板闸

翻板闸一般是通过两侧的液压驱动装置来实现闸门的启闭，启闭速度快。根据翻转方向不同，可分为上翻板闸和下翻板闸，近年来出现的钢坝闸是液压下翻板闸的一种特殊形式。

液压上翻板闸优点：闸门开启时，可平卧至上部；采用液压启闭设备，闸顶不需做启闭机房，节省空间；从底孔泄流。总体对排沙有利。缺点：闸门开度与来水情况有关，当要求保持一定的常水位时，水位控制不如下翻板闸灵活；底坎处易形成少量淤积大颗粒泥沙可能影响闸门启闭。

液压下翻板闸优点：闸门开启时，可平卧至下部；采用液压启闭设备，闸顶不需做启闭机房，节省空间；可以部分开启运行，调节和控制河流水位十分方便；允许门顶过水，形成瀑布，可以排漂排污，适合和周边环境匹配。缺点：难以做成很大的跨度，底部容易淤积。

3. 钢坝闸

钢坝闸 (大跨度底轴驱动翻板闸) 是一种新型可调控溢流闸门。它由土建结构、带固定轴的钢闸门门体、启闭设备等组成，适合于闸孔较宽 (10~100 m) 而水位差比较小 (1~7 m) 的工况。由于它可以设计得比较宽，可以省掉数孔闸墩，因此节省土建投资。钢坝闸可以立门蓄水，卧门行洪排涝，适当开启调节水位，还可以利用闸门门顶过水，形成人工瀑布的景观效果。缺点是全跨闸门由底轴支撑并旋转，对闸门基础要求较高，适应地基不均匀沉降能力较差。

4. 水力自控翻板闸水力自控翻板闸的工作原理是杠杆平衡与转动，具体来说，就是利用水力和闸门重量相互制衡，通过增设阻尼反馈系统来达到调控水位的目的。当上游水位升高时，则闸门绕“横轴”逐渐开启泄流；反之，上游水位下降则闸门逐渐回关蓄水，使上游水位始终保持在设计要求的范围内。水力自控翻板闸由预制钢筋混凝土面板、支腿、支墩与滚轮、连杆等金属构件组装而成，不需要任何外加动力，可完全根据上游来水情况、水位升降、作用在闸门上水压大小的变化，自动实现闸门的开启和关闭。

该闸门的优点是能根据上游水位自动调节、造价低、结构简单、施工期短、管理运行方便。缺点是：阻水，经不住特大洪水的冲击；易被漂浮物卡塞或上游泥沙淤积，造成不能自动翻板；洪水过后，翻板门再关上时若被异物卡住，会造成大量漏水。运行中，容易出现拍打、振动等问题。目前，水力自动翻板闸经历了多代自我更新，有效地实现了水力自控并防止了拍打与失稳。新一代的液控双驱动水力自动翻板闸，增加了液压启闭系统，保留了原水力自控能力，并具备辅助的液压启闭动力，实现了“双保险”，广泛应用于水利工程中。

5. 液压升降坝

液压升降坝是最近两年发展、推广起来的新型闸型。它由弧形（或直线）坝面、液压杆、支撑杆、液压缸和液压泵站组成。液压升降坝采用液压杆升降以底部为轴的活动拦水坝面，达到升坝拦水、降坝行洪的目的；其三角形的支撑结构，力学结构科学、不阻水、不怕泥沙淤积；不受漂浮物影响；放坝快速，不影响防洪安全；结构坚固可靠，抗洪水冲击能力强。它在充分考虑传统的活动坝型缺陷基础上，保留了平板闸、橡胶坝、翻板闸三种坝型的基本优点：

(1) 液压升降坝可设计为较大的跨度，并可实现坝顶溢流形成瀑布景观，坝型美观、控制灵活、投资较低。

(2) 投资：坝面采用钢筋混凝土结构，基础上部的宽度只要求与活动坝高度相等，同时液压系统简便，因此工程成本较低。

(3) 结构性能：坝面升起后，形成稳定的支撑墩坝结构，力学结构科学，抗洪水冲击的能力极强。

(4) 泄洪能力：活动坝面放倒后，坝面只高出基础约 50 cm，达到与橡胶坝同样的泄洪效果，行洪、冲沙、排漂效果良好，而且遭遇特大洪水也不会对结构造成损坏。

(5) 自动化：采用浮标开关控制、操作液压系统，可以做到无人值守，管理方便。

(6) 维护管理：部件经久耐用，更换容易，维护、管理费用较低。

(7) 美观：坝面可喷色彩、文字、图案；活动坝面高度可随意调节；上游有漂浮物时，只要操控一下液压系统，即可轻松地冲掉，使河水清澈。上游水量较大时，形成瀑布景观和水帘长廊奇观，可供游人观赏。

6. 气动盾形闸门

气动盾形闸门系统是综合传统钢闸门及橡胶坝优点的一种新型闸门。闸门由门体结构、埋件、气袋和气动系统组成。门体挡水面是一排强化钢板，气袋支撑在钢板下游面，利用气袋的充气或排气控制门体起伏和支承闸门的挡水，并可精确控制闸门开度。闸门全开时，门体全部倒卧在河底，不影响景观、通航。

该闸门的优点是可以设计为较大的跨度，不需要中闸墩，气袋支撑的钢板可以完全保护气袋本身，避免被浮木、砾石、冰块等杂物破坏，与橡胶坝相比，使用寿命较长，既能手动控制水位，又能自动控制水位；缺点是造价较高。北京新凤河水环境处理工程设计中采用了这种新型闸门型式，新凤河工程气动盾形闸门于2006年8月投入运行，这也是气动闸门在国内工程中的第一次运用。

二、水闸设计

水闸一般由闸室段，上、下游连接段和两岸连接段组成。闸室段位于上、下游连接段之间，是水闸工程的主体，其作用是控制水位、调节流量。上游连接段的主要作用是防渗、护岸和引导水流均匀过闸。下游连接段的主要作用是消能、防冲和安全排出闸基及两岸的渗流。两岸连接段的主要作用是实现闸室与河道两岸的过渡连接。

按照闸室类型，水闸可分为开敞式和涵洞式。开敞式水闸可分为有胸墙水闸和无胸墙水闸，涵洞式水闸可分为有压式水闸和无压式水闸。

(一) 总体布置

1. 闸室布置

水闸闸室布置应根据水闸挡水、泄水条件和运用要求，结合地形、地质和施工等因素，做到结构安全可靠、布置紧凑合理、施工方便、运用灵活、经济美观。

（1）水闸中心线的布置应考虑闸室及两岸建筑物均匀、对称的要求。作为城市河道蓄水建筑物，水闸一般为拦河闸，其中心线一般与河道中泓线相吻合。

（2）水闸应尽量选择外形平顺且流量系数较大的闸墩、岸墙、翼墙和溢流堰型式，防止水流在闸室内产生剧烈扰动。

（3）水闸闸孔数少于8孔时，宜取为奇数，泄水时应均匀对称开启，防止因发生偏流而造成局部冲刷破坏。拦河闸应选择适当的闸孔总宽度，避免过多地缩窄河道。

（4）闸室各部位的高程和尺寸根据使用功能、地质条件、闸门型式、启闭设备和交通要求来确定，既要布置紧凑，又要防止干扰，还应使传到底板上的荷载尽量均匀，并注意使交通桥与两岸道路顺直相连。

（5）穿越堤防的水闸布置，特别是在退堤或新建堤防处建闸，应充分考虑堤防边荷载变化引起的水闸不同部位的不均匀沉降。

（6）有抗震设防要求地区的水闸布置，应根据闸址地震烈度，采取有效的抗震措施：

①采用增密、围封等加固措施对地基进行抗液化处理；

②尽量采用桩基或整体筏式基础，不宜采用高边墩直接挡土的两岸连接型式；

③优先选用弧形闸门、升卧式闸门或液压启闭机型式，以降低水闸高度；

④尽量减少结构分缝，加强止水的可靠性，在结构断面突变处增设贴脚和抗剪钢筋，加强桥梁等装配式结构各部件之间的整体连接；

⑤适当增大两岸的边坡系数，防止地震时护坡滑落。

（7）建在天然土质地基上的闸室应注意：

①使闸室上部结构的重心接近底板中心，并严格控制各种运用条件下的基底应力不均匀系数，尽量减小不均匀沉降；

②闸室外形应顺直圆滑，保证过闸水流平稳，避免产生振动。

2. 消能与防冲布置

水闸消能与防冲布置应根据闸基地质情况、水力条件及闸门控制运用方式等因素，进行综合分析确定。水闸闸下宜采用底流式消能。当水闸闸下尾水深度较深且变化较小，河床及岸坡抗冲刷能力较强时，可采用面流式消能。当水闸承受水头较高且闸下河床及岸坡为坚硬岩体时，可采用挑流式消能。当水闸下游水位较浅且水位升高较慢时，除采用底流式消能外，还应增设辅助消能措施。水闸上游防护和下游护坡、海漫等防冲布置应根据水流流态、河床土质抗冲能力等因素确定。土基上大型水闸的上、下游均宜设置防冲槽。双向泄洪的水闸应在上、下游均设置消能防冲设施，挡水水头较高的一侧的消力池不设排水孔，兼作防渗铺盖。

3. 防渗与排水布置

水闸防渗与排水布置应根据闸基地质条件和水闸上、下游水位差等因素，结合闸室、消能防冲和两岸连接布置进行综合分析确定。

软基上水闸防渗设施有水平防渗和垂直防渗两种型式。水平防渗通常采用黏土铺盖或混凝土铺盖，一般布置在闸室上游，与闸室底板联合组成不透水的地下轮廓线，并在铺盖上游端和闸室下游布置一定深度的齿墙。垂直防渗通常采用混凝土墙、板桩等措施，防渗效果较好，但施工相对复杂。砂性土地基以垂直防渗为主。岩基上水闸防渗设施通常采用垂直帷幕灌浆。

排水设施有水平排水和垂直排水两种型式。水平排水位于闸基表层，比较浅且要有一定范围。垂直排水由一排或数排滤水井（减压井）组成，主要是排除深层承压水。

双向挡水的水闸应在上、下游设置防渗与排水设施，以挡水水头较大的方向为主，综合考虑闸基底部扬压力分布、消力池的抗浮稳定性等因素，合理确定双向防渗与排水布置型式。

4. 连接建筑物布置

水闸两岸连接应能保证岸坡稳定，水闸进、出水流平顺，提高泄流能力和消能防冲效果，满足侧向防渗需要，减轻边荷载对闸室底板的影响，且有利于环境绿化。穿越堤防的水闸应重视上部荷载的变化引起的闸室与连接建筑物之间的不均匀沉降，分段填筑，加强分缝、止水等措施。两岸连接布置应与闸室布置相适应。水闸两岸连接宜采用直墙式结构；当水闸上、下游水位差不大时，小型水闸也可采用斜坡式结构，但应考虑防渗、防冲和防冻等问题。

5. 排沙及排沙设施

闸室一般宜采用平底板，对于多泥沙河道上的水闸可视需要在闸前设置拦沙坎或沙池；闸室一般采用单扉门布置，当有特殊需要时（如纳潮、排冰等）也可采用双扉门布置。

（二）水闸的水力设计

1. 水闸的阐孔设计

水闸的闸孔设计与闸址处的水文、地质、地形、施工以及管理运用等条件有关。具体设计内容主要是确定闸孔型式和尺寸。闸孔型式是指底板型式（堰型）、门型以及门顶胸墙的型式（胸墙式水闸）。闸孔的尺寸是指底板顶面高程（堰顶高程）、墩墙顶部和胸墙底面高程、闸孔总净宽及闸孔的孔数等。

设计闸孔时，首先应选定底板型式（堰型），进而确定堰顶高程，再根据上、下游水位及过闸流量确定闸孔总净宽和孔数。

在水闸设计中，过闸水位差的确定，对水闸的工程造价和上游的淹没影响等极大。如采用较大的过闸水位差，虽然可缩减闸孔总净宽，降低水闸工程造价，但却抬高了水闸生游水位，不仅要加高上游河道堤防高度，而且有可能增加上游淹没损失。因此，确定水闸水位差时，应认真处理好节省水闸工程造价和减少上游河道堤防工程量以及淹没影响等方面的关系。一般情况下，平原地区水闸的过闸水位差可采用0.1~0.3。在具体设计中，对过闸水位差的确定，还应结合水闸的功能、特点、运用要求及其他情况综合考虑。

（1）堰型及堰顶高程。

水闸常用的堰型有宽顶堰和实用堰两种。宽顶堰流量系数较小（0.32~0.385），但构造简单，施工方便，平原地区水闸多采用该堰型。

当上游水位与闸后河底间高差大，而又必须限制单宽流量时，可考虑采用实用堰。当地基表层土质较差时，为避免地基加固处理，也可采用实用堰，以便将闸底板底面置于较深的密室土层上。

水闸底板采用实用堰时，一般为低堰。所谓低堰，是指上游堰高 $P_1 \leqslant$

(1.0~1.33)H_d 的实用堰（H_d 为堰上设计水头）。常用的实用堰有 WES 堰、克—奥堰、带胸墙的实用堰、折线形低堰、驼峰堰和侧堰等。

堰顶高程应根据水闸的任务确定。拦河闸一般与河底相平；分洪闸可布置得比河底高一些，但应满足最低分洪水位时的泄量要求；进水闸堰顶除满足最低取水位时引水流量的要求外，还应考虑拦沙防淤的要求；排水闸的堰顶应布置得尽量低一些，以满足排涝要求。

(2) 过闸单宽流量。

选择过闸单宽流量要兼顾泄流能力与消能防冲这两个因素，并进行必要的比较。为了使过闸水流与下游河道水流平顺相接，过闸单宽流量与河道平均单宽流量之比不宜过大，以免过闸水流因不易扩散而引起河道的冲刷。闸的消力池出口处的单宽流量不宜大于河道平均单宽流量的 1.5 倍。

过闸单宽流量 q 可参考表 7–2 选取。对于过闸落差小、下游水深大、闸宽相对河道束窄比例小的水闸，可取表 7–2 中的较大值。由于水闸下游土质的抗冲流速随下游水深增大而提高，当下游水深较大时，单宽流量可取表 7–2 中的较大值。对于过闸落差大、下游水深小、闸宽相对河道束窄比例大的水闸，以及水闸下游土质的抗冲流速较小时，应取表 7–2 中的较小值。

表 7–2　过闸单宽流量 q

河床土质	细砂、粉砂、粉土和淤泥	沙壤土	壤土	黏土	砂砾石	岩石
q(m^3/(s·m))	5~10	10~15	15~20	15~25	25~40	50~70

(3) 闸孔宽度的确定。

水闸的过闸水流流态一般可分为两种：一种是泄流时水流不受任何阻挡，呈堰流状态；另一种是泄流时水流受到闸门（局部开启）或胸墙的阻挡，呈孔流状态。在水闸的整个运用过程中，这两种流态均有可能出现，且在一定的边界条件下又是可以互相转化的。比如，当闸前水位降低或闸孔出流的闸门开启度增大到一定值后，过闸水流不和闸门底缘接触，则水流性质由闸孔出流过渡为堰流；反之，则由堰流过渡为闸孔出流。

2. 水闸的消能防冲设计

水闸闸下消能防冲设施必须在各种可能出现的水力条件下，都能满足消散动能与均匀扩散水流的要求，且应与下游河道有良好的衔接。

消能工程设计条件应根据闸基地质情况、水力条件以及闸门控制运用方式等因素，并考虑水闸建成后上、下游河床可能发生淤积或冲刷下切，以及闸下水位的变动等情况对消能防冲设施产生的不利影响，进行综合分析确定。

不同类型的水闸，其泄流特点各不相同，因此控制消能设计的水力条件也不尽相同。水闸的消能工程型式主要有底流式消能、面流式消能、挑流式消能。作为城市河道蓄水建筑物，水闸工程一般建在土质地基上，承受水头不高，且下游河床抗冲能力较低，多采用底流式消能。

第八章　长江河道生态建设的影响研究

长江从远古走来，在它的河谷内不断发育。长江汇纳百川，在流域内汇集巨大的水量和沙量，塑造了广阔的中下游平原及河口三角洲。长江在历史演变进程中完成了全部造床过程，使现今的河道具备了与其适应的河床边界条件和相应的河道形态。在流域水系来水来沙条件下，长江在上中下游各河段内表现出较稳定的水文泥沙特征。迄今，在长江河道水流和泥沙运动规律的支配下，通过水流与河床的相互作用，形成了与不同河型相应的河床演变规律，并为人们所认识。本章就对长江河道生态建设进行论述。

第一节　长江生态系统概况

一、长江地区生态系统的突变

长江地区生态系统的突变问题是近代生态学研究的一个重大课题。突变包括生态系统逆行演替和进展演替。其中主要是灾变和进化。本章就对长江地区生态系统的突变进行论述。

(一) 生态系统突变的实质

大自然并非永远那么宁静、安详、和谐，在晴天丽日的表面，往往会爆发出许多异常的现象，令人猝不及防。如地震、暴雨、台风、基因突变、太阳耀斑、磁爆等，这些都是生态系统突变动力。简单地说，生态系统突变就是生态系统内部的异常变动。它对于人类可持续发展有着重大的影响，特别是各种不利突变（灾变）对人类的生存、生活与生产造成了巨大的危害。人类社会发展的历史，同时也是忍受与抗争生态系统灾变的历史。而我们长江地区就是一个突变（进化）、灾变频发地区。因此，以下将在深入论述生态系统突变本质、机制以及与人类社会关系的基础上，着重分析长江地区生态系统特点以及所造成的突变必然性，最后提出长江地区生态系统突变应变对策的思路。

生态系统突变是一个伴随地球生物圈形成之日起就存在的客观现象，可以说地球今天的模样就是生态突变的结果。但生态系统突变的原因何在，它是怎样产生的，人类社会与生态系统突变到底是一个什么样的关系。这是我们必须首先要弄清楚的。

本书认为生态系统突变的内涵应是指生态系统的各种生态因子结构和数量的异常变化，以及由此造成的整个生态系统结构和功能异常变化所导致的某一时序上生态系统平衡态的破坏。它本质上是生态系统的一种质的突变。比如，地震是由于地质结构的异常变动所致，造成的某一时间内生态系统的巨大破坏，而暴雨则是雨水量的异常增多造成的等等。

生态系统突变不同于一般的生态破坏和环境污染，生态破坏和环境污染都是人们的活动造成局部生态结构与功能的破坏，或是输入有害异物，一般人们可以比较好地控制它们。生态系统突变与污染和环境破坏相比更具有突发性、难预测性，如地震、火山爆发。其影响比污染和一般性破坏要大得多，如1968—1973年非洲撒哈拉地区持续六年的干旱，150万人因饥饿而死。难控制性也是其重要特点。如台风的到来，人类目前是无法控制住它的。生态系统突变往往是大自然内部异常活动引发的。当然人类大规模的生态破坏和环境污染可能放大生态突变的后果，并诱发和加剧突变的形成和活动频度。生态系统突变也不等同于灾害，生态系统突变可能有利于生态系统的进展演替，而不利的突变往往是自然灾害的原因，但“变”也不是完全的“反动”，如地震可以成矿，火山爆发后土壤含肥料非常丰富。突变也不一定造成生态失衡，如某一植物的突变如果不对其他植物造成影响，就不会影响该时序内的生态平衡。突变也不一定受灾，如在荒无人烟的地方发生的火山爆发。从不同角度来分析生态系统突变，有利于我们理解生态系统突变的本质。

第一，从突变的内容来看，可以划分为环境突变与生物突变。首先是地质突变：地震、火山爆发、泥石流、滑坡等。其次是环境突变（包括气象水位突变）：涝、旱、台风、连阴雨、干热风、宏观天文气象突变等。再次是生物数量突变：如虫灾等。还有生物突变，包括种群结构突变：如基因突变等。

第二，从突变导致的后果来看，它可能是促进生态系统从低级向高级演替，即进展演替突变。如早期地球是突变频发的时期，地震、火山爆发、洪水泛滥有利于大气层的形成，有利于有机生物的产生，并形成了平原、山脉、丘陵、海洋等各种地貌，为生物圈进展演替创造了良好条件。同时它还能促使大气中的氮与氧结合，经雨水作用，形成氮肥。据统计，因雷电作用每年有760万吨氮肥落于地面。一些生物突变，则是生物不断适应环境，自然选择的内在力量。而灾变则一般造成生态系统的逆行演替，对生态系统和人类造成危害，如地震、洪水、瘟疫等。可见，从后果考查，灾变与突变也不是绝对可分的。

第三，从突变发生的规模、出现的机制及其影响力不同，可以划分为罕见突变，常见突变等。罕见突变，如十年几十年不遇特大洪水、地震、火山爆发等；而常见突变，如经常性的干旱、暴雨、霜冻等，几乎每年都发生，全球的多数区域都可能发生。

（二）长江地区生态系统的特点与突变必然性

长江地区既是一个土壤肥沃、气候适宜、万物向荣的好地方，同时也是一个生态系统突变频发地区。该地区的各种灾变给这里的人民生活和农业生产造成了巨大的损失，这是由长江地区生态系统的特点所决定的。研究分析长江地区生态系统突变的特征和机制，对于我们正确认识长江地区生态系统突变状况，并努力作一些有益的工作有着重要的意义。

1. 季风气候带

长江地区位于北纬30度，欧亚大陆的东南部，濒临太平洋，受到世界上最大的陆地和最大海洋的影响，呈典型的季风气候。除西藏、川西和云南外，四川盆地和长江中下游地区四季分明。冬季受到西伯利亚地带冬季风的影响，天气寒冷干燥；夏季来自热带海洋的季风，温热多雨；春秋两季则为冬夏季风的交替时期。此外，青藏高原所独有的海拔高度和处于副热带纬度，其高压的动力作用和热力作用也会对大气环流造成影响。总的来说，长江地区多数年份的多数天气，阳光、热量和降雨适时适度，成为动植物生息繁衍的宝地，也是人类文明的重要发源地之一。然而大气环流的异常所导致的季风：进、退、强、弱的少许变化，就会导致长江地区的气候突变。如干旱、雨涝，连阴天、台风、冻害、寒露风、倒春寒、梅雨等，对农作物生长和人民生命财产造成危害。总之，正是长江地区典型的季风气候给动植物生长和人们生活带来了灾变或进化的气候条件，又成为长江地区气象突变，特别是灾变频发的主要原因。

2. 地表系统以及生物多样化地带

长江地区地表系统总的来说地势多样。长江地区丘陵、山地占全流域土地面积约87%，从东到西，以长江为主干的水系发达。西藏高原平均海拔在4000米以上，这里有冰川时代所形成的巨大冰川，成为长江之水的主要来源。是中国的第一阶梯。四川盆地和云贵高原是第二阶梯，海拔高度在1000~2000米。第三阶梯主要：是长江中下游地区，海拔在200米以下，地势平坦、土地肥沃、河网密布、交通便利。除江苏、上海外，该地区60%为山地丘陵，内有四大淡水湖泊：如洞庭湖、鄱阳湖、长江三角洲平原带的太湖和巢湖。长江地区北以秦岭、大别山、淮河与长江地区分界，南以南岭为暖温带和亚热带的分界线。

长江地区的地表系统对该区气候有重要的影响，发达的水系又成为洪涝频发地带，主要表现在如下方面：秦岭、大别山等东西走向山脉对南下冷空气具有阻滞作用，减弱了季风的势力，有利于作物生长。如四川盆地是我国“天府之国”，但山地的动力作用、暖气流沿山坡被迫抬升成云致雨，造成山地的降雨普遍高于平原，特别迎风坡雨量又多于避风坡，易导致暴雨山洪。因此，秦岭南侧、川西等地形成为多雨或多暴雨的地区。如大别山暴雨区，四川盆地边缘西北坡的暴雨区、鹿头山暴雨区、大巴山和巫山暴雨区。

长江地区还是生物多样性地带。长江地区温暖湿润的气候，繁衍了无数的生物种、亚种，成为世界上重要的生物多样化地带和宝贵的种质基因库。气候因素的变化，往往对生物突变有着一定的影响，这些突变对生物界的进化是有益的。人类利用这些突变生物遗传因子培育出许多高产优质的农作物、畜牧动物，为人类提供了更多更好的农副产品。

巨大的生物基因库中的生物突变，良莠混杂，各种生物灾变，也频频发生。如各种病毒、细菌、虫害、杂草害等，在适宜的气候条件下，就会大量繁殖，对农作物、家禽、家畜和人类自身造成危害。如水稻白叶枯病发生在7~8月间、气温在25℃~30℃之间、相对湿度在85%以上，此期间的降水量在200毫米以上，稻株互相碰撞造成伤口而感染。一般减产10%~30%，严重的减产50%。还有多种病毒、病菌性疾病对多种农作物危害极大。

3. 地质、气象灾害易发地带

长江地区是人类文明的重要发祥地之一，在180万平方公里的土地上，生活了约4.2亿人。人们对自然生态系统不恰当的行为往往成为生态系统突变发生、发展、扩大的诱因，并放大了生态突变的后果。特别是长江经济带的快速发展，增加了洪水致灾程度的可能性。总之，长江地区人类不恰当活动加剧了长江地区本来多灾多难的状况。

（三）长江地区生态系统突变的应变对策

从远古时的“大禹治水”开始，长江地区的人们就同各种生态系统突变所导致的灾害做斗争。在现代文明社会阶段，在科学技术日益发达的今天，人们更能科学地、理性地认识各种灾害，更能有效地、系统地同灾害做斗争，化害为利，为民造福。

1. 应变对策与可持续发展目标相衔接

长江地区可持续发展，要求我们的经济、资源、人口、环境等要素相互协调，使其达到进展演替的状态，即生态经济系统内部的生态系统、技术体系和社会经济之间形成负反馈调节机制，生态经济容量不断拓展，各大类要素构成有序立体结构，因而使生态经济基本矛盾得到协调，从而达到可持续发展状态。

然而自然灾害在长江地区的频频发生，给长江地区工农业生产和人民生命财产造成了巨大的危害。目前，人类与大自然并不和谐，我们的经济系统经常受到大自然的灾害冲击。因此，可持续发展必须把生态系统突变考虑进去。长江地区总体表现为灾害种类多、强度大、分布广、损失严重，已严重制约了经济的稳定、协调、快速发展和社会的安定团结。

长江地区一方面应加强对灾害的研究、监测，提高对灾害发生发展规律的认识，作好灾害预报，并作好防灾准备，提高抗灾能力。灾害发生后，要做好减灾工作，防止灾害的蔓延，并安置好灾民重建家园。另一方面也必须认识到，人类对生态的破坏和对环境的污染是加剧诱发灾害的重要原因。人们必须加强生态意识，为人类创造出一个美好的生态环境，这是治本。发展是硬道理，而生态建设、环境保护也是发展的重要内容，并且是经济增长的基础。

2. 建立长期减灾技术—经济—社会体系

技术、经济、社会三要素是人类对生态系统突变的调节、利用的主动反馈手段。

技术不仅是人类征服自然的工具，而且是人类与自然保持良好关系的中介力量，使生态与经济达到一种良性耦合。长江地区技术发展，应特别注重对多种灾变实施控制的技术体系，包括对灾害监测技术，如对农作物病虫害防治技术，对突发性疾病控制免疫技术，对灾后校检技术，对建筑物抗震能力提高技术，对河道泄洪设计技术，抗洪涝、旱、寒技术，水力、水利控制与利用技术，以及大气环流监测信息技术等等。

长江地区已广泛利用和采用的技术有滴灌技术、卫星技术、水库工程技术、转基因工程、无污染新型农药开发技术等等。读者可阅读第七章，概要了解我国以及长江地区已经应用在农业以及防灾、减灾和抗灾的技术或正在攻关的技术领域。

在经济系统中，减灾已是一项有经济效益以及维护生态平衡和社会稳定作用的产业。通过经济手段，能够有效保证减灾工作的顺利进行。如在国民经济发展当中，必须考虑减灾所必要资金、物质储备以及每年的财政预算必须拿出一部分资金用于减灾工作。发展开放性救灾，其中当然包括自然灾害的保险种类，这是开发个人财力以及集体、国家和国际社会减灾、救灾和抗灾的有力保证，以维持经济的发展。社会力量是减灾的主体，要发挥个人、企业、单位、部门的力量，增强每个人的减灾意识，成立减灾联防，提高灾害知识。

除了建立健全减灾保险机制、救灾费用筹集与发放机制、国家减灾和抗灾财政等机制以外，还要调动金融机构、税收的调控等手段。其中，特别灾害专项基金储备制度的建立，更是极为重要的金融手段。平时，这些基金用于短、平、快项目的经营，其经济收入用于增值储备，一旦灾害发生，即可将其投入灾后的开发性救灾。总之，须调动一切能够调动的技术、经济和社会手段，并将其纳入减灾和抗灾的综合对策中。

二、长江地区生态系统再生产

（一）长江地区生态系统类型的主体

双重属性就是本节开头揭示的生态与经济社会的属性。再生产也应该是双重属性，即在再生产中包括生态系统再生产和经济社会意义上的再生产。在现代条件下，这两个再生产更紧紧地融合在一起。

长江地区是我国古文明发祥地之一，又是重要的现代化建设基地。在这种背景下，生态系统类型的主体就不能只按其自然分类进行。必须坚持自然与社会的统一，生态与经济的统一。根据这样的理解本区的主体生态系统是广义农业生态系统（即大农业）、工业生态系统和资源生态系统的复合系统。在农业生态系统中又包括农田生态系统、林业生态系统、水体生态系统（含沼泽）、湿地生态系统等。工业生态系统泛指所有的工业企业、工业开发区及其一切与生态建设、环境保护有关的生产单位。例如，交通、城建、居民点规划建设等，它们与周围环境构成生态系统单元。能源、矿产资源生态系统包括地质能源资源，如化石能源、地热、水能等；还应包括星际能源资源，如太阳能、风能、潮汐能等。

之所以把农业作为主体生态系统看待，是因为农业是唯一能把太阳能转化为化学潜能为人类提供衣食住行基本生活与生产资料的部门，这一经济功能是以植物为基础的。同时，这些被植物转化的太阳能还可以作为未来可再生的能源。农业与水体经济植物，包括野生植物覆盖面积越大，未来可再生的洁净能源资源就越丰富。另一个原因是越来越多的野生植物终究会被开发为经济植物，如云南省已查明的植物资源就有18000多种。再者，农业与植物产业的发展将为植物基因库增加新的物种、亚种和品种。这说明，客观上讲，长江地区是农业植物、药用植物、能源植物、工业原料植物等最丰富的地区。所以必须十分注意爱护、珍惜、发展这一地区的植物群落生态系统。这是长江地区可持续发展的战略基础。

在经典的生态系统及其生态学的分类中，工业生态系统类型是不明确的。但相应的生态学科的分类却十分清楚，这就是污染生态学。该学科的内容主要是：介绍、探讨工业化以来的工业污染问题及其解决的微观技术、经济对策、宏观发展政策与模式。

但是，随着后工业化时代的到来，只研究污染这个“流”，而不研究、检讨产生“流”的“源”，即检讨、克服工业生态系统的结构、功能的缺点，是不能真正实现可持续发展战略大目标的。因此，本书认为把污染生态学叫作工业生态系统生态学，且把其生态系统建设作为研究对象，这更富有积极向上的重大理论意义与实用价值。

以往把工业的生产、消费等经济过程与其自然过程相互分离，也就不能把握住不科学的生产和消费过程，而这恰巧是产生污染的主要原因。所谓工业生产的自然过程，是指迄今为止的任何产业部门都直接或间接地从生态系统中吸收能量、物质，都离不开一个立地空间的支持。当生产过程排出的物质、热量、声音等超出这个空间的阈值或对人的健康产生副作用时，“有毒”或“无毒”“有形”或“无形”以及化学的、物理的、生物的过程等，都会转化为污染。

此外，生产性消费、生活性消费把所谓无经济价值的“废物”排入环境，这些东西的积存量即使没有超过容纳量的阈值，也是污染。因为它改变了生态系统或环境的结构，破坏了景观，对人产生了精神、感官上的刺激等等。所有这些都构成了污染，造成污染的种类扩大了，范围更广了，这远不是污染生态学所能包容的。

至于能源资源生态系统的重要意义，在第四章已经反复强调了，这里只重复其要点。由于真正向社会经济系统输入能量的部门只有大农业和作为动能能源生产这两大部门。而且这两大部门都是基础产业，其中生态系统立地空间又是产业部门的基础，所以我国改革开放以来，正是重视了这两大类生态系统的建设，才使国民经济走上了持续发展的健康轨道。因此，无论从经济发展的角度，还是从生态建设、环境美化的角度都需要保证主体生态系统的地位。

（二）长江地区再生产网络的结构模型

第一个网络模型的成分是生态系统再生产。即，生态系统的物质循环、能量转化、信息传递是永续进行的，其微观过程是植物把星际能源之一，即太阳能转化为化学潜能。这部分能量通过植物（被动物消费）—动物（包括动植物尸体）—微生物（把有机物分解还原为无机物）—归还到环境，能量最终都耗散在环境中。只要有植物存在，这一过程就不会停滞，植物生长的面积越大，生态系统就越发达，结构成分就越趋于多样化，系统也就越稳定。从宏观上看，地球生物圈是最大的生态系统。其物质循环、能量转化、信息传递是通过地球化学循环永续进行的。主要途径有水循环、大气循环、沉积循环。不管是宏观循环还是微观循环，都是永续的过程，因此把生态系统的这种无限循环称为生态系统的自然再生产。

第二个是精神（产品）再生产系统。从现代生态学观点看，食物链网的最顶端是人类。精神产品是由人的大脑的精神活动生产出来的，而大脑是由一种高级的物质、能量的基本单元构成的，这就是神经细胞——神经元。而构造神经细胞的物质仍然是蛋白质等，其思维活动也需要消耗能量，因此蛋白质、糖类等同时又是能量物质。这些物质的获得，同样来自生态食物链的物质能量的传递过程。因此，恩格斯在著名的《自然辩证法》中指出，人类来自于自然界。精神产品是大脑高级活动的产物，是指：知识形态的智力劳动成果，即通常所说的“软件”生产；以及一切专门为满足人们精神消费需求的产品。这里主要指前面一类。而它又分为两大类：一类是作用于物质生产资料生产力的精神产品；另一类是作用于人类智力再生产的精神产品。前一类主要指科学研究成果、技术工艺方案、工程及生产设计方案、企业管理方案等。它们主要被用于直接物质生产过程，属于生产力范畴。后一类主要是通过科学教育和科研培训向劳动者传授文化知识和劳动技能，为直接生产过程培养人才，称其为智力再生产。至于专门为满足人们精神消费需求的精神产品，也可以分为两部分。一是物质态的，如供观赏的园林、旅游景观、雕刻艺术品等；另一部分是非物质态的，如文学艺术作品、绘画、音乐等，把这一些归到文化精神产品较好。

第三个是社会物质资料再生产系统，它包括广义和狭义的再生产。广义的再生产有实物资本再生产、货币资本再生产，以及人力资本再生产。狭义的物质资料再生产仅仅指实物物质资料（物质资本）的再生产。本章即以狭义的物质资料再生产分析为主。它也被分为两大类，即为直接生产过程的生产资料再生产和为生活消费的消费资料再生产。

第四个是人口再生产系统，它主要包括两部分，即就业人口（现实劳动力）再生产和后备人口再生产（新增人口再生产）。就业人口再生产，习惯上纳入了经济分析范围之内。其再生产的实质是通过精神产品部门（如教育和培训）以及生活领域消费资料的满足，使人的智力和体力得以更新。而新增人口再生产则关系到更广、更深层的含义，它和环境、人口与发展构成当代可持续发展的三大核心议题。

（三）长江地区生态—经济—社会再生产网络的重点

由于当代全球社会的焦点集中在21世纪议程上，该议程的核心是可持续发展，而该发展网络的内在核心焦点是环境质量重建、生态平衡恢复、人口数量控制和素质提高、高科技和全民教育等精神产品发展以及无污染和无生态破坏的经济体系的建立，以下基本按此思路介绍。

在物质资本生产部门中，能源生产是中心网结。长江地区的地质能源（主要指化石能源，即太阳能被植物转化的生物能源等）虽然贫乏，但是这里的星际能源丰富，可以说独领风骚。星际资源主要有太阳能、水能、地热。特别是水能资源，在全国范围内，该区具有特别优势。

长江地区的精神产品（智力）生产部门属全国较发达地区，但分布不均。主要集中在上海、重庆两个直辖市，同时遍及武汉、南京、郑州、长沙、成都等几个特大城市和数以百计的大中城市。

总的说来，长江地区就业人口富余，年新增人口数量偏大，又是少数民族积聚区。由于历史及地质环境中化学元素分布不平衡等方面的原因，在山区和地下水、其他饮用水质量较差地区，有些人口群体患某些“地方病”，人口质量尚需提高。必须看到，提高人口素质是一项长远的战略任务。人口素质还包括文化素养、科技素养、伦理道德素养。这些素养的提高又有赖于教育等精神产品部门的发展。国家非常重视人口控制。长江地区在这方面既有优势、成绩，也存在不少问题。由于该区人口基数偏大，又有两次人口高峰的影响，人口净增率可能会突破1%关口。所以长江地区人口再生产中的主要内在网结是控制人口数量，提高人口素质。具体指标在本丛书已有专册论述。

生态系统物质能量再生产是可持续发展中的中心网结，其内在网结只能是三大物质循环，即水循环、大气循环（碳、氮等）和磷、硫等沉积循环以及能量转化。在三大循环和一大转化中，最核心的问题是大农业植物对太阳能的转化。这一转化关系到农林牧渔业的协调发展，粮食以及棉花、油料等经济作物的供给；关系到养地与耗地作物的比例；土壤、水环境的优化；轻工业原料的数量、质量；国际农副产品贸易市场所占份额关系等。

从技术进步上讲，品种更新是主要矛盾。加快基因工程等生物高技术育种是其中主要手段。因为长江地区的耕地构成中山丘坡地约占总耕地面积的三分之一，这些土地的水土流失严重，热量资源不及平原地区，有的土层浅薄，难以提高产量。就是在平原地区，由于地下水位高，土壤有机质含量达3%左右的地块不到13%，缺磷土地高达70%，病虫害抗药性增强，在同一地区长期种植几种作物导致病虫害发生率升高，高湿及高温季节性发病率高等原因，靠现有技术增加单产的潜力已不很大。再者，长江地区属亚热带季风气候，自然灾害种类多，年发生频率大。主要有旱、涝、渍、风、霜、冻、雹等。从某种程度讲抵消了降雨充沛、光照充足、热量丰富等优势。真正达到可持续发展目标，还有很长路程要走。

综上所述，长江地区农业可持续发展的真正出路在于：走生物工程技术与生态环境治理工程相结合；农艺农业与工艺农业相结合；设施农业与信息（含市场信息）农业相结合的生态综合农业道路。

（四）长江地区网络结构模型的中心网结

四大再生产亚系统，即精神产品再生产、生态系统与环境质量再生产、人口再生产以及物质资料（实物资本）再生产的每一亚系统都包括两大亚亚系统。在人口再生产中，有就业人口再生产和新增人口再生产；在生态系统及环境质量再生产中，有生态系统的物质能量再生产和生态景观再生产；在精神产品再生产中，有科学技术理论、方案、工艺流程等科研成果等的再生产和文化、教育等成果的再生产；在物质资料再生产中有直接生产资料的再生产，以及消费资料再生产。这一网络还可细分下去，如在生态系统的物质能量再生产中有化学潜能（农业）的再生产和地质、星际能量再生产。因此这里的生态系统已经是人格化的系统——人类生态系统。

四大亚系统相互构成密不可分的统一整体，这里没有重要与不重要之分。但这是否意味着四者平行演替呢？不是，在人类社会进化的不同阶段上，四者还是有着各自不同的地位和作用。

第一个阶段，约离现在300多万年到中石器时代，物质资料再生产力水平极为低下；精神产品再生产尚处于蒙昧时期，出现了早期的洞穴壁画等艺术形式；人口再生产由于受到自然条件恶劣、获取物质资料手段落后的限制，人口增长缓慢，没有什么明显的社会分工。

第二个阶段，约从距今一万多年前后至距今四千年之间，即新石器晚期和金属器具早期。由于农业和畜牧业的出现，已从主要利用现成的生态系统能量、物质发展到用物质资料手段主动开发、利用生物资源为衣食住行用的阶段。应该说，此时已经进入了物质资料再生产和人类生态系统再生产并驾齐驱，协同进化的时期，且占据主要地位。人口再生产，已经有了较明显的分工，初步出现了就业人口和后备人口之分。从全世界范围看，新增人口数量由上期末的几百万增长到近一亿人。在中国古代，由于象形文字已经出现（甲骨文），精神产品再生产成为有意识的活动，如记事的早期会计、祭祀等的图腾绘制、歌唱、舞蹈、化装等已从文字的创造中分离出来，但仍没有成为独立的部门，而是分散在家庭、社会的各种生活中。

第三个阶段，约从公元前2000年至第一次工业产业革命期间是物质资料再生产、人口再生产、精神产品再生产和人类生态系统再生产共同发展的时期。此时地质能源得到了开发利用，煤、天然气和石油先后进入了人类的生活和生产过程；利用星际能源一太阳能的部门，除了农作物栽培农业以外，出现并发展起来了林业、园艺业和人工草地放牧业、人工养殖水产业，人类走向完全依靠独立的产业获取衣食住行用的时代。精神产品再生产已是突飞猛进，日新月异。特别值得一提的是中国古代的四大发明，开辟了航海、教育、书画、陆地交通等现代文明的时代，中国及其黄河、长江流域是世界精神产品发祥地之一，且是形成独立的生产部门的最早的代表。还值得一提的是该期的早期，在长江流域已经开始了石油、天然气的使用，为流域文明开创了全新的开端。

第四个阶段，自第一次工业革命开始至今，人口再生产开始有超越物质资料再生产、精神产品再生产以及超越人类生态系统物质能量再生产供给能力的可能。尽管物质资本、金融资本、人力和智力资本得到空前增长，科学技术等精神产品已经极大地商品化了，但这都是建立在对生态系统物质和能量的过度汲取、对环境质量的过度消耗的结果。并且贫富不均，少数发达国家占有了世界上70%以上的资源，而其人口占世界总人口不到15%，这是依靠霸权政治和强权经济得来的结果。

上述所有事实证明，这一历史阶段的中心网结是如何调动精神产品部门、物质生产部门、人口生产部门以及整体的网络合力，恢复、重建新的环境质量和生态平衡，走向21世纪的人口、环境、社会的可持续发展新时代。

第二节　长江河道历史变迁

长江源远流长，沿程贯穿若干不同线系的山地和不同时代的构造盆地，形成与发育历史十分复杂。近百年来虽有不少学者进行过不同程度的研究，但多偏重于个别河段，研究的结果各家见解也不一致，而对大多数河段则研究甚少。

早期不少研究者认为，长江形成的年代比较古老，在早第三纪甚至在中生代末期就已是贯通我国东西两部并东流入海的大江。随着研究工作的深入开展，近期的成果资料表明，长江形成的年代要晚一些，它是自晚第三纪以来，主要是第四纪期间在新构造运动和气候变化的共同影响下，才由互不相通的内陆型和外流型河湖体系逐步连接贯通而发育形成的。本节就对长江河道的历史变迁进行论述。

一、长江上游河道演变

长江上游全长4504 km，属山区河流。本部分将长江上游中比较有代表性的河流进行论述。

(一) 通天河

通天河自囊极巴陇至玉树巴塘，全长 828 km。其中，以楚玛尔河口为界分通天河为上、下两段。通天河上段长 278 km，连同北源楚玛尔河，属江源水系；通天河下段长 550km，不属江源水系，但为江源向金沙江峡谷型河道过渡的河段，这里列为江源河道一并叙述。

通天河上段总体流向为北东东，河道沿程变化特点为宽谷段和狭谷段相间。自囊极巴陇以上 14 km 开始，通天河流经巴颜倾山区形成长约 10 km 的宽浅峡谷；河段出峡谷后进入一小盆地，河谷宽达 4 ~ 5 km；在勒采曲汇口以下，进入冬布里山区，又形成 28 km 长的狭谷段；至牙哥曲汇口附近，河谷又逐渐开阔，谷底宽达 1 ~ 2 km，在科欠曲以下，河谷宽达 12 km，直至楚玛尔河口。综上所述，通天河上段河道在横切区域构造时，往往形成狭谷。水流集中；而在顺应区域构造或盆地时，往往形成宽谷，水流分汊。通天河下段在楚玛尔河口以下约 70 km 处有色吾曲汇入。色吾曲发源于巴颜喀拉山脉南麓齐峡扎贡山，源头与长江上游约古宗列曲、卡日曲等仅一山之隔。民国时期地理教科书提到的长江发源于巴颜喀拉山脉南麓，实际上系误指色吾曲。通天河下段在白拉塘附近，河谷展宽；在登额曲汇口以下，河道进入峡谷段，愈向下游河道愈加曲折，沿岸均为峡谷峻岭，直至玉树巴塘河口。可见，通天河下段自楚玛尔河江：口至登额曲汇口，河道为江源高平原丘陵向高山峡谷过渡的河段；登额曲汇口以下为高山峡谷区河段。

通天河流域气候严寒，多年平均气温曲麻莱为 –2.6℃，玉树为 2.9℃；历年最低气温分别为 –34.8℃和 –26.1℃。流域内降水量也较少，曲麻莱和玉树站多年平均降水量分别为 385.8 mm 和 469.2 mm，稍大于沱沱河流域降水量。

通天河上段接纳了长江南源当曲水系。当曲长 352 km，流域面积 30786 km^2，径流量 46.1 亿 m^3；通天河下段起始处接纳了长江北源楚玛尔河水系。楚玛尔河长 515 km，流域面积 20800 km^2，年径流量 2.52 亿 m^3。此外，通天河两岸汇集的主要支流还有 13 条，其长度与流域面积一般均大于沱沱河的支流。其中较大的支流有莫曲、北麓河和色吾曲，其长度分别为 146 km、205.5 km 和 158.8 km，流域面积分别为 8654 km^2、7966 km^2 和 6399 km^2。由于通天河上段属江源水系，自然地理条件与沱沱河流域接近，两岸大小湖泊众多，达3000余个，而通天河下段向峡谷河道过渡，湖泊较少。由于两岸支流提供比上游河源水系相对较为多的径流量和来沙量，所以通天河下段直门达站的年径流量达119亿 m^3，多年平均悬移质年输沙量达871万t，多年平均含沙量达0.73 kg/m^3。

通天河上段自囊极巴陇至楚玛尔河口地势相对平坦，平均比降为0.9‰；通天河下段河道自楚玛尔河口至登额曲汇口逐渐由高平原丘陵向峡谷过渡，平均比降为1.1‰，以下至玉树巴塘河口为峡谷峻岭河道，平均比降为1.5‰。通天河的断面形态，上段宽谷水流散乱，水深约数10 cm至1 m左右；下段河道束窄，水面宽由150 ~ 200 m沿程逐渐减小为50 ~ 200 m，中泓水深由2 ~ 3 m逐渐增加至4 m以上。

通天河上段河道的河型与沱沱河相类似，在河流出峡进入盆地河谷宽阔段，基本上形成游荡河型。水流摆动于宽浅河床上，分汊较多，有的3~4股，有的多达10余股。通天河上段游荡性河道形成条件与沱沱河类似，已如前所述。通天河下段河道的河型比较简单，属两岸受山体控制，断面形状单一且比较窄深的峡谷型山区河道。

(二) 金沙江

金沙江全长2290 km，分为三段。从玉树巴塘河口至石鼓为上段，长965 km；石鼓至新市镇为中段，长1220 km；新市镇至宜宾为下段，长106 km。

金沙江上段自巴塘河口至地理孔，河谷顺直，河道为深切V型峡谷，谷宽80~150 m，水面宽60~80 m；自地理孔至邓柯，河谷开阔顺直，谷宽达1000~2000 m，堆积阶地发育，有河漫滩，河床由砂砾石组成，河槽水面宽150~200 m，有汊道和江心岛；自邓柯至奔子栏，河道为深切割V型高山峡谷，谷宽150 ~ 200 m，水面宽80~120 m，河床内险滩、巨石、暗礁连续分布；奔子栏以下，河谷较为开阔，谷宽达300 ~ 500 m，水面宽为200 m。在本段高山峻岭的深切河谷处，谷深可达1500 ~ 2000 m，低山处谷深也有500~800 m。

金沙江中段石鼓以下江面濒窄，在硕多岗河口以下进入虎跳峡。虎跳峡峡谷长 16 km，落差达 220 m，平均比降 13.8‰，是金沙江落差最集中的河段。峡谷内山坡陡峻，悬崖峭壁，右岸为海拔 5596 m 的玉龙雪山，左岸为海拔 5396 m 的哈巴雪山，峰谷高差 3000 余 m，为深切 V 型峡谷。河道水面宽为 60 m，窄处 30m，最大流速达 10 m/s。河道出虎跳峡后至三江口，流向由原来的北北东转为南南东，形成一个急剧转折的大弯道，号称“万里长江第一弯”。在 264 km 长的弯槽内，直线距离 232km，落差 550 m，取直时比降达 17.2‰。河道流经攀枝花水文站以下 15 km 处，有金沙江最大支流雅砻江入汇。过皎平渡以后，在鱼河与普渡河之间有金沙江最大的险滩即老君滩，长 4360 m，落差 41m，平均比降 9.4‰，最大流速达 9.7 m/s，是开辟攀枝花以下金沙江航道的最大障碍。以下河道直至新市镇，均为开敞的 U 型河谷与 V 型河谷相间的峡谷河道。

金沙江下段河道两岸地势多在海拔 500 m 以下，属低山和丘陵。本段河道沉积作用显著，河床内多砾石，沿岸有较宽阔的阶地分布，高出江面约 30m，河谷宽 300~500 m，水面宽 150~200 m，河道逐步进入四川盆地。在宜宾接纳岷江后，以下直至宜昌为川江。

金沙江支流很多，有 33 条支流流域面积超过 1200 km^2。其中，流域面积超过 5000 km^2 的一级支流有 9 条，分别为赠曲、热曲、松麦河、水落河、雅砻江、龙川江、普渡河、牛栏江、横江，使得宜宾站的年径流量达 1468 亿 m^3，屏山站年输沙量达 2.55 亿 t，其中，石鼓以下区间径流来量 1082 亿 m^3，泥沙来量 2.19 亿 t（占宜昌站来沙的 43.7%）。需要指出的是，雅砻江是一条很大的河流，全长 1570km，流域面积 12.84 万 km^2。年径流量为 587 亿 m^3，占金沙江区间来水总量的 42.6%；年输沙量为 2580 万 t，占金沙江的 10.4%。可见，其来水量十分巨大，在金沙江水系中占有重要地位。

金沙江河道的比降很大，石鼓以上平均为 1.78‰，石鼓至攀枝花为 1.53‰，攀枝花至巧家为 1.30‰，巧家至屏山为 0.96‰，屏山至宜宾为 0.4‰。金沙江河段落差达 3333m，具有丰富的水能资源。

二、长江中游河道历史演变

(一) 宜昌至枝城河段

约在晚更新世前，长江出南津关后，进入山前低山丘陵地带，河谷开阔，宜昌河段主流从南津关至大公桥以下过渡到右岸，胭脂坝当时为主流深槽区，到艾家咀以下主流趋于江心。

约在晚更新世末，因新构造运动地壳不断抬升，且抬升的速度北岸大于南岸，造成河床下切，使西坝、樵湖岭、金象台逐渐露出水面，成为江心小岛，樵湖岭、金象台与东山坡面之间形成四条汊道。此后由于樵湖岭、金象台成陆，长江江面缩窄，加强了长江右岸的侧蚀和下切能力，加速了主流南移，使樵湖岭、金象台右侧成为缓流区，泥沙大量落淤，汊道逐渐淤塞，边滩发展。

约在全新世中期，西坝、樵湖岭一带树木被埋在三江底部，三江汊道受堵，加之新构造运动地壳继续抬升，以及南津关出口附近左、右岸岩性差异，使葛洲坝樵湖岭边滩出水成陆，主流逼向南岸，胭脂坝区域成为缓流或回流区，并开始大量淤积，胭脂坝逐渐形成。

据有关部门考证：近100多年来葛洲坝坝区河段的历史演变过程表现为间歇性下切，其变化过程很缓慢。从河床演变的观点来说，河段是处于相对稳定状态。

胭脂坝洲史书上又称“烟收坝”，位于右岸五龙山下的大江中。洲上最高高程为46.6 m（黄海），中水位被淹，长江贯通，枯水期出露，长江分为两汊，主汊在左。据称100多年前，洲上住过人。同治三年《东湖县志》记述：“烟收坝在五龙山之东大江中，当时居民百余家，林木甚茂，今沦于江”。坝上遗址有石板路，可见至少是一个村镇，而洲面覆盖着一层壤土，且洲顶（或围堤）高程应高出宜昌最高洪水位55.94 m，较现洲顶高出8 m左右。目前洲顶不但无树，而且洲面大部裸露砾石层，厚5 ~ 7 m，洲头滩面散布500 mm粒径左右的漂石。所以胭脂坝洲可能是在一次特大的高洪下。将洲面壤土冲走，居民被迫移至五龙山下。宜都、枝江河段的历史变迁主要是河道的平面摆动。从红花套遗址发现，新石器时代遗址发掘处文化层埋深在

0.5～2.6 m之间，并有战国及汉墓重叠，遗址大片分布。除部分已崩入江中外，尚保存遗址面积达2万m^2。在其对岸古老背上首江边及宜都下游右岸孙家河江岸，亦有周代遗址发现。推算红花套近代平均最高水位约为51.29 m，文化层底标高48.94 m，可以认为，当时红花套洪水位在49 m以下，同时河槽有左右摆动现象。

(二)枝城至城陵矶河段

枝城至城陵矶的历史变迁异常复杂，在“古荆江”形成之前，该段长江的流路可能由枝城流经津市—沅江—岳阳。由于受气候、地质构造运动以及水流与泥沙运动等众多因素的影响，经过长时期的历史变迁，大约在距今4万年以前形成的所谓“古荆江”。然而，荆江的历史变迁与近代变迁也是非常复杂的。一是荆江的形成历史悠久，演变频繁；荆江发育于第三纪以来长期下沉的云梦沉降区，经过三角洲分汊河床阶段、分汊河床衰亡与荆江河曲形成阶段及河曲发展阶段；二是荆江的演变与洞庭湖的演变息息相关，相互影响。

按照河床类型的变化，荆江河道历史变迁主要分为3个阶段。

1. 江汉三角洲分汊河床阶段(公元450年前)

此阶段为荆江河床演变的最初阶段。当时，以荆江、汉水(沔水)为主干的江汉平原分汊水系非常发育。在荆江、沔水之间有夏水、夏杨水、涌水等分流。夏水通过豫章口、夏口将荆江水流分泄于云梦江北湖群中；沔水通过杨水、巾水、户口、堵口、沌口与江北湖群沟通。江湖之间，荆江通过景口、再生口、上檀口等沟通江南湖群与洞庭湖。江汉江湖之间的穴口达20余处。当时荆江河床中沙洲非常发育，沙洲数量与密度都较现在为大。由于荆江汉水大量分流入江北、江南诸湖群，汛期湖泊调节洪水的作用非常显著。

2. 分汊河床衰亡与荆江河曲形成阶段(公元450—1500)

由于人类经济活动(筑堤围垸)与河滩的淤高，穴口逐渐淤塞，分流也随之归并或消亡。东晋时20多个穴口，到了宋朝只剩下13个(九穴十三口)，即沟通江湖的虎渡口、杨林穴、宋穴、油河口、调弦穴等5个穴口，沟通江汉的有罗堰口、采穴、里社穴、郝穴、嫜十穴、柳子口、小岳穴、尺八穴等

8个穴口。至公元1300前后，荆北围堤已基本形成，分流穴口多被淤塞。元大德九年（公元1305）曾开南北穴口6处（杨林、宋穴、调弦、小岳、郝穴、尺八），但不久又渐淤塞。穴口淤塞和分流归并改变了荆江汉水的水文过程，加强了河滩的淤积，使粘土层不断加厚，河岸稳定性增加，江心洲逐渐靠岸，形成河湾凸岸边滩，逼使水流弯曲和侵蚀凹岸，加上弯道环流作用，致使河湾得到不断发展。由于荆江河床是发育在江汉平原上，河床横向摆动没有坚硬岩石边界的控制，荆江逐渐形成河曲。

3. 河曲发展时期（公元1500年以后）

宋朝以后，荆江水系在新的边界条件下开始形成河曲。到明嘉靖年间（公元1522—1566），北穴尽塞，荆北大堤已连成一线，仅留南岸的太平口和调弦口分泄江流入湖，形成河曲的条件进一步成熟，下荆江已开始发育典型的弯道，如东港湖弯道、老河弯道。近代以来，下荆江河曲的发展大致经历了三个周期。第一个周期在明中至明末，河道曲折率为1.96，到明末，由于东港湖、老河自然裁弯，曲折率减小到1.5；第二个周期从清初开始，到清朝中期曲折率发展到2.53，以后藕池、松滋二口相继于1860年及1870年决口成河，使下荆江进一步弯曲并发生了一系列裁弯（大公湖、西湖、月亮湖、古丈堤等处），曲折率降低到2.15；第三个周期从清末以后，河曲又不断发育，至下荆江系统人工裁弯前的1965年，曲折率达2.83，成为典型的河曲，系统人工裁弯后的1975年，曲折率又下降到1.93。

与下荆江不同，上荆江河曲发展一直较缓慢，没有发生过自然裁弯。河床虽有明显的摆动，但河道外形基本上保持原来的形态，为稳定的微弯河道。近代以来，上荆江河道发生较大变化的局部地段有：

（1）上百里洲河段。

公元1522—1566年（明嘉靖）前，此段荆江流经方向为松滋老城—马口镇—大布街，即百里洲南汊方向；1522—1566年间，江流冲断上下百里洲，才有南北二汊道，且1830年前为“南江北沱”，即南汊为大江主流，北汊为支流；1830年大水后，主泓北移，南汊变为支流，但整个百里洲河段外形没有显著变化。

（2）沮漳河口位置。

沮漳河历史上（1597年前）由鹞子口和箫箕洼两处入江。1597年后鹞子口淤塞，仅由箫箕注入江。1788年前，观音矶以上河道外形还是一大弯道，后由于学堂洲逐年成长变宽，河道外形弯曲度也逐渐减小，沮漳河口逐渐下移至观音矶上鳃。1959年又人工改道上移800m至现在的位置。

(3) 陡湖堤河湾。

根据1953年在公安陡湖堤江边挖出的1522年古墓碑文考证，四百多年前该河湾大江尚在现今北岸的青安二圣洲处，而现在的陡湖堤紧邻江边，较当时河道南移约4 km。1756年时，观音寺一冲和观尚为一微弯河道，不及现在的河道的弯曲程度。

(三) 城陵矶至武汉段河道历史变迁

城陵矶至赤壁系顺直分汊河型。天然节点有城陵矶，隔江对峙的白螺矶和道人矶、杨林矶和龙头矶、螺山和鸭栏矶等，这些节点约束河道自由摆动，使河道较长时期内比较稳定。1860年在白螺矶至杨林矶之间江中涨出南阳洲雏形，1934年在白螺矶以上左岸岸边滩上出现2个江心洲，至1959年合并形成仙峰洲。1868年在新堤江中出现纵向排列的3个潜洲，1934年合并露出水面形成南门洲。随着南门洲淤长增大，河道向右拓宽，现主流走右汊，南门洲向左淤长。

赤壁至潘家湾段的陆溪口河段和嘉鱼河段分属鹅头形分汊和微弯分汊河型。陆溪口汊道唐宋时期已形成，左汊弯道为主汊；江心洲名练洲，清代以来逐渐演变成鹅头形弯道，形成宝塔洲，练洲靠岸，左汊变为支汊。同治以后，宝塔洲上游中洲形成，光绪年间宝塔洲靠岸，光绪以后中洲上游又出现新洲。嘉鱼河段在1912年右岸有边滩和潜洲，自1934年以来，一直发展到现在的微弯分汊河道形势。

潘家湾至纱帽山为簰洲湾弯道。据考证7—15世纪，长江洲滩十分发育，江中有簰洲、杨家洲、官镰洲等沙洲。元明期间因往来竹木簰停靠很多成为商，始有篦洲之称，于明正统初年建制为簰洲镇。16世纪后，长江两岸支汊情况已发生较大变化，北魏时期北岸的白沙口、中阳水口、泽口、壅口等水口均已淤废，沔阳东南诸水合而注之；南岸有南来斧头湖金水自金口注之。至19世纪50年代前夕，复元洲、三洲、明良洲、长兴洲、付阳洲、傍兴洲等沙洲均已向右靠岸，簰洲湾湾顶不断向北推进。在清代后期形成的大兴洲，因洲体向右岸靠近，新滩口附近江岸也在向西南发展。原鳞洲镇于1959年坍入江中。

纱帽山至龟、蛇山系顺直分汊河段。本河段有纱帽山和赤矶山、大军山和龙船矶、小军山和杨泗矶、虾蟆矶和梅家山、龟山和蛇山等对峙节点控制着河道的横向摆动，河道基本稳定。在虾蟆矶和梅家山与龟蛇山之间的宽阔河段内，在6世纪以前有叹洲和鹦鹉洲，洲体在蛇山上游，洲尾以下有黄鹄矶。鹦鹉洲左汊为主汊。6世纪以后，汉阳城南又有潜洲形成，北宋元八年出水成洲，名刘公洲，至明崇祯年间鹦鹉洲和刘公洲沉没。今汉阳城南的鹦鹉洲是清乾隆年间形成的，初名补课洲，嘉庆年间为存古迹称补课洲为鹦鹉洲。

龟山、蛇山至至阳逻湾为弯曲分汊河段。在6世纪以前，青山东西两侧大江中有东城洲和武洲。东城洲左汊向北直趋滠口，右汊沿今沙湖、白杨湖至青山西北与左汊相汇。六朝以后主流改走左汊，右汊逐渐淤塞，东城洲、武洲并岸成陆。南宋后期青山以北江中又淤长江心洲，从13—19世纪该洲较为稳定，15世纪后期以来，江心洲发展较快，露出水面，称为天兴洲，形成弯曲分汊河道，据资料分析，1858年英国人所测的长江航行图中天兴洲已经出现，当时主航道位于左汊，至1958年冬天兴洲右汊辟为主航道。

三、长江下游河道历史演变

据中国科学院地理研究所综合有关研究成果表明，全球性气候的变化，对长江下游河道变迁带来深刻的影响。晚更新世末期，由于干旱寒冷的气候环境，东海处在大理冰期中最低海平面，即距今15000年的海平面比现在低150～160 m，长江下游侵蚀作用非常强，河床深度下切，河谷两侧形成多级阶地。全新世早期（距今约12000—7500年），由于世界气候转暖，海平面逐渐上升，到距今12000年时上升至今海平面以下50~60 m，海水上溯可达镇江、扬州附近，当时苏北岸线在扬州、泰州、蜀岗阶地前缘，苏南岸线在江阴、常熟、太仓一线，构成长江口为大海湾的形态。此时，在河谷不断为泥沙淤积之后，长江下游三级阶地逐步成为埋藏阶地。全新世中期（距今7500—4000年），气候转为温暖湿润，长江中下游年平均温度比现今高3～4℃，海平面上升到约比现今高2～3 m，长江口在镇江、扬州附近，苏北岸线在扬州、江都、泰州、海安一线，苏南岸线在镇江、江阴、福山、太仓、外岗、马桥一线。

此时，长江口口门宽度达180 km，长江下游南京和马鞍山河段的宽度达20余km。长江下游两岸及三角洲上有大量湖泊存在。九江至黄梅平原，全新世以来为下沉地带，堆积物厚达20~30 m，形成许多湖泊，江湖连成一片，主流也发生多次摆动。进入全新世晚期(距今4000年)，气候又变为干凉，海平面下降比现今低1~3m。自周朝直至清末，气温发生数次冷暖波动，直至公元20世纪，气温又开始上升。这一阶段，长江下游河道逐步向现今的形态演变。春秋至秦汉时期，武穴以下的彭蠡泽，由于泥沙不断淤积而逐渐缩小，以武穴为起点的入湖三角洲不断发展。此时，下游仍以堆积作用为主。长江干流在三角洲上形成许多汊流后，汊流发生频繁摆动，因而又逐步转化为以冲积作用为主。

由于长江的输沙量有所增加，扬州蜀岗阶地前缘淤长了冲积滩地，扬州、泰州、海安一线的淤积不断向下游发展，同时扬州附近长江口有所缩窄。三国以后到东汉至六朝，是人类活动对长江下游河道影响较大的时期。东吴在长江下游开发农业，西晋后期永嘉之乱，北方居民大量流向南方，在长江中下游开垦耕地，使得河道逐步束窄，加速了河道中江心洲和口沙洲的形成和发育。

南京河段的蔡洲、白鹭洲、马昂洲，镇扬河段的瓜洲、开沙，接近河口的东布洲、扶海洲、胡逗洲都是在这个时期形成的。同时，长江河口三角洲向海域推进较快。隋唐至南宋期间，长江下游江面进一步缩束，这主要与江心洲发育和并岸有关，如镇扬河段的瓜洲并靠左岸，江面缩束10km。由于河流的冲积作用，江中又形成新的江心洲，如贵池河段的罗刹洲，铜陵河段的汀家洲，马鞍山河段的江心洲，南京河段的芦洲、黄家洲，镇扬河段的长命洲等。这一时期的“安史之乱”，北方人民避难南迁，大量围垦也是促进河道束窄的因素。这个时期，长江中下游仍是汊道交织、洲滩众多的多汊河道。南宋至明清时期，河道受人类活动影响更大，金占据北方，汉族又一次南迁，森林砍伐、湖渚开垦、穴口堵塞、堤垸修筑，更加束窄了河道。河道内水量和沙量增大，加速了长江下游河道塑造过程。具体表现为，九江—黄梅平原上穴口汊道消失殆尽，长江流路比较集中；江堤修筑，滩地围垦，河道缩窄；汊流淤塞，江心洲并洲并岸频繁。这一时期，发生并岸的江心洲有：莲花洲并左岸使东流河段成为一长顺直分汊河段；海口洲并左岸束窄河宽，使皖河口延伸了七八公里；乌落洲并右岸与江中凤凰洲形成周期性冲淤变化；恒兴洲、神农洲并右岸和大黄洲并左岸，形成马鞍山河段汊道出口的束窄段；白鹭洲、蔡洲、木瓜洲并右岸和磨盘洲、句容洲、九湫洲并左岸使河宽束窄 20km，并形成南京河段的束窄段；靖江马驮沙并左岸使江阴河段束窄 20km。这一时期发生并洲的江心洲有：江洲、蔡家洲、黄家洲并为张家洲；鸠洲、鸽洲等五洲并为搁排洲（即棉船洲）；培文、保婴二洲合为官洲；七里洲、草鞋洲、八卦洲和大河洲合为八卦洲；润洲、青沙洲、定业洲、蒲叶洲合为征润洲；尹公洲、大沙、和尚洲、裕龙洲并为和畅洲。

长江下游在历史演变过程中有以下三个显著的特点。

1. 长江河道在形成过程中逐步摆向右岸

由于受到右岸山体、阶地的控制，河漫滩发育受到限制，大多为狭窄的长条形，局部才有较宽阔的河漫滩；左岸为河流冲积过程中形成的广阔冲积平原。促使河道在造床过程中摆向右岸的原因主要是地球自转产生柯氏力的作用，造成地球上所有北半球的河流均有向右偏转的趋势。也有学者认为新构造运动向南掀斜的作用使得长江右摆，但地质构造变化对河床带来的影响与河流冲积过程中河床纵横向变形的速度相比较是极其微小的。

2. 穴口堵塞，加速了河道的造床过程

自春秋以后，由于长江下游泥沙堆积和人类活动的影响，使得湖泊面积逐步缩小，穴口的堵塞更使江湖分离，这就减弱了湖泊对于长江洪水的自然调蓄作用，减小了湖泊沉积泥沙的功能，使得长江来水量和来沙量被限制在束窄的洪水河槽内，从而加强了水流和泥沙对于长江中下游河道的冲积作用，加速了塑造河道本身形态的造床过程。

3. 汊流淤塞，江心洲并岸并洲，形成宽窄相间的藕节状分汊河道

隋唐以来，特别是南宋以后，河道中江心洲的生成和发育，形成汊道交织的网状河道。通过进一步的冲积作用，靠岸支汊淤塞，江心洲不断靠岸而与岸合并，称之为并岸现象。随着人们进一步筑堤围垦，原淤积衰萎的支汊便在两岸形成一系列的古汊道痕迹，特别是北岸，古汊道的痕迹比比皆是。古汊道的形状大多数为顺直形和弯曲形，也有的呈鹅头形。在江心洲大规模

并岸处，河宽变窄，成为束窄段，即分汊河道节点的雏形。江心洲间的支汊淤塞后，发生江心洲之间合并，称之为并洲现象，使江心洲尺度增大，成为河道的展宽段。目前在许多江心洲上仍可看到淤废支汊的痕迹。这样，长江中下游河道就不断地由支汊交织、江心洲众多的网状河道，通过江心洲并岸并洲过程，变成具有较少支汊、宽窄相间的藕节状分汊河道。当然，在长期的演变过程中，南岸较多山体和阶地以及两岸对峙的山矶对于平面变形的控制作用，加速了藕节状分汊河道总体形态的塑造。

第三节　长江干流水库在生态建设中的作用

一、水库可控因素分析

水库影响的生态环境因子，主要包括水流、地形、水质、泥沙、营养物质、水生生物等。然而这些都与水库泄流在时间、量级和取水上的变化息息相关。也就是说，不同的时间、量级和取水点的泄流组合对下游的水流、地形、水质、泥沙、营养物质、水生生物等产生不同的影响。因此，要调控这些水库的影响因子，关键问题是要调控泄流在时间、量级和取水点上的变化，以其满足设定的河流生态管理目标。

综合以上分析，我们认为水库的可控因素应该包括泄流的流量、流速、水温、含沙量、营养物质浓度等。然而结合目前水库的运行能力来看，只有流量和流速可控是具有操作性的。

二、生态调度的基本原则

维持河流健康，实现人水和谐是我国新时期的治河目标。水库生态调度作为维持河流健康的重要途径，一直备受政府和河流管理部门的关注。水库调度是一个多目标、多约束、多时间尺度、多利益交叉的系统工程问题，涉及人类防洪、发电、供水、航运、水产等需求，是人类与河流、与自然界的纽带。那么，如何在为人类服务的前提下，考虑河流生命的需要，做到开发有度，不损害河流生命，不破坏其基本功能，是人类开发利用河流的前提，也是进行河流水库生态调度的宗旨。因此，水库的生态调度应遵循以下基本原则：

1. 以满足人类基本需求为前提

人类修建水库的初衷就是为了维护人类基本生计，保护人类生命财产安全，因此水库生态调度也应首先考虑人类的基本需求。

2. 以一定的生态径流过程为基础

河流生态需水过程是水库进行生态调度的重要依据，其下泄水量的时间、大小、历时等应根据下游河道生态需水要求进行泄放。河情不同，生态目标也就不同。在开发利用河流与保护河流健康的过程中不可能满足河流生态的所有需要，要适时适量进行。如在生态调度中，应将最小生态流量放在优先供水行列（即仅次于防洪和生活供水），并在满足人类基本功能需求的情况下，尽量满足最适宜流量，为河流生物创造更好的生存空间。当遇到大洪水时，应根据实际情况保存一定的洪峰大小和历时，以保证下游平滩流量和湿地地区营养物质的供给。

3. 应满足河流生态因子的要求

生态调度要考虑水质、水温、泥沙、洪水等与生态系统相关的生态环境因素，同时还要对下游河流的珍贵稀有生物资源进行保护。根据其相关特性，采用水库的干扰措施，对泄流在水流形态、含沙量、水质、营养物质浓度、水温等各个方面进行控制，以达到有利的效果。对于河流水质、水温、含沙量，一般应控制在生物可接受的临界范围之内，而洪水除要考虑洪水过程外，还要保留与生物生命过程息息相关的洪水脉动过程等。

4. 功能用水耦合或功能用水共享原则

水库的功能用水可大体整合成三种：生产、生活和生态用水，简称“三生用水”。由于生态系统对水的需求有一定的弹性，且部分生态需水只限于水流条件，并不耗水。因此可在生态需水阈值区间内，与社会经济发展需水相协调，实现生态水与生产水的互相转化。

5. 以河流生态水文系统健康为目标

水库生态调度的宗旨就是在满足人类社会经济发展的基本需求的基础上，修复或改善河流生态系统的健康状态，使河流生命得以维持和延续。

6. 满足重要区域或应对突发事件（污染、水华）的特别需水要求，如防污调度和河口的咸压淡水等。

三、生态调度的研究思路

生态调度涉及河流水文学、水资源学、生态学、系统科学、社会学、经济学等多种理论体系，是一个复杂而且庞大的系统工程。依据以往关于水库调度的研究成果和实践经验，提出有关生态调度的研究思路如下：

（1）水库生态调度置身于水资源与区域社会经济耦合系统之中，受区域社会经济发展目标与模式的制约和流域水资源水文条件时空变化的影响，其方案是与水库防洪、防凌、发电、供水、灌溉、航运、冲沙等众多功能协调后的均衡结果。

（2）水库生态调度模型在时间尺度上可以分为中长期、短期和厂内生态运行。中长期模型主要针对年、月、旬尺度，解决功能不断流、最小流量、最适宜流量等需水要求；短期主要集中在日、小时尺度，重点解决平滩流量、脉冲流量、人造洪水等问题；而厂内生态运行则负责更细致或其他模型无法实现的突发和不确定性任务，如调节水温、改善水质、掺气、补充营养物质等。

（3）生态调度是一个反馈控制过程，需要不断调整泄流条件来优化满足水库的诸多功能。具体过程为：通过引入生物和环境监测数据，结合调控方案的相关参数进行分析评价，形成修订意见，反馈给模型，重新计算。进而实现一个滚动修正与模拟评价相结合的过程。

四、长江干流主要断面环境流量耦合

根据环境流量的定义，满足水生态系统的生态需水和满足维持一定河槽目标的冲沙用水统称为环境流量。长江干流多数生态调度目标都在长江河道中实现，某一生态调度目标的环境流量同时可以满足其他生态调度目标的用水需求，例如冲沙用水可以满足河口近海和湿地生态需水。即各种环境流量之间存在一定的交叉和重复，各种功能所需水量可以兼顾。因此，计算长江干流环境流量，需对满足多种功能需求的不同量级的水量进行耦合。

河流环境流量的研究是基于断面开展的，通过河流不同断面的水文学、水力学要素特征统计，得到不同断面的环境流量。这种断面方法只考虑了河流的空间性，而忽略了河流的时间特性，也就是连续性。为了满足水库生态调度的需求，生态需水尽可能提供一个环境流量过程线，环境流量过程线作为生态调度的基础，是生态调度需要实现的生态目标的具体体现，使得实施多目标的水库生态调度成为可能。环境流量过程线给出流量过程的上下限，环境流量过程线的设计方法的核心是分析各生态目标所需要的流量过程，按照一定的规则耦合各种环境流量得到的。

环境流量耦合的核心思想是通过各种环境流量的耦合得到满足各种生态目标需求的环境流量过程线。环境流量耦合的原则是：

(1) 全河段综合考虑，重要水文断面流量整合时，要考虑上下断面之间流量的匹配性、水流演进等多种因素，经综合优化后给出；

(2) 考虑河段取水及水量损失，长江干流取水口众多且分布复杂，河段内取水以及因蒸发、渗漏等水量损失应予考虑；

(3) 水质保证优先，水质改善是河流生态系统恢复的首要目标，只有良好水质保证的水资源才能满足河流其他的生态功能和经济功能。在考虑水质问题时，适宜水量主要依据污染可控水平下环境水量，而最小水量主要考虑目标控制下环境水量。

考虑到各断面流量之间的匹配性及流量传播，环境流量的耦合自下而上进行，即首先从利津断面耦合，然后考虑流量传播时间，逐断面向上游断面耦合。同时由于本次生态调度以上游龙羊峡、刘家峡水库和中游的三门峡、小浪底水库作为调节水库，环境流量耦合分两段进行，分别是花园口以下河段和兰州至潼关河段，由于水库的调节，这两个河段的相邻断面不考虑流量传播时间。式 (8–1)、式 (8–2) 是断面水量平衡方程，由于断面流量不仅仅有环境流量，还有灌溉、发电、工业、生活等河道内外用水，因此生态调度需要的流量过程线是生态、生产、生活用水的耦合过程，是环境流量过程和经济用水过程的耦合。显然，这需要在长江干流水库生态调度模型建立及求解过程中来统一解决。在本章，只是按各断面环境流量最小值和最大值的上包线得到各断面的环境流量过程，得到环境流量过程作为调度模型的初始值，环境流量在断面之间的匹配和流量传播时间在调度模型中考虑。

$$Q_t = \alpha I_{t-1} + (1-\alpha) I_t$$
$$\alpha = \frac{\tau}{\Delta t} \tag{8-1}$$

式中：I、Q 分别为上下断面流量；Δt 为调度时段长；τ 为河段水量传播历时。当考虑区间来水 Q_R 和计划用水 Q_Y 时，则水量平衡方程为：

$$Q_t = \alpha I_{t-1} + (1-\alpha) I_t + Q_R - Q_Y \tag{8-2}$$

五、流域概化及节点描述

中长期调度以月为研究时段，以长江干流为研究对象，通过建立仿真调度模型来对面向生态的长江干流梯级水库的中长期调度进行计算并分析。

长江流域地域广阔，研究中依据自然地理情况，结合河段开发条件和行政区划，将全流域划分为上游、中游、下游三个分区。由于各地区经济发展水平、生产结构和水资源开发利用目标不同，对长江水资源利用的影响也不同，因此每个分区又分为若干个子区。将所有子区用沿河布置的节点表示，并用标号标注，如 1，2，…，n–1，n。这样，节点就成为模型中反映物理现象和人为活动的基本单位，所有影响流域河流生态水文特征和水资源配置的活动，如生活、工业和农业用水，水库蓄水和放水，自然入流和支流汇流，流域外引水，地下水的抽取等都发生在节点上，对长江流域水资源的调控就可转化为对节点水量的调控。每个节点在某时段的水量包括四部分：节点自然入流、区间径流、节点用水以及节点出流。系统仿真模型所需基本数据通过节点文件的形式输入，计算结果也以节点形式输出或在节点基础上处理成其他形式成果。

六、评估反馈体系

为了评价水库多目标生态调度方案的最优化程度，需要建立权衡经济社会与生态用水之间合理分配的评估方法和指标体系。

水库多目标生态调度需统筹考虑防洪、兴利与生态环境因素，涉及因素众多。水库生态调度模型以水库建设所产生的社会、经济和生态环境的综合效益最大为目标函数，以减轻水库建设对生态环境的负面影响为主要约束，体现了在开发利用河流资源的同时，很好地保护河流的理念。通过水库多目标生态调度，使人类在开发利用天然水资源满足防洪和兴利要求的同时，尽量维护河流的自我修复能力，提高河流的服务功能，进而实现人与河流和谐共处和河流生态环境系统可持续发展。

因此，水库多目标生态调度评估指标应从经济用水、生态用水以及主槽过流能力等方面来选择，选取能表征水库多目标生态调度中社会、经济与生态用水的评估指标，并论证提出现阶段长江干流水库多目标生态调度评估指标的量化标准，以使水库的多目标生态调度方案更具有可操作性。

建立长江干流水库多目标生态调度模型评估体系，对生态调度模型的各种调度方案进行系统客观的分析，评估其预期的调度效果是否达到，以及各种用水目标是否满足，从而完善水库的调度方案，并选择最优化的调度方案，进而达到生态调度中经济、社会及生态环境综合效益的最大化。

（一）主要评估指标

水库调度的主要目的是围绕防洪、发电、灌溉、供水、航运、生态等综合利用效益而进行的，经济、社会及生态效益最大化是多目标水库生态调度的目标。通过水库生态多目标调度优化计算之后，得到长江干流各断面流量过程，水库电站的出力，工业、生活和农业灌溉等各项用水，需要一套指标体系评价各项用水的满足程度，这些指标一方面反映人类用水的需求，另一方面反映河流生态用水的需求。

1. 人类用水指标

人类用水主要包括生活、工业、农业灌溉及发电用水等。其中生活、工业和农业用水的满足程度用两个指标来表示：缺水指标及供水保证率；发电用多年平均发电量来表示。

供水保证率计算分典型年法和时历，典型年法是对相当某一频率的水文年份进行水资源供需平衡分析计算，并以该频率作为此供水量下的供水保证率。时历年法需对长系列水文年份（不少于15年）逐年进行水供需平衡计算，以需水量完全满足的年份占计算总年数的百分数，作为供水保证率。生活、工业和农业用水保证程度不同，生活用水保证率在95%以上，工业用水保证率在90%以上，农业用水保证率70%以上，当水源短缺时，对供水保证率高的用水户应优先供给。

2. 生态用水指标

生态用水指标以 11 月至次年 3 月、4~6 月及 7~10 月几个关键期分别对生态需要的满足程度进行评价，评价指标以生态破坏率（E_d）来表示。其中：

4~6 月和 11 月至次年 3 月的生态破坏率 =（缺水月数 / 历年总月数）×100%；

7~10 月的生态破坏率 E_d=（汛期缺水年数 / 总年数）×100%。

（二）反馈体系

系统学的反馈原理是指任何系统只有通过反馈信息，才能实现对系统的控制，从而达到目的。反馈就是把系统的输出反过来作用在系统的输入端，从而对输入产生影响的过程。

确定长江干流水库多目标生态调度初级方案，并运用评估指标体系对其调度结果进行评估，得出评估结果。评估结果有两种情况：满足调度目标与不满足调度目标。分别就这两种情况进行反馈分析。

（1）当各种用水指标都达到满足时，输出最后结果，得到水库多目标生态调度方案；

（2）当评估结果不满足要求时，也即一部分用水指标达不到满足，则将结果反馈给调度模型，并调整用水指标，给出适当的妥协方案。

参考文献

[1] 姚运先，刘军．水环境监测 [M]. 北京：化学工业出版社，2005.

[2] 吴国琳．水污染的监测与控制 [M]. 北京：科学出版社，2004.

[3] 雒文生，宋星源．水环境分析及预测 [M]. 武汉：武汉水利电力大学出版社，2000.

[4] 马前，张小龙．国内外重金属废水处理新技术的研究进展 [J]. 环境工程学报，2007(7)：10 ~ 14.

[5] 董志勇．环境水力学 [M]. 北京：科学出版社，2006.

[6] 张希衡．水污染控制工程 [M]. 北京：冶金工业出版社，2004.

[7] 唐玉斌．水污染控制工程 [M]. 哈尔滨：哈尔滨工业大学出版社，2006.

[8] 刘延恺．城市水环境与生态建设 [M]. 北京：中国水利水电出版社，2009.

[9] 汪斌．水环境保护与管理文集 [M]. 郑州：黄河水利出版社，2002.

[10] 董哲仁，孙东亚．生态水利工程原理与技术 [M]. 北京：中国水利水电出版社，2007.

[11] 董哲仁．生态水工学探索 [M]. 北京：中国水利水电出版社，2007.

[12] 徐晶，宋东辉．感潮河道水动力学分析 [J]. 水电能源科学，2007，25(4)：58 ~ 60.

[13] 宋东辉，徐晶．污染物逆流分散运移特性分析 [J]. 水电能源科学，2008，26(1)：50 ~ 51.

[14] 宋东辉，徐晶．综合水质模型河流微分方程组的平衡解 [J]. 水电

能源科学，2008，26(6)：51 ~ 53.

[15] 马云慧 . 空气负离子应用研究新进展 [J]. 宝鸡文理学院学报（自然科学版），2010，30(1)：42 ~ 51.

[16] 范亚民，何平，李建龙，等 . 城市不同植被配置类型空气负离子效应评价 [J]. 生态学杂志，2005，24(8)：883 ~ 886.

[17] 蒋文伟，张振峥，赵丽娟，等 . 不同类型森林绿地空气负离子生态效应 [J]. 中国城市林业，2008(4)：49 ~ 51.

[18] 田喆，朱能，刘俊杰 . 城市气温与其人为影响因素的关系 [J]. 天津大学学报，2005，38(9)：830 ~ 833.

[19] 刘晓辉，吕宪国 . 原湿地生态系统固碳功能及其价值评价 [J]. 湿地科学，2008(6)：212 ~ 216.

[20] 段晓男，王效科，逯非，等 . 中国湿地生态系统固碳现状和潜力 [J]. 生态学报，2008(2)：463 ~ 469.

[21] 王浩，陈敏建，唐克旺 . 水生态环境价值和保护对策 [M]. 北京：清华大学出版社，2004.

[22] 罗英明 . 河道人工建筑物对复氧及溶解氧扩散影响的研究 [D]. 成都：四川大学，2003.

[23] 许士国，高永敏，刘盈斐. 现代河道规划设计与治理——建设人与自然相和谐的水边环境 [M]. 北京：中国水利水电出版社，2006.

[24] 马玲，王凤雪，孙小丹 . 河道生态护岸型式的探讨 [J]. 水利科技与经济，2010，16(7)：744 ~ 745.

[25] 许芳，岳红艳 . 生态型护岸及其发展前景 [J]. 重庆交通学院学报，2005，24(5)：148 ~ 150.

[26] 侯英杰 . 城镇生态河道建设中护岸型式及选择 [J]. 水科学与工程技术，2011(2)：34 ~ 36.

[27] 张尚华 . 堤前波浪数值模拟及可视化研究 [D]. 天津：天津大学，2006.

[28] 邓海忠 . 堤坝凹形反滤排水式混凝土护坡预制块 [J]. 资源环境与工程，2009(5)：742 ~ 744

[29] 孙天霆 . 不同形式护面块对斜坡式防波堤波浪爬高的影响 [J]. 水

运工程，2015(7)：56 ~ 61.

[30] 赵雁飞 . 海上风电支撑结构波浪力及基础冲刷的三维数值模拟研究 [D]. 天津：天津大学，2010.

[31] 张传军 . 阶梯式海堤消浪效果研究 [D]. 南宁：广西大学，2013.

[32] 王元立 . 内河航道生态护坡防冲效果研究 [D]. 安徽：合肥工业大学，2013.

[33] 陈文学 . 生态袋护坡浪蚀特性研究 [J]. 水利学报，2013，44 (9)：1093 ~ 1097

[34] 吉红香 . 植物消浪护岸试验研究 [D]. 乌鲁木齐：新疆农业大学，2005.

[35] 李青云 . 长江堤防工程安全评价的理论和方法研究 [D]. 北京：清华大学，2002.

[36] 张琳琳 . 重大水工混凝土结构健康诊断综合分析理论和方法 [D]. 南京：河海大学，2003.

[37] 方朝阳，夏富洲 . 土石坝安全监测综合评判准则研究 [J]. 武汉大学学报 (工学版)，2001(6)：45 ~ 46.

[38] 陈吉余，蒋雪中，何青 . 长江河口发育的新阶段、上海城市发展的新空间 [J]. 中国工程科学，2013(15)：6.

[39] 陈吉余 . 中国海岸侵蚀概要 [M]. 北京：海洋出版社，2010.

[40] 陈炜，李九发，蒋陈娟，等 . 长江河口九段沙近期冲淤演变过程研究 [J]. 泥沙研究，2011(1)：15 ~ 21.

[41] 陈小华，李九发，万新宁，等 . 长江河口水下沙洲类型及典型水下沙洲的推移规律 [J]. 海洋通报，2004，23(1)：1 ~ 7.

[42] 程海峰，刘杰，赵德招，等 . 长江口南槽近期河床演变及航道淤浅原因分析 [J]. 浙江水利科技，2014，42(5)：26 ~ 29.

[43] 仇汉江，蔡卫星，黄志良 . 长江河口区上段河势近期演变 [J]. 第十二届中国海岸工程学术讨论会论文集，2005.

[44] 戴志军 . 基于遥感和数字化地形信息复合技术在岸滩演变定量研究中的应用 [D]. 上海：华东师范大学，2005.

[45] 窦国仁 . 平原冲积河流及潮汐河口的河床演变 [J]. 水利学报，

1964(2)：1 ~ 13.

[46] 朱党生，王超，程晓冰 . 水资源保护规划理论及技术 [M]. 北京：中国水利水电出版社，2001.

[47] 付桂 . 长江口近期潮汐特征值变化及其原因分析 [J]. 水运工程，2013(11)：61 ~ 69.

[48] 郭兴杰，程和琴，莫若瑜，杨忠勇 . 长江口沙波统计特征及输移规律 [J]. 海洋学报，2015(5)：148 ~ 158.

[49] 和玉芳，程和琴，陈吉余 . 近百年来长江河口航道拦门沙的形态演变特征 [J]. 地理学报，2011(3)：305 ~ 312.

[50] 和玉芳 . 长江河口航道拦门沙对海平面上升的响应研究 [D]. 上海：华东师范大学，2011.

[51] 蒋陈娟 . 长江河口北槽水沙过程和地貌演变对深水航道工程的响应 [D]. 上海：华东师范大学，2012.

[52] 金缪，虞志英，何青 . 关于长江口深水航道维护条件与流域来水来沙关系的初步分析 [J]. 水运工程，2009(1)：91 ~ 96.

[53] 黎兵，严学新，何中发等 . 长江口水下地形演变对三峡水库蓄水的响应 [J]. 科学通报，2015(18)：1736 ~ 1745.

[54] 李瓣，杨大文 . 基于栅格数字高程模型 DEM 的河网提取及实现 [J]. 中国水利水电科学研究院学报 .2004，2(3)：208 ~ 214.

[55] 谢卫明，何青，章可奇，等 . 三维撤光扫描系统在潮滩地貌研究中的应用 [J]. 泥沙研究，2015(1)：1 ~ 6.

[56] 徐国宾，练继建 . 流体最小熵产生原理与最小能耗原理 <II>[J]. 水利学报，2003(6)：43 ~ 47

[57] 徐进勇，张增祥，赵晓丽，等 .2000—2012 年中国北方海岸线时空变化分析 [J]. 地理学报，2013，68(5)：651 ~ 660.

[58] 徐晓君 . 淤泥质潮间带沉积动力过程 [D]. 上海：华东师范大学 .2009.

[59] 周银军，陈立，刘欣桐，等 . 河床表面分形特征及其分形维数计算方法 [J]. 华东师范大学学报（自然科学版)，2009，5 (3)：170 ~ 178.

[60] 朱晓华，蔡运龙．中国水系的盒维数及其关系 [J]. 水科学进展，2003，14(6)：731 ~ 735.

[61] 朱晓华，李加林，杨秀春，等．土地空间分形结构的尺度转换特征 [J]. 地理科学，2007，27(1)：58 ~ 62.

[62] 宗永臣．河网系统的非线性特性及其分形研究 [D]. 天津：天津大学，2007.